普通高等教育化学类专业“十四五”系列教材

分析化学

——化学分析(学·练·考)

主　编　穆瑞花　刘　斌　常　薇

副主编　左　维　秋列维　李云锋　张　驰

西安交通大学出版社
XI'AN JIAOTONG UNIVERSITY PRESS
国家一级出版社
全国百佳图书出版单位

内 容 简 介

本书是普通高等院校分析化学课程的配套辅导教材。本书根据分析化学课程教学大纲的基本要求，并整合了不同专业培养目标，与教材《分析化学》同步使用。本书在编写中尤其注重学生的使用，书中配合了多种互动模块，以二维码的方式呈现，是一本可同时开展线上与线下教学相结合的立体化教材。

本书以不同滴定分析方法的理论知识点、滴定过程描述、滴定终点确定、滴定方法应用、滴定结果计算为主线，按照由浅入深、由表及里的顺序编写，内容丰富，可操作性强，既可以作为普通高等院校化学化工类专业、环境工程类专业、给排水科学与工程专业以及材料类专业的教材使用，也可供从事相关领域的技术人员参考。

图书在版编目(CIP)数据

分析化学. 化学分析. 学·练·考/穆瑞花，刘斌，常薇主编；左维等副主编.
—西安：西安交通大学出版社，2022.12
ISBN 978-7-5693-2621-5

Ⅰ.①分… Ⅱ.①穆… ②刘… ③常… ④左… Ⅲ.①分析化学-高等学校-教学参考资料 Ⅳ.①O65

中国版本图书馆 CIP 数据核字(2022)第 088933 号

书　　名　分析化学——化学分析(学·练·考)
　　　　　FENXI HUAXUE——HUAXUE FENXI (XUE·LIAN·KAO)
主　　编　穆瑞花　刘　斌　常　薇
副 主 编　左　维　秋列维　李云锋　张　弛
责任编辑　毛　帆　刘雅洁
责任校对　李　文

出版发行　西安交通大学出版社
　　　　　(西安市兴庆南路 1 号　邮政编码 710048)
网　　址　http://www.xjtupress.com
电　　话　(029)82668357　82667874(市场营销中心)
　　　　　(029)82668315(总编办)
传　　真　(029)82668280
印　　刷　西安日报社印务中心

开　　本　787 mm×1092 mm　1/16　　印张　12.375　字数　295 千字
版次印次　2022 年 12 月第 1 版　2022 年 12 月第 1 次印刷
书　　号　ISBN 978-7-5693-2621-5
定　　价　35.00 元

如发现印装质量问题，请与本社市场营销中心联系。
订购热线：(029)82665248　(029)82667874
读者邮箱：354528639@qq.com

前　言

本书以简介分析化学的任务、作用、分类、进展简况为起点，随后介绍分析过程中存在的误差类型，并讲解获得分析结果的统计处理，紧接着进行了滴定分析法的概述，并以此引出四大滴定分析方法。

本书共分为7章：绪论、误差及分析数据的统计处理、滴定分析法、酸碱滴定法、配位滴定法、氧化还原滴定法、重量分析法和沉淀滴定法。每章内容均包括七个板块：化学趣识、思维导图、内容要点、例题解析、习题详解、讨论专区及单元测试卷。其中，例题解析、习题详解、讨论专区及单元测试卷四个板块均嵌入了二维码。读者可通过扫描二维码，获取做题步骤、答案详解及做题思路。

本教材通过移动互联网技术采用互动式教学，以书本为载体，将教材、教学资源、课堂三者深度融合，系统性地实现了线上线下结合的教材出版新模式。

分析化学课程的开设对象主要为相关专业的大学一年级、二年级学生。在充分考虑该年龄阶段学生的心理特征前提下，通过“化学趣识”模块中的一则则充满传奇色彩的小故事，提供了贴近生活实际、形式灵活多样的主题内容，引导学生主动汲取新知，激发学生学习化学知识的兴趣。

本教材坚持课程思政的育人方针，突破以往教学内容和教学形式的固定化、模块化，拓展教学资源，将课程思政教育元素融合到“化学趣识”和“讨论专区”模块中，使该教材具有较高的思想性和科学性。

本书由穆瑞花、刘斌、常薇任主编，左维、秋列维、李云峰、张弛任副主编，部分章节以及附录部分由张轩、张世文和杨言喜参编。我们期盼关注本书的读者对书中的欠妥之处提出意见、建议，不胜感激。

穆瑞花

2022年12月

于西安工程大学

目　录

第1章 绪 论

【化学趣识】

魔火与化学

673年，阿拉伯舰队进攻君士坦丁堡，而希腊人只有为数不多的几艘战船，双方的实力相差太悬殊了。在那种险境里，有谁会料到挽救希腊人的不是友军的军团或舰队，而是自己的化学兵团——一种奇怪的火！

不知是哪位喜欢研究炼金术的希腊建筑师，无意中发现了一种能在水面上燃烧的燃烧剂。正是这种燃烧剂，把阿拉伯舰队周围的水面变成一片火海，烧得敌人毫无还手之力。

侥幸逃命的阿拉伯士兵说，希腊人让“闪电”燃烧舰船；也有人说希腊人掌握了“魔火”，连海都着火了。从这以后，拜占庭的舰队凭借“魔火”在海上称霸了几个世纪。欧洲人把这种燃烧剂叫作“希腊火”。

许多年过去，这种“希腊火”的秘密才被化学家揭开，原来它不过是由两种普通的物质——石灰和石油组成。使用这种燃烧剂时，生石灰遇水放出大量热量将石油蒸气点着，燃烧剂就在水面上延烧开来。

当希腊人利用他们的“魔火”在地中海耀武扬威的时候，我们中国人早已在其100多年前发明了由硝石、硫磺和木炭组成的燃烧剂，并利用它来制作焰火、黑火药和火箭等。

如今黑火药早已经不再大量用于现代战争了。可你是否知道棉花细长柔软的纤维，也蕴藏着一种极其危险的性质？在化学实验室里，棉花被浓硝酸和浓硫酸的混合溶液处理后，只要用热玻璃棒一接触，就会马上一烧而光，鼎鼎大名的无烟火药就是用此原理制成的。工业上把含氮量高的硝酸纤维叫作火棉，用压紧的火棉填充的炮弹，爆炸时生成的气体体积会增大12000倍。

几千年的人类文明史，几乎每一页都闪烁着化学的光辉。

1.1 思维导图

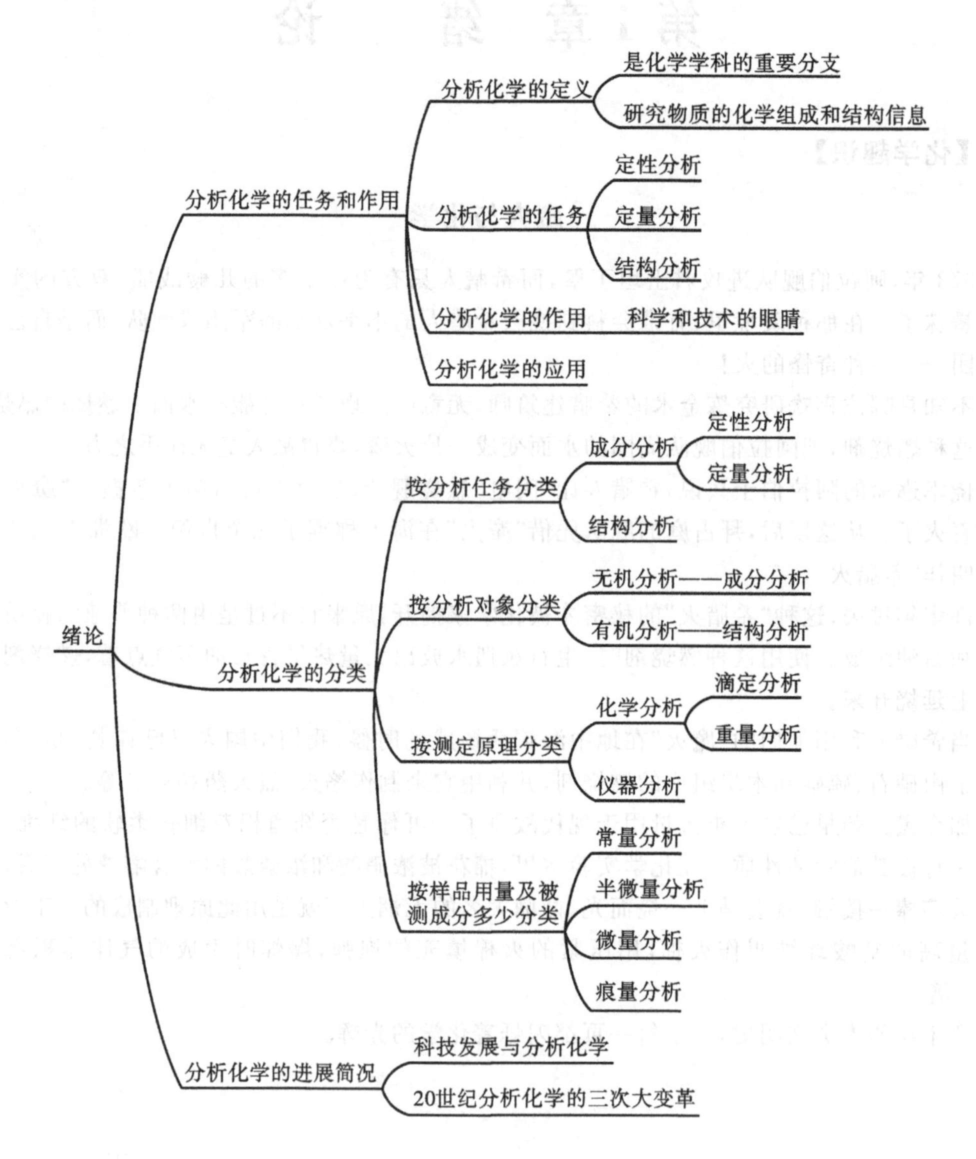

1.2 内容要点

1.2.1 教学要求

(1)掌握分析化学的定义及不同分类方法。

(2)熟悉分析化学的任务、作用及应用领域。

(3)了解分析化学的研究现状及发展趋势。

1.2.2 重要概念

(1)分析化学:化学学科的一个重要分支,是研究物质的化学组成和结构信息的分析方法及有关理论的一门科学。

(2)定量分析:用于测定物质中有关组分的含量,解决物质各组分多少的问题。

(3)定性分析:用于鉴定物质由哪些元素、原子团、官能团或化合物组成,解决物质由什么组成的问题。

(4)结构分析:研究物质分子结构或晶体结构,分析元素、原子团、官能团是怎样组成物质,从而具有不同的性质。

1.2.3 主要内容

1. 分析化学的任务和作用

分析化学是人们获得物质的化学组成和结构信息的科学,它所要解决的问题是:物质中含有哪些组分,各种组分的含量是多少,以及这些组分是以怎样的状态构成物质的。要解决这些问题,就要依据反映物质运动、变化的理论,制订分析方法,创建有关的实验技术,研制仪器设备,因此分析化学是化学研究中最基础、最根本的领域之一。

人类赖以生存的环境(大气、水质和土壤)需要监测;三废(废气、废液、废渣)需要治理,并加以综合利用;工业生产中工艺条件的选择、生产过程的质量控制是保证产品质量的关键;对食品的营养成分、农药残留和重金属污染状况的了解,是攸关人们生活和生存的大事;在人类与疾病的斗争中,临床诊断、病理研究、药物筛选,以至进一步研究基因缺陷;登陆月球后的岩样分析,火星、土星的临近观测……大至宇宙的深层探测,小至微观物质结构的认识,这些人类活动几乎都离不开分析化学。

据统计,在已经颁发的所有诺贝尔物理学奖、化学奖中,有约四分之一的项目和分析化学直接有关。20世纪90年代以来,世界上几个科技强国纷纷把"人类基因组测序计划"列为国家重大研究项目,这将对人类的生命和生存产生重要而深远的影响。其中作为基础研究的大规模脱氧核糖核酸(DNA)测序、定位工作,曾遭遇进展缓慢的瓶颈,后来是由两位分析化学家提出关键性的技术平台——阵列毛细管电泳测序技术,才使该项伟大工程得以于2000年提前完成。继而又建立后基因组学、蛋白质组学、代谢组学等新兴课题,将21世纪的生命科学领域的探索,引入一个新的发展时代——后基因组时代。总之,在化学学科本身的发展上,以及相当广泛的学科门类的研究领域中,分析化学都起着显著的作用。

在化工、制药、轻工纺织、食品、生物工程、材料、资源与环境等类专业的课程设置中,分析化学是一门基础课。由于学时数及原有知识水平的限制,本课程目前仍以成分分析为基本内容,同时兼顾有关结构分析的一些入门知识。成分分析可以分为定性分析和定量分析两部分。定性分析的任务是鉴定物质由哪些元素或离子所组成,对于有机物还需确定其官能团及分子结构;定量分析的任务是测定物质各组成部分的含量。通过本课程的理论学习和实验基本技能的训练,培养学生严格、认真和实事求是的科学态度,观察实验现象、分析和判断问题的能力,精密、细致地进行科学实验的技能,使学生具有科学技术工作者应具备的素质。为此,在教学中应注意理论密切联系实际,引导学生深入理解所学的理论知识,培养分析问题和解决问题的能力,为他们学习后继课程和以后投身祖国的社会主义建设打下良好的基础。

2. 分析化学的分类

分析方法一般可以分为两大类,即化学分析法与仪器分析法。

1)化学分析法

以化学反应为基础的分析方法称为化学分析法,如重量分析法和滴定分析法。

(1)重量分析法。通过化学反应及一系列操作步骤使试样中的待测组分转化为另一种纯粹的、固定化学组成的化合物,再称量该化合物的质量,从而计算出待测组分的含量或质量分数,这样的分析方法称为重量分析法。

(2)滴定分析法。将已知浓度的试剂溶液,滴加到待测物质溶液中,使其与待测组分发生反应,而加入的试剂量恰好为按化学计量关系完成反应所必需的,根据试剂的浓度和加入的准确体积,计算出待测组分的含量,这样的分析方法称为滴定分析法(旧称容量分析法)。依据不同的反应类型,滴定分析法又可分为酸碱滴定法(又称中和法)、沉淀滴定法(又称容量沉淀法)、配位滴定法(又称络合滴定法)和氧化还原滴定法。

重量分析法和滴定分析法通常用于高含量或中含量组分的测定,即待测组分的质量分数在1%以上。重量分析法的准确度比较高,至今还有一些组分的测定是以重量分析法为标准方法,但其分析速度较慢,耗时较长。滴定分析法操作简便,省时快速,测定结果的准确度也较高(在一般情况下相对误差为±0.2%左右),所用仪器设备又很简单,在生产实践和科学实验中是重要的例行测试手段之一,因此在当前仪器分析快速发展的情况下,滴定分析法仍然具有很高的实用价值。

2)仪器分析法

仪器分析法是一类借助光电仪器测量试样的光学性质(如吸光度或谱线强度)、电学性质(如电流、电位、电导、电荷量)等物理或物理化学性质来求出待测组分含量的分析方法,也称物理分析法或物理化学分析法,如光学分析法、电化学分析法和色谱法。

(1)光学分析法。一类借助光电仪器对物质的光学性质测定组分含量的方法,称为光学分析法。

①吸光光度法。有的物质,其吸光度与浓度有关。物质溶液的浓度越大,其吸光度越大,通过测量吸光度来测定该物质含量的方法称为吸光光度法。

②吸收光谱分析法。用红外线或紫外线照射不同的有机化合物,检测这些谱线被吸收的情况,可得到不同的吸收光谱图,根据图谱能够测定有机物质的结构及含量,这些方法分别称为红外吸收光谱分析法和紫外吸收光谱分析法。

③发射光谱分析法。不同元素的激发态原子可以产生不同的光谱是元素的特性。通过检查元素光谱中几条灵敏而且较强的谱线可进行定性分析,这是最灵敏的元素定性方法之一。此外,还可根据谱线的强度进行定量测定,这种方法称为发射光谱分析法。

④原子吸收光谱法。不同元素的气态基态原子可以吸收不同波长的光,利用这种性质,可进行原子吸收光谱分析测定,这种方法称为原子吸收光谱法。

⑤荧光分析法。某些物质在特定的紫外线照射时可产生荧光,在一定条件下,荧光的强度与该物质的浓度成正比,利用这一性质所建立的测定方法称为荧光分析法。

(2)电化学分析法。利用物质的电学及电化学性质测定其组分的含量,称为电化学分析法。

①电重量分析法。一种最简单的电化学分析法,它是使待测组分借电解作用,以单质或氧化物形式在已知质量的电极上析出,通过称量,求出待测组分的含量。

②电容量分析法的原理与一般滴定分析法相同，但它是借助溶液电导、电流或电位的改变来确定滴定终点，如电导滴定、电流滴定和电位滴定。如通过电解反应产生滴定剂，并测量达到滴定终点时所消耗的电荷量的方法，则称为库仑滴定法。

③电位分析法是电化学分析法的重要分支，它的实质是通过在零电流条件下测量两电极间的电位差来进行分析测定。在测量电位差时使用离子选择性电极，可使测定更简便、快速。

④伏安分析法也属于电化学分析法，其中以滴汞电极为工作电极的极谱分析法是伏安分析法的一种特例。它是利用对试液进行电解时，在极谱仪上得到的电流-电压曲线来确定待测组分及其含量。

(3)色谱法。色谱法又名层析法(主要有气相色谱法、液相色谱法等)，是一类用以分离、分析多组分混合物的极有效的物理及物理化学分析方法，具有高效、快速、灵敏和应用范围广等特点。毛细管气相色谱法与高效液相色谱法已经得到普遍应用。

此外，还有一些其他分析方法，如质谱法、核磁共振波谱法、免疫分析、生物传感器、电子探针和离子探针表面和微区分析法等。

仪器分析法的优点是操作简便而快速，最适合生产过程中的控制分析，尤其在组分含量很低时，更加需要用仪器分析法。但有的仪器设备价格较高，平时的维修比较困难；一般来说，越是复杂、精密的仪器，维护要求(如恒温、恒湿、防震)也越高。此外，在进行仪器分析之前，时常要用化学方法对试样进行预处理(如除去干扰杂质、富集等)；在建立测定方法过程中，要把未知物的分析结果和已知的标准作比较，而该标准则常需以化学法测定。有些分析方法则更是化学分析和仪器分析的有机结合，如前所述的基于滴定分析和电位分析的电位滴定通过化学反应显色后进行测定的吸光光度法等。所以，化学分析法与仪器分析法是互为补充的，而且前者又是后者的基础。

3. 分析化学的进展简况

过去的分析化学课题可以归纳为“有什么?”和“有多少?”两类，但是随着生产的发展、科技的进步和人类探索领域的不断延伸，给分析化学提出了越来越多的新课题。除了传统的工农业生产和经济部门提出的任务外，许多其他学科如生命科学、环境科学、材料科学、宇航和宇宙科学等都提出大量更为复杂的课题，而且要求也更高：不仅要测知物质的成分，还需了解其价态、状态和结构；不仅能测定常量组分(质量分数大于1%)、微量组分(质量分数0.01%～1%)，还要求能测定痕量组分(质量分数小于0.01%)；不仅要做静态分析，还要求做动态分析，对快速反应做连续自动分析；除了破坏性取样作离线(off-line)的实验室分析外，还要求做在线(on-line)、实时(real-time)，甚至是活体内(in vivo)的原位分析。

20世纪90年代中期，基于微机电加工技术在分析化学中的应用，形成了微流控全分析系统，随后又提出新的理念：通过微通道中流体的控制把实验室的采样、稀释、加试剂、反应、分离和检测等全部功能都集成在邮票或信用卡大小的芯片上，即“芯片实验室”(lab-on-a-chip)。这一理念一经提出，在全世界迅速展开了研究。现在，芯片实验室不仅可用于分析学科，甚至可用于细胞培养、组织器官构建等多个领域。除此之外，生物学、信息科学、计算机技术、激光、纳米技术、光导纤维、功能材料、等离子体、化学计量学等新技术、新材料和新方法同分析化学的交叉研究，更促进了分析化学的进一步发展，因此分析化学已不再是单纯提供信息的科学，它已经发展成一门以多学科为基础的综合性科学，而分析化学工作者也应成为新课题的决策者和解决问题的参与者。近年来，我国在毛细管电泳、生物传感器、化学计量学、分子发光光谱分析、质谱分析、拉曼光谱分析和芯片实验室等许多方面的研究都取得了长足的进展。

今后,分析化学将主要在生命、环境、材料和能源等前沿领域,继续朝着高灵敏度(达原子级、分子级水平)、高选择性(复杂体系)、快速、简便、经济、分析仪器自动化、数字化、智能化、信息化和微小型化的纵深方向发展,以解决更多、更新和更为复杂的课题。

1.2.4 重点、难点

分析化学的分类,尤其是按照样品用量分类时,如何区分常量分析、半微量分析、微量分析及超微量分析。

1.3 例题解析

1. 填空题

(1)化学分析是以________为基础的分析方法。

(2)定性分析的任务是确定________;定量分析的任务是测定________;结构分析是确定________。

(3)定量化学分析主要有________和________。

2. 单项选择题

(1)无机定性分析一般采用(　　)。

A. 常量分析　B. 半微量分析　C. 微量分析　D. 超微量分析

(2)试样用量为0.1~10 g的分析方法称为(　　)。

A. 常量分析　B. 半微量分析　C. 微量分析　D. 超微量分析

(3)试液体积取样量为1~10 mL的分析方法称为(　　)。

A. 常量分析　B. 半微量分析　C. 微量分析　D. 超微量分析

3. 多项选择题

(1)分析反应应具备的特点是(　　)。

A. 应准确称取反应物的量　B. 应有一定的反应温度

C. 须有明显的外部特征　D. 必须消除干扰物质的影响

E. 分析反应必须迅速

(2)提高分析反应选择性,最常用的方法有(　　)。

A. 加入催化剂　B. 控制溶液的pH值

C. 增加反应物的浓度　D. 分离或掩蔽干扰离子

E. 提高溶液的温度

(3)仪器分析的特点主要有(　　)。

A. 灵敏度高　B. 选择性好　C. 分析速度快　D. 应用范围广

E. 相对误差较大

4. 简答题

(1)分析化学的研究对象是什么?

(2)简述学习分析化学的要求。

答案解析:

(1)分析化学分无机化学和有机化学,无机化学的研究对象是无机物,有机分析的研究对象是有机物。在无机分析中,组成无机物的元素种类较多,通常要求鉴定物质的组成和测定各成分的含量。有机分析中,组成有机物的元素种类不多,但结构相当复杂,分析的重点是官能团分析和结构分析。

(2)①掌握各种分析方法的基本原理,树立正确的"量"的概念;②正确地掌握基本实验操作;③初步具有分析和解决有关分析化学问题的能力。

1.4 习题详解

1. 填空题

(1)分析化学按任务分主要包括________、________、________及________。

(2)根据测定原理,分析化学可分为________和________。

2. 选择题

(1)不属于仪器分析法的特点是( )。

A. 准确 B. 快速

C. 灵敏 D. 适于常量分析

(2)鉴定物质的化学组成是属于( )。

A. 定性分析 B. 定量分析

C. 结构分析 D. 分析化学

3. 配伍选择题

判断以下实验应使用何种分析法:

(1)用酸碱滴定法测定醋酸的含量。( )

(2)用化学方法鉴别氯化钠样品的组成。( )

(3)测定溶液的 pH 值。( )

(4)测定 0.02 mg 样品的含量。( )

(5)测定 0.8 mL 样品溶液的含量。( )

A. 电位分析 B. 半微量分析

C. 微量分析 D. 常量分析

E. 超微量分析

1.5 讨论专区

(1)分析反应进行的主要条件有哪些?

(2)分析反应应具备哪些外部特征?

1.6 单元测试卷

第2章　误差及分析数据的统计处理

【化学趣识】

不吃羊的狼

中国民间故事及古希腊伊索寓言中均有不少狼吃小羊的故事。狼是一种凶残的食肉动物，它吃羊羔的本性是不会轻易改变的，但动物学家在美洲大陆上驯化出了一种北美狼，它们不吃羊羔，即使把小羊羔放在它们的嘴巴底下，它们也会远远地回避。你一定感到很惊奇吧！这是怎么一回事呢？

原来，科学家给北美狼开了一张羊肉加氯化锂的处方，就是在羊肉中掺进了一种叫氯化锂的化学药品。北美狼吃了这种含有氯化锂的羊肉，在短时期内会患上消化不良及肚子胀痛等疾病。实验开始时，它们不得不食用含有氧化锂的羊肉，但后来在肉食方面给它们了别的选择，它们就不吃含有氯化锂的羊肉了。这样经过多次驯化，它们就不再掠食羊羔了。

有趣的是，母狼吃什么样的食物，它的奶就会有什么样的味道。母狼不吃羊羔的特性，会很快地传给它的幼仔，并且母狼不给它的幼仔吃自己已经回避的食物——羊羔，那么幼狼也绝不会去尝试这些羊羔。

亲爱的读者，如果有狼掠食羊群的地方，你有什么巧妙的办法来保护羊群呢？另外，你一定听说过“老鹰捉小鸡”的故事吧，你又有什么措施能使小鸡免遭捕食呢？你愿意像科学家那样，当一名驯兽能手吗？

2.1 思维导图

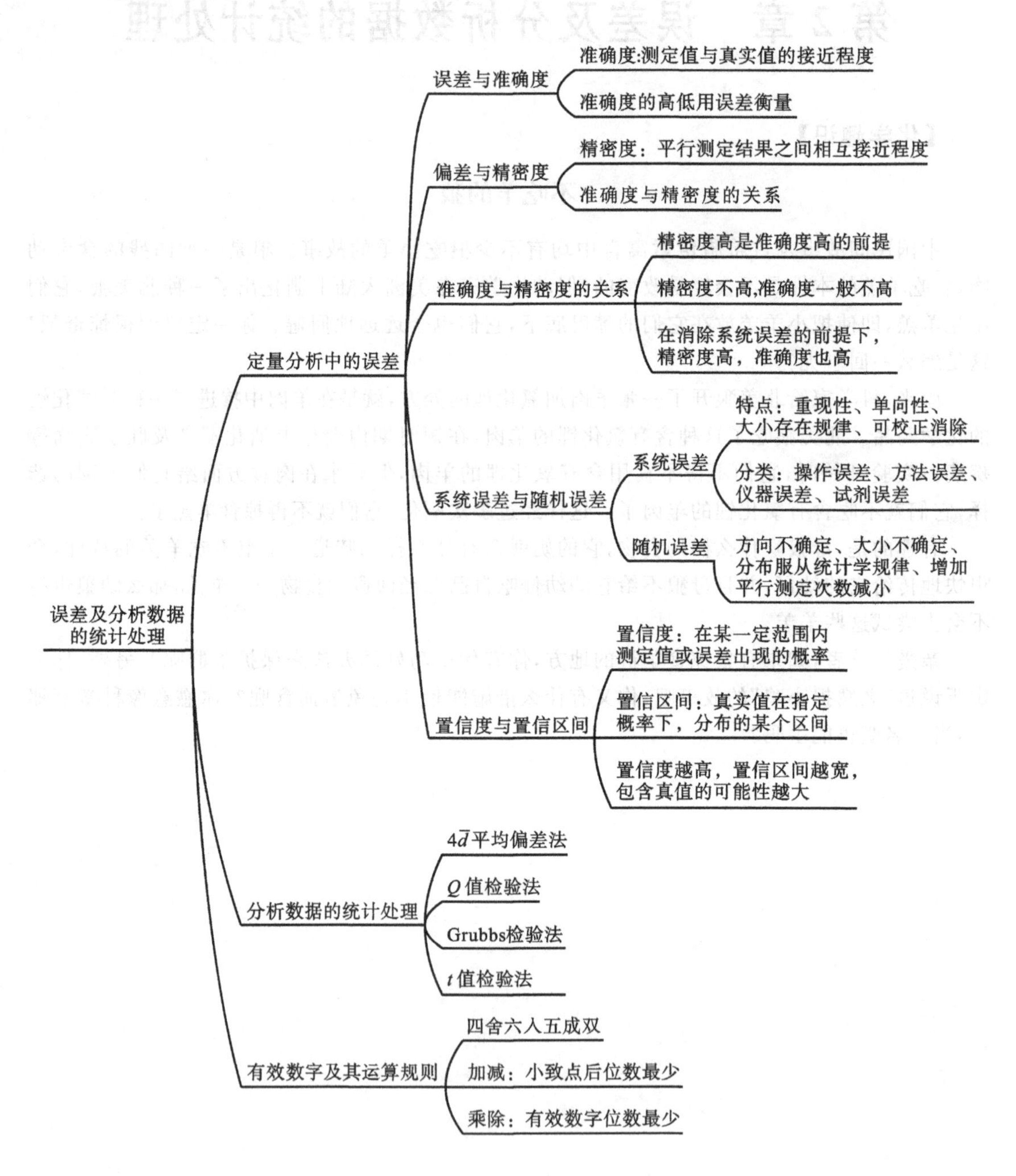

误差及分析数据的统计处理
定量分析中的误差
误差与准确度
准确度:测定值与真实值的接近程度
准确度的高低用误差衡量
偏差与精密度
精密度：平行测定结果之间相互接近程度
准确度与精密度的关系
准确度与精密度的关系
精密度高是准确度高的前提
精密度不高,准确度一般不高
在消除系统误差的前提下，精密度高，准确度也高
系统误差与随机误差
系统误差
特点：重现性、单向性、大小存在规律、可校正消除
分类：操作误差、方法误差、仪器误差、试剂误差
随机误差
方向不确定、大小不确定、分布服从统计学规律、增加平行测定次数减小
置信度与置信区间
置信度：在某一定范围内测定值或误差出现的概率
置信区间：真实值在指定概率下，分布的某个区间
置信度越高，置信区间越宽，包含真值的可能性越大
分析数据的统计处理
4$\bar{d}$平均偏差法
Q值检验法
Grubbs检验法
t值检验法
有效数字及其运算规则
四舍六入五成双
加减：小致点后位数最少
乘除：有效数字位数最少

2.2 内容要点

2.2.1 教学要求

(1)掌握误差的基本概念及引起误差的原因。

(2)熟练掌握有效数字的修约规则及运算。

(3)了解随机误差的正态分布的特点,掌握有限次测定数据服从的 t 分布,并会用 t 分布计算平均值的置信区间。

(4)熟悉可疑数据的取舍方法。

2.2.2　重要概念

(1)真值(x_T):某一物理量本身具有的客观存在的真实数值。真值是未知的、客观存在的量。有理论真值(如阿伏伽德罗常数、摩尔气体常数等)、约定真值(如由国际计量大会定义的基本单位等)和相对真值(如标准试样等)。

(2)平均值($\bar{x}$):n 次测定数据的算术平均值为

$$\bar{x} = \frac{1}{n}\sum_{i=1}^{n} x_i$$

(3)中位值(x_M):一组测定值按大小顺序排列,当测定数据为奇数个时,中间一个数据即为 x_M;当测量数据为偶数个时,中间相邻两个测定值的平均值为 x_M。

(4)极差(R):衡量一组数据的分散性。一组测量数据中最大值和最小值之差,也称全距或范围误差,即

$$R = x_{max} - x_{min}$$

(5)准确度:指测量值与真实值的接近程度,其好坏用误差来衡量。

(6)精密度:在相同条件下,多次测定结果相互之间吻合的程度(各测量值间的相互接近程度);实际工作中,精密度常被称为重复性和再现性。

(7)系统误差:由某种固定的原因造成的,具有重现性、单向性,其大小、正负在理论上是可以测定的,又称可测误差。

(8)随机误差:由一些随机的、偶然的原因造成的,又称偶然误差。

(9)置信度:某一定范围的测定值或误差值出现的概率。

(10)置信区间:真实值在指定概率下,分布的某一个区间。

2.2.3　主要内容

定量分析的任务是准确测定组分在试样中的含量。在测定过程中,即使采用最可靠的分析方法,使用最精密的仪器,由技术很熟练的人员进行操作,也不可能得到绝对准确的结果。因为在任何测量过程中,误差是客观存在的。因此,一方面我们应该了解分析过程中误差产生的原因及其出现的规律,以便采取相应措施,尽可能使误差减小;另一方面,需要对测试数据进行正确的统计处理,以获得最可靠的数据信息。

2.2.3.1　定量分析中的误差

1. 误差与准确度

误差 E 是指测定值 x_i 与真值 μ 之间的差值,即

$$E = x_i - \mu \tag{2-1}$$

误差的大小可用绝对误差 E(absolute error)和相对误差 E_r(relative error)表示。相对误差表示绝对误差对于真值所占的百分率,即

$$E_r = \frac{E}{\mu} \times 100\% \tag{2-2}$$

绝对误差和相对误差都有正值和负值。正值表示分析结果偏高,负值表示分析结果偏低。实际工作中,真值实际上是无法获得的,人们常常用纯物质的理论值、国家权威部门提供的标准参考物质的证书上给出的数值或多次测定结果的平均值当作真值。

准确度(accuracy)是指测定平均值与真值接近的程度,常用误差大小表示。误差越小,准确度越高。

2. 偏差与精密度

偏差(deviation)是指个别测定结果 x_i 与几次测定结果的平均值 $\bar{x}$ 之间的差值。与误差相似,偏差也有绝对偏差 d_i 和相对偏差 d_r 之分。测定结果与平均值之差为绝对偏差(d_i),绝对偏差(d_r)在平均值中所占的百分率或千分率为相对偏差,公式分别为

$$d_i = x_i - \bar{x} \tag{2-3}$$

$$d_r = \frac{d_i - \bar{x}}{\bar{x}} \times 100\% \tag{2-4}$$

各单次测定偏差绝对值的平均值,称为单次测定的平均偏差 $\bar{d}$(average deviation),又称算术平均偏差,即

$$\bar{d} = \frac{1}{n}\sum_{i=1}^{n} |d_i| \tag{2-5}$$

单次测定的相对平均偏差 $\bar{d}_r$ 表示为

$$\bar{d}_r = \frac{\bar{d}}{x} \times 100\% \tag{2-6}$$

标准偏差(standard deviation)又称均方根偏差,当测定次数 n 趋于无限多时,称为总体[①]标准偏差,用 σ 表示如下:

$$\sigma = \sqrt{\frac{\sum_{i=1}^{n} (x_i - \mu)^2}{n}} \tag{2-7}$$

式中,μ 为总体平均值。在校正了系统误差的情况下,μ 代表真值。

在一般的分析工作中,测定次数是有限的,这时的标准偏差称为样本[②]标准偏差,以 s 表示:

$$s = \sqrt{\frac{\sum_{i=1}^{n} (x_i - \bar{x})^2}{n-1}} \tag{2-8}$$

式中,$(n-1)$表示 n 个测定值中具有独立偏差的数目,又称为自由度。

例如,对某试样独立测定 n 次,得到 n 个测定值,可计算出 $\bar{x}_n$ 及 n 个偏差值。根据多个偏差相加之和为零或接近零,这 n 个偏差值中,只有$(n-1)$个是独立的,另一个值由$(n-1)$个值所确定。

s 与平均值之比称为相对标准偏差(relative standard deviation,RSD),以 s_r 表示

$$s_r = \frac{s}{\bar{x}} \tag{2-9}$$

①总体:所研究的对象的某特性值的全体,在统计学上称为总体(或母体)。

②样本:自总体中随机抽出一组测定值称为样本(或子样)。

s_r 如以百分率表示又称为变异系数(coefficient of variation,CV)。

精密度(precision)是指在确定条件下,将测试方法实施多次,求出所得结果之间的一致程度。精密度的大小常用偏差表示。在偏差的表示中,用标准偏差更合理,因为将单次测定值的偏差平方后,能将较大的偏差显著地表现出来。

3. 准确度与精密度的关系

准确度与精密度的关系可从图 2-1 中看出。图 2-1 表示了甲、乙、丙、丁四人测定同一试样中铁含量时所得的结果。由图可见:甲所得结果的准确度和精密度均好;乙的结果精密度虽然好,但准确度稍差;丙的精密度和准确度都很差;丁的精密度很差,虽然平均值接近真值,但带有偶然性,是较大的正、负误差抵消的结果,其结果也是不可靠的。由此可知,实验结果首先要求精密度高,才能保证有准确的结果,但高的精密度也不一定能保证有高的准确度(如无系统误差存在,则精密度高,准确度也高)。

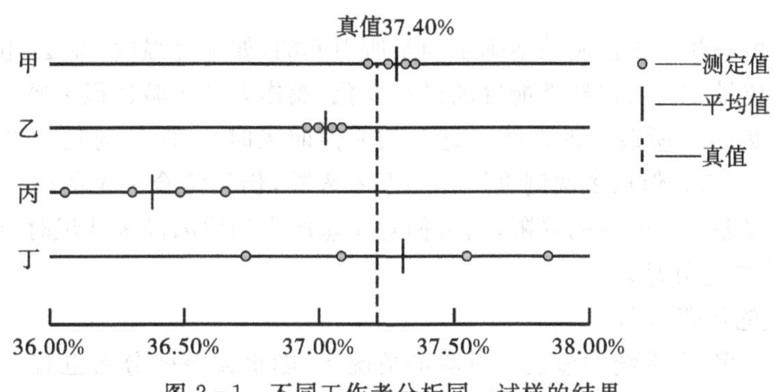

图 2-1　不同工作者分析同一试样的结果

4. 误差的分类及减免误差的方法

根据误差产生的原因及其性质的不同,可以把误差分为两类:系统误差或称可测误差(determinate error),随机误差(random error)或称偶然误差。

1)*系统误差*

(1)系统误差的产生有如下原因:

①方法不完善造成的方法误差(method error),如反应不完全、干扰组分的影响、滴定分析中指示剂选择不当等。

②试剂或蒸馏水纯度不够,带入微量的待测组分,干扰测定等。

③测量仪器本身缺陷造成的仪器误差(instrumental error),如容量器皿刻度不准又未经校正,电子仪器"噪声"过大等。

④操作人员操作不当或不正确的操作习惯造成的人员误差(personal error),如观察颜色偏深或偏浅,第二次读数总是想与第一次重复等。

其中,方法误差有时不被人们察觉,带来的影响也较大,在选择方法时应特别注意。

(2)系统误差具有如下性质:

①重复性。同一条件下,重复测定中,重复地出现。

②单向性。测定结果系统偏高或偏低。

③误差大小基本不变,对测定结果的影响比较恒定。

(3)系统误差的校正。系统误差的大小可以测定出来,因此可对测定结果进行校正。针对系统误差产生的原因,可选择标准方法或进行试剂的提纯和使用校正值的方法加以消除。例如,可选择一种标准方法与所采用的方法做对照试验,或选择与试样组成接近的标准试样做对照试验,找出校正值加以校正。对试剂或实验用水是否带入被测成分,或所含杂质是否有干扰,可通过空白试验①扣除空白值加以校正。

(4)系统误差的检查。是否存在系统误差常常通过回收试验加以检查。回收试验是在测定试样某组分含量(x_1)的基础上,加入已知量的该组分(x_2),再次测定其组分含量(x_3)。由回收试验所得数据可以计算出回收率,即

$$回收率=\frac{x_3-x_1}{x_2}\times 100\% \tag{2-10}$$

由回收率的高低来判断有无系统误差存在。对常量组分回收率要求高,一般为99%以上,对微量组分回收率要求在95%~110%。

2)随机误差

随机误差是由一些无法控制的不确定因素所引起的,如环境温度、湿度、电压、污染情况等的变化引起试样质量、组成、仪器性能等的微小变化,操作人员实验过程中操作上的微小差别,以及其他不确定因素等所造成的误差。这类误差值时大时小,时正时负,难以找到具体的原因,更无法测量它的值。但从多次测量结果的误差来看,仍然符合一定的规律。实际工作中,随机误差与系统误差并无明显的界限,当人们对误差产生的原因尚未认识时,往往把它当作随机误差对待,进行统计处理。

5. 随机误差的正态分布

如测定次数较多,在系统误差已经排除的情况下,随机误差的分布也有一定的规律,如以横坐标 u 表示随机误差的值,纵坐标 y 表示误差出现的概率大小,当测定次数无限多时,则得随机误差正态分布曲线如图2-2所示。

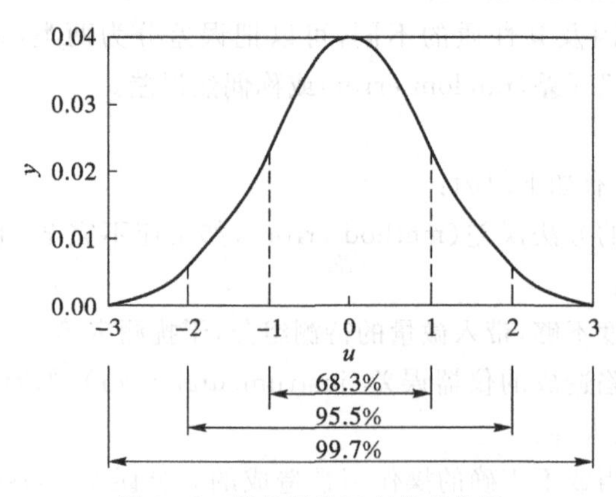

图2-2　随机误差正态分布曲线

图2-2中 u 的定义为

$$u=\frac{x-\mu}{\sigma} \tag{2-11}$$

随机误差分布具有以下性质:

①空白试验是指除了不加试样外,其他试验步骤与试样试验步骤完全一样的实验,所得结果称为空白值。

(1)对称性。大小相近的正误差和负误差出现的概率相等,随机误差分布曲线是对称的。

(2)单峰性。小误差出现的概率大,大误差出现的概率小,很大误差出现的概率非常小。误差分布曲线只有一个峰值。误差有明显的集中趋势。

(3)有界性。仅仅由于随机误差造成的误差值不可能很大,即大误差出现的概率很小。如果发现误差很大的测定值出现,往往是由于其他过失误差造成的,此时,对这种数据应做相应的处理。

(4)抵偿性。误差的算术平均值的极限为零,即

$$\lim_{n \to \infty} \sum_{i=1}^{n} \frac{d_i}{n} = 0 \tag{2-12}$$

在随机误差正态分布曲线上,如把曲线与横坐标从 $-\infty$ 至 $+\infty$ 之间所包围的面积(代表所有随机误差出现的概率的总和)定为 100%,通过计算发现误差范围与出现的概率的关系见表 2-1 和图 2-2。

表 2-1　误差在某些区间出现的概率

$x-\mu$	u	概率
$[-\sigma, +\sigma]$	$[-1, +1]$	68.3%
$[-1.64\sigma, +1.64\sigma]$	$[-1.64, +1.64]$	90.0%
$[-1.96\sigma, +1.96\sigma]$	$[-1.96, +1.96]$	95.0%
$[-2\sigma, +2\sigma]$	$[-2, +2]$	95.5%
$[-2.58\sigma, +2.58\sigma]$	$[-2.58, +2.58]$	99.0%
$[-3\sigma, +3\sigma]$	$[-3, +3]$	99.70%

测定值或误差出现的概率称为置信度(也可称为置信水平(confidence level))。图 2-2 中 68.3%、95.5%、99.7% 即为置信度,其意义可以理解为某一定范围的测定值(或误差值)出现的概率。$\mu \pm \sigma$、$\mu \pm 2\sigma$、$\mu \pm 3\sigma$ 等称为置信区间(confidence interval),其意义为真实值在指定概率下,分布在某一个区间内。置信度选得高,置信区间就宽。

6. t 分布曲线

在分析测试中,测定次数是有限的,一般平行测定 3～5 次,无法计算总体标准偏差 σ 和总体平均值 μ,而有限次测定的随机误差并不完全服从正态分布,而是服从类似于正态分布的 t 分布,该分布是由英国统计学家兼化学家 W. S. Gosset 提出,以 Student 的笔名发表的,称为置信因子 t,定义为

$$t = \frac{\bar{x} - \mu}{s} \sqrt{n} \tag{2-13}$$

t 分布曲线如图 2-3 所示。由图可见,t 分布曲线与随机误差正态分布曲线相似,t 分布曲线随自由度 f($f=n-1$)而变:当 $f>20$ 时,二者很近似;当 $f \to \infty$,二者一致。t 分布在分析化学中应用很多,将在后面的有关内容中讨论。

t 值与置信度和测定次数有关,其值可在表 2-2 中查得。

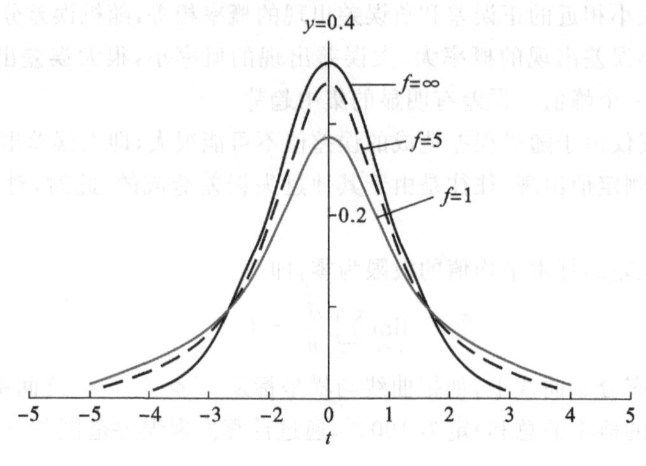

图 2-3　t 分布曲线

表 2-2　t 值表

测定次数 n	$t_{0.90}$	$t_{0.95}$	$t_{0.99}$
2	6.314	12.706	63.657
3	2.920	4.303	9.925
4	2.353	3.182	5.841
5	2.132	2.776	4.604
6	2.015	2.571	4.032
7	1.943	2.447	3.707
8	1.895	2.365	3.500
9	1.860	2.306	3.355
10	1.833	2.262	3.250
11	1.812	2.228	3.169
21	1.725	2.086	2.846
∞	1.645	1.960	2.576

由式(2-13)可得

$$\mu = \bar{x} \pm \frac{ts}{\sqrt{n}} \tag{2-14}$$

置信区间的宽窄与置信度、测定值的精密度和测定次数有关，当测定值精密度越高(s 值越小)，测定次数越多(n 值越大)时，置信区间越窄，即平均值越接近真值，越可靠。

式(2-14)的意义：在一定置信度下(如 95%)，真值(总体平均值)将在测定平均值 $\bar{x}$ 附近的一个区间，即在 $\bar{x}-\frac{ts}{\sqrt{n}}$ 至$\bar{x}+\frac{ts}{\sqrt{n}}$ 之间存在，把握程度为 95%。式(2-14)常作为分析结果的表达式。式(2－14)中，$\pm \frac{ts}{\sqrt{n}}$ 表示不确定度。

置信度选择越高，置信区间越宽，其区间包括真值的可能性也就越大。在分析化学中，一般将置信度定为 95％ 或 90％。

2.2.3.2　分析结果的数据处理

分析工作者获得了一系列数据后，需对这些数据进行处理。譬如有个别偏离较大的数据(称为离群值或极值)是保留还是弃去，测得的平均值与真值或标准值的差异是否合理，相同方法测得的两组数据或用两种不同方法对同试样测得的两组数据间的差异是否在允许的范围内，都应做出判断，不能随意处理。

1. $4\bar{d}$ 平均偏差法

基本步骤：样本值为 $x_1, x_2, \cdots, x_n$，将样本值从小到大排列，假定某一值为可疑值，首先计算除可疑值之外其他测定数据的平均值，再计算除可疑值之外其他测定数据的平均偏差，若

$$|x_{疑} - \bar{x}| > 4\bar{d}$$

则舍弃可疑值，否则保留。

2. Q 值检验法

如果测定次数在 10 次以内，使用 Q 值检验法比较简便。步骤是将测定值由小到大排列，$x_1 < x_2 < \cdots < x_n$，其中 x_1 或 x_n 可疑。

当 x_1 可疑时，用

$$Q_{计} = \frac{x_2 - x_1}{x_n - x_1} \tag{2-15}$$

算出 Q 值。

当 x_n 可疑时，用

$$Q_{计} = \frac{x_n - x_{n-1}}{x_n - x_1} \tag{2-16}$$

算出 Q 值。式中 $x_n - x_1$ 称为极差，即最大值和最小值之差。

若 x_1 与 x_n 均可疑时，可比较 $(x_2 - x_1)$ 及 $(x_n - x_{n-1})$ 之差值，差值大的先检验。

若 $Q_{计} > Q_{0.90表}$，则弃去可疑值，反之则保留。如 $Q_{0.90}$ 表示置信度选 90％，$Q_{表}$ 的数据见表 2－3。

表 2－3　Q 值表

测定次数 n	$Q_{0.90}$	$Q_{0.95}$	$Q_{0.99}$
3	0.94	0.98	0.99
4	0.76	0.85	0.93
5	0.64	0.73	0.82
6	0.56	0.64	0.74
7	0.51	0.59	0.68
8	0.47	0.54	0.63
9	0.44	0.51	0.60
20	0.41	0.48	0.57

3. 格鲁布斯(Grubbs)检验法

该法步骤是:将测定值由小到大排列,$x_1 < x_2 < \cdots < x_n$,其中 x_1 或 x_n 可疑,需要进行判断。首先算出 n 个测定值的平均值 $\bar{x}$ 及标准偏差 s。

判断 x_1 时按

$$G_{计} = \frac{\bar{x} - x_1}{s} \tag{2-17}$$

计算。

判断 x_n 时按

$$G_{计} = \frac{x_n - \bar{x}}{s} \tag{2-18}$$

计算。

由以上公式计算得出的 $G_{计}$ 若大于表 2-4 中临界值,即 $G_{计} > G_{表}$(置信度选 95%),则 x_1 或 x_n 应弃去,反之则保留。

表 2-4 G 值表

测定次数 n	$G_{0.95}$	$G_{0.975}$	$G_{0.99}$
3	1.15	1.15	1.25
4	1.46	1.48	1.49
5	1.67	1.71	1.75
6	1.82	1.89	1.94
7	1.94	2.02	2.10
8	2.03	2.13	2.22
9	2.11	2.21	2.32
10	2.18	2.29	2.41
11	2.23	2.36	2.48
12	2.29	2.41	2.55
13	2.33	2.46	2.61
14	2.37	2.51	2.66
15	2.41	2.55	2.71
20	2.56	2.71	2.88

此法计算过程中,应用了平均值 $\bar{x}$ 及标准偏差 s,故判断的准确性较高。

4. t 值检验法

为了检验一个分析方法是否可靠,是否有足够的准确度,常用已知含量的标准试样进行试验。用 t 值检验法将测定的平均值与已知值(标样值)比较,可按下式计算 t 值

$$t = \frac{|\bar{x} - \mu|}{x}\sqrt{n} \tag{2-19}$$

若 $t_{计} > t_{表}$，则 $\bar{x}$ 与已知值有显著差别，表明被检验的方法存在系统误差；若 $t_{计} < t_{表}$，则 $\bar{x}$ 与已知值之间的差异可认为是随机误差引起的正常差异。

在工作中，当我们用一种新方法对试样中某组分进行测试，获得一组测定数据，这时应进行以下工作：

①首先要判断数据中的极值（极大值或极小值）是否属于异常值：如属异常值则应舍弃。

②进行方法的可靠性检验：用标准试样在与试样相同的测试条件下进行测试，将测试平均值与标准值用 t 检验法进行检查或采用在原试样中，加入被测标准物，测定加标回收率，以判断方法的准确度。

③若上述显著性检验合格，说明新分析方法无系统误差存在，新方法可行，再考虑其他因素：如分析步骤是否简化、是否易于操作、成本是否低廉等。若新方法仍有一定优势，则原方法可被取代。

2.2.3.3　有效数字及其运算规则

1. 有效数字

在测量科学中，所用数字分为两类：一类是一些常数（如 π 等）及倍数（如 3、$\frac{1}{2}$ 等），系非测定值，它们的有效数字位数可看作无限多位，按计算式中需要而定；另一类是测量值或与测量值有关的计算值，它位数的多少，反映测量的精确程度，这类数字称为有效数字，也可理解为最高数字不为零的实际能测量的数字。有效数字通常保留的最后一位数字是不确定的，称为可疑数字。如滴定管读数 25.15 mL，四位有效数字最后一位数字 5 是估计值，可能是 4，也可能是 6，虽然是测定值，但不是很准确。一般有效数字的最后一位数字有 ± 1 个单位的误差。由于有效数字位数与测量仪器精度有关，实验数据中任何一个数都是有意义的，数据的位数不能随意增加或减少，如分析天平称量某物质为 0.2501 g（分析天平感量为 ± 0.1 mg），不能记录为 0.250 g 或 0.25010 g。50 mL 滴定管读数应保留小数点后两位，如 28.30 mL，不能记为 28.3 mL。

运算中，首位数字大于或等于 8，有效数字可多记一位。

数字“0”在数据中有两种意义，若只是定位作用，它就不是有效数字；若作为普通数字就是有效数字。如称量某物质为 0.0875 g，8 前面的两个 0 只起定位作用，故 0.0875 有三位有效数字。又如，HCl 溶液浓度为 0.2100 $mol \cdot L^{-1}$，该数据有四位有效数字；滴定管读数 30.20 mL，其中两个 0 都是测量数据，该数据有四位有效数字。改换单位不能改变有效数字位数。如 1.0 L 是两位有效数字，不能写成 1000 mL，应写成 1.0×10^3 mL，仍然是两位有效数字。

pH、pM、lg$K$ 等有效数字的位数，按照对数的位数与真数的有效数字位数相等，对数的首数相当于真数的指数的原则来定。例如，$[H^+] = 6.3 \times 10^{-12}$ $mol \cdot L^{-1}$，该数据有两位有效数字，所以 pH＝11.20，而不能写成 pH＝11.2。

上述内容称为有效数字的规则。

2. 修约规则

分析测试结果一般由测得的某些物理量进行计算，结果的有效数字位数必须能正确表达实验的准确度。运算过程及最终结果都需要对数据进行修约，即舍去多余的数字，以避免不必要的繁琐计算。舍去多余数字的办法可以归纳“四舍六入五留双”，即当多余尾数小于或等于

4时舍去尾数,大于或等于6时进位。尾数正好是5时分两种情况,若5后数字不为0,一律进位,5后无数或为0,采用5前是奇数则将5进位,5前是偶数则把5舍弃,简称“奇进偶舍”。

例如,下列数字若保留四位有效数字,则修约为

$$14.2442 \rightarrow 14.24$$

$$26.4863 \rightarrow 26.49$$

$$15.0250 \rightarrow 15.02$$

$$15.0150 \rightarrow 15.02$$

$$15.0251 \rightarrow 15.03$$

另外,修约数字时要一次修约到所需位数,不能连续多次修约。如2.3457修约到两位,应为2.3,如连续修约则为

$$2.3457 \rightarrow 2.346 \rightarrow 2.35 \rightarrow 2.4$$

这是错误的修约。

3. 运算规则

1)加减法

运算结果的有效数字位数决定于这些数据中绝对误差最大者。如0.0121,25.64,1.05782三数相加,其中25.64的绝对误差为±0.01,是最大者(按最后位数字为可疑数字),故按小数点后保留两位报告结果为

$$0.01+25.64+1.06=26.71$$

2)乘除法

运算结果的有效数字位数决定于这些数据中相对误差最大者。如

$$\frac{0.0325\times5.104\times60.094}{139.56}$$

式中0.0325的相对误差最大,其值为$\frac{\pm0.0001}{0.0325}\approx\pm0.3\%$,故结果只能保留三位有效数字。

运算时,先修约再运算,或先运算最后再修约,两种情况下得到的结果数值有时会不一样。为避免出现此情况,既能提高运算速度,而又不使修约误差积累,可采用在运算过程中将参与运算的各数的有效数字位数修约到比该数应有的有效数字位数多一位的方法(这多取的数字称为安全数字),然后再进行运算。

如上例$\frac{0.0325\times5.104\times60.094}{139.56}$,若先修约至三位有效数字再运算,则结果为

$$\frac{0.0325\times5.10\times60.1}{140}=0.0712$$

若运算后再修约,则运算结果为0.071427,修约后为0.0714,两者不完全一样。

若采用安全数字,即本例中各数取四位有效数字,最后结果修约到三位,则

$$\frac{0.0325\times5.104\times60.09}{139.6}=0.07140$$

修约为0.0714。

这是目前人们常采用的、使用安全数字的方法。在表示分析结果时,当组分含量≥10%时,用四位有效数字,组分含量在1%~10%时,用三位有效数字。表示误差大小时有效数字常取一位,最多取两位。

2.2.4　重点、难点

1. 本章的重点

(1)系统误差、随机误差产生的原因、减免方法；

(2)准确度和精密度的表示法及有关计算，包括平均值、平均偏差、相对平均偏差、标准偏差、变异系数的计算等；

(3)三种可疑值的取舍方法；

(4)有效数字的修约规则及运算规则。

2. 本章的难点

(1)置信区间的概念、计算及置信区间宽窄的影响因素；

(2)系统误差与随机误差的区分。

2.3　例题解析

1. 填空题

(1)0.07090 g 有________位有效数字；24.00 mL 有________位有效数字；pH=5.03，则[H^+]取________位有效数字，回滴法中按下式计算，则 Na_2CO_3%有________位有效数字。

$$Na_2CO_3\% = \frac{0.1018\times2\times(22.10-20.32)\times105.99}{\frac{25.00}{250.00}\times3.150\times2000}$$

(2)按误差来源，砝码腐蚀引起的误差属于________误差，称量时天平零点稍有变动引起的误差属于________误差，使用未经校准的仪器会引起________误差。

(3)在未做系统误差校正的情况下，某分析人员的多次测定结果的精密度很好，则分析结果的准确度____________。

(4)多次分析结果的相对标准偏差越________，则分析结果的精密度越________。

(5)检验并消除测量中的系统误差的常用方法是____________、____________、____________和____________。

(6)在定量分析中，检验可疑值取舍的方法有____________，____________，当数据不多时($n<10$)，采用____________比较方便。

(7)有效数字加减法运算规则是______________________________。

(8)有效数字乘除法运算规则是______________________________。

2. 选择题

(1)按有效数字计算规则计算 7.9976 ÷ 0.9967−5.02=3.00407，其结果应为(　　)。

A. 3.0　　B. 3.00　　C. 3.004　　D. 3.0041

(2)pH=0.03，[H^+]正确的表达方式为(　　)$mol\cdot L^{-1}$。

A. 0.9　　B. 1　　C. 0.93　　D. 1.00

(3)可用如下哪种试验方法减小分析测定中的随机误差？(　　)

A. 对照试验　　B. 空白试验　　C. 多次平行试验　　D. 回收试验

(4)用 25 mL 移液管移出的溶液体积应记录为(　　)。

A. 25 mL　　B. 25.0 mL　　C. 25.00 mL　　D. 25.000 mL

(5)某人根据置信度为 95% 对某项分析结果计算后，报告结果如下，其中合理的是(　　)。

A. (25.48 ± 0.1)%　　B. (25.48 ± 0.13)%

C. (25.48 ± 0.135)%　　D. (25.48 ± 0.1348)%

(6)下列论述中，正确的是(　　)。

A. 要分析结果的准确度高，一定需要精密度高

B. 分析结果的精密度高，准确度一定高

C. 分析工作中，要求分析结果的误差为零

D. 精密度高，系统误差一定小

(7)下列有关置信区间的定义中，正确的定义是(　　)。

A. 以真值为中心的某一区间包括测定结果的平均值的概率

B. 在一定置信度时，以测量值的平均值为中心包括真值在内的可信范围

C. 总体平均值与测定结果的平均值相等的概率

D. 真值落在某一可靠区间的概率

(8)有一组测量值，已知其标准值，要检验得到这组数据的分析结果是否可靠，应采用(　　)。

A. Q 值检验法　　B. t 值检验法　　C. $4\bar{d}$ 平均偏差法　　D. Grubbs 检验法

(9)对某试样进行多次平行测定，得 CaO 平均含量为 30.6%，而真实含量为 30.3%，则 30.6%－30.3%＝0.3%为(　　)。

A. 相对误差　　B. 相对平均偏差　　C. 绝对误差　　D. 绝对偏差

(10)从精密度好就可断定分析结果可靠的前提是(　　)。

A. 偶然误差小　　B. 系统误差小　　C. 平均偏差小　　D. 标准偏差小

(11)用减重法称取一份试样，只在试样倾出前使用了一只磨损的砝码，称量结果会(　　)。

A. 出现正误差　　B. 出现负误差　　C. 对准确度无影响　　D. 降低精密度

(12)为了检查分析方法或操作过程中是否存在较大的系统误差，可采用(　　)。

A. Q 值检验法　　B. Grubbs 检验法　　C. t 值检验法　　D. $4\bar{d}$ 平均偏差法

(13)当实验数据不多时($n<10$)，决定可疑值的取舍较方便的方法是(　　)。

A. Q 值检验法　　B. Grubbs 检验法　　C. t 值检验法　　D. $4\bar{d}$ 平均偏差法

(14)分析天平的称量误差一般为 0.1 mg，此为(　　)。

A. 绝对误差　　B. 相对误差　　C. 绝对偏差　　D. 标准偏差

(15)滴定分析、重量分析一般有 0.1%的准确度，记录实验数据时一般取有效数字(　　)。

A. 1 位　　B. 2 位　　C. 3 位　　D. 4 位

3. 名词解释

(1)准确度。

(2)置信度。

(3)空白试验。

答案解析：

(1)指测定值与真实值接近的程度。

(2)将误差或测定值在某个范围内出现的概率称为置信度。

(3)在不加试样的情况下,按照与分析试样同样的方法进行的试验。

4. 简答题

(1)简述系统误差的起因、特点及消除方法。

(2)定量分析得到一组数据后,如何决定实验数据的取舍?

(3)用分析天平称两个样品重量,一个是 0.0021 g,另一个是 0.5432 g。两次称量的绝对误差都是 0.0001 g,试说明相对误差的意义及其优越性。

答案解析:

(1)系统误差是由确定的原因引起,具有恒定的单向性,即有固定的大小和方向,重复测定重复出现。系统误差包括方法误差、仪器及试剂误差、操作误差,其对分析结果的作用表现为恒定误差和比例误差两种形式。系统误差可通过对照试验、回收试验、空白试验及校准仪器来检验并消除。

(2)定量分析中平行测定多次得到一组数据后,往往会有个别数据与其他数据相差较远,称为离群值(可疑值)。如果有确切的原因,则可舍弃;否则要用统计检验的方法确定可疑值是否应该舍弃,常用的有:Q 检验法、Grubbs 检验法等。

(3) 样品 1 相对误差$\frac{E_1}{\mu_1}\times 100\%=0.0001/0.0021\times 100\%=4.8\%\approx 5\%$

样品 2 相对误差$\frac{E_2}{\mu_2}\times 100\%=0.0001/0.5432\times 100\%=0.018\%\approx 0.02\%$

两个样品称量的绝对误差一样,但相对误差却大不相同,前者比后者大得多。相对误差反映了误差在测定结果中所占的比例,所以,对于这种情况,用相对误差来表示测定结果的准确度更为确切。

两个样品中被测组分含量高低不同,即使测定的绝对误差相同,相对误差也不同。因此,对高含量组分测定的相对误差应要求小些,而对低含量组分测定的相对误差可允许大些。

5. 计算题

(1)分析天平称量两物体的质量分别为 1.6380 g 和 0.1637 g,假定两者的真实质量分别为 1.6381 g 和 0.1638 g,则两者称量的绝对误差分别为多少?从计算结果可以得出什么结论?

答案解析:

$$E_1=1.6380-1.6381=-0.0001\ \text{g}$$
$$E_2=0.1637-0.1638=-0.0001\ \text{g}$$

两者称量的相对误差分别为

$$E_{r1}=\frac{-0.0001}{1.6381}\times 100\%=-0.006\%$$

$$E_{r2}=\frac{-0.0001}{0.16381}\times 100\%=-0.06\%$$

由此可知,绝对误差相同,相对误差并不一定相同。上例中第一个称量结果的相对误差为第二个称量结果相对误差的十分之一。也就是说,同样的绝对误差,当被测定的量较大时,相对误差就比较小,测定的准确度也就比较高。因此,用相对误差来表示各种情况下测定结果的准确度更为确切些。

(2)有两组测定值

甲组　2.9,2.9,3.0,3.1,3.1

乙组　2.8,3.0,3.0,3.0,3.2

试判断精密度的差异。

答案解析：

平均值 $\bar{x}_{甲}=3.0$　平均偏差$\bar{d}_{甲}=0.08$　标准偏差$s_{甲}=0.10$

$\bar{x}_{乙}=3.0$　$\bar{d}_{乙}=0.08$　$s_{乙}=0.14$

本例中，两组数据的平均偏差是一样的，但数据的离散程度不一致，乙组数据更分散，说明用平均偏差有时不能反映出客观情况，而用标准偏差来判断。本例中 s 大一些，即精密度差一些，反映了真实情况。因此在一般情况下，对测定数据应表示出标准偏差或变异系数。

(3)分析铁矿中铁含量，测定结果分别为 37.45%，37.20%，37.50%，37.30%，37.25%。计算此结果的平均值、平均偏差、标准偏差和变异系数。

答案解析：

$$\bar{x}=\frac{37.45\%+37.20\%+37.50\%+37.30\%+37.25\%}{5}=37.34\%$$

平均偏差为

$$\bar{d}=\frac{\sum_{i=1}^{n}|d_i|}{n}=\frac{0.11+0.14+0.16+0.04+0.09}{5}\%=0.11\%$$

标准偏差为

$$s=\sqrt{\frac{\sum_{i=1}^{n}d_i^{\,2}}{n-1}}=\sqrt{\frac{(0.11)^2+(0.14)^2+(0.16)^2+(0.04)^2+(0.09)^2}{5-1}}\%=0.13\%$$

变异系数为

$$CV=\frac{s}{\bar{x}}\times100\%=\frac{0.13\%}{37.34\%}\times100\%=0.35\%$$

(4)测定 SiO_2 的质量分数，得如下数据：28.62%，28.59%，28.51%，28.48%，28.52%，28.63%。求平均值、标准偏差及置信度分别为 90%和 95%时平均值的置信区间。

答案解析：

$$\bar{x}=\frac{28.62+28.59+28.51+28.48+28.52+28.63}{6}\%=28.56\%$$

$$s=\sqrt{\frac{(0.06)^2+(0.03)^2+(0.05)^2+(0.08)^2+(0.04)^2+(0.07)^2}{6-1}}\%=0.06\%$$

查表 2-2，可知置信度为 90%，$n=6$ 时，$t=2.015$，因此

$$\mu=\left(28.56\pm\frac{2.015\times0.06}{\sqrt{6}}\right)\%=(28.56\pm0.05)\%$$

同理，对于置信度为 95%，可得

$$\mu=\left(28.56\pm\frac{2.571\times0.06}{\sqrt{6}}\right)\%=(28.56\pm0.06)\%$$

上述计算说明，若平均值的置信区间取 (28.56 ± 0.05)%，则真值在其中出现的概率为 90%，而若使真值出现的概率提高为 95%，则其平均值的置信区间将扩大为 (28.56 ± 0.06)%。

(5)测定钢中铬含量时，先测定两次，测得的数据分别为 1.12%和 1.15%；再测定三次，测

得的数据分别为 1.11%、1.16%和 1.12%。试分别按两次测定和按五次测定的数据来计算平均值的置信区间(95%置信度)。

答案解析:

两次测定时

$$\bar{x}=\frac{1.12+1.15}{2}\%=1.14\%$$

$$s=\sqrt{\frac{(0.02)^2+(0.01)^2}{2-1}}\%=0.02\%$$

查表 2-2,得 $t_{95\%}=12.706(n=2)$,因此

$$\mu=\left(1.14\pm\frac{12.706\times0.02}{\sqrt{2}}\right)\%=(1.14\pm0.18)\%$$

五次测定得

$$\bar{x}=\frac{1.12+1.15+1.11+1.16+1.12}{5}\%=1.13\%$$

$$s=\sqrt{\frac{(0.01)^2+(0.02)^2+(0.02)^2+(0.03)^2+(0.01)^2}{5-1}}\%=0.02\%$$

查表 2-2,得 $t_{95\%}=2.776(n=5)$,因此

$$\mu=\left(1.13\pm\frac{2.776\times0.02}{\sqrt{5}}\right)\%=(1.13\pm0.02)\%$$

由上例可见,在一定测定次数范围内,适当增加测定次数,可使置信区间显著缩小,即可使测定的平均值 x 与总体平均值 μ 接近。

(6)测定某药物中 CO 的质量分数得到结果如下:1.25×10^{-6},1.27×10^{-6},1.31×10^{-6},1.40×10^{-6}。用 Grubbs 检测法和 Q 值检验法判断 1.40×10^{-6} 这个数据是否保留。

答案解析:

①用 Grubbs 检测法:$\bar{x}=1.31\times10^{-6}$,$s=0.067\times10^{-6}$,则

$$G_{计}=\frac{1.40\times10^{-6}-1.31\times10^{-6}}{0.067\times10^{-6}}=1.34$$

查表 2-4,$n=4$,置信度选 95%,$G_{计}<G_{表}$,故 1.40×10^{-6} 应保留。

②用 Q 值检验法:可疑值为 $\bar{x}$。

$$Q_{计}=\frac{1.40\times10^{-6}-1.31\times10^{-6}}{1.40\times10^{-6}-1.25\times10^{-6}}=0.60$$

查表 2-3,$n=4$,$Q_{0.90}=0.76$,$Q_{计}<Q_{表}$,故 1.40×10^{-6} 应保留,两种方法判断一致。

(7)一种新方法用来测定试样含铜量,用含量为 11.7 mg/kg 的标准试样,进行五次测定,所得数据分别为 10.9,11.8,10.9,10.3,10.0。判断该方法是否可行(是否存在系统误差)。

答案解析:

计算平均值 $x=10.8$,标准偏差 $s=0.7$,则

$$t=\frac{|\bar{x}-\mu|}{s}\sqrt{n}=\frac{10.8-11.7}{0.7}\sqrt{5}=2.87$$

查表 2-2,$t_{(0.95,n=5)}=2.776$,$t_{计}>t_{表}$,说明该方法存在系统误差,结果偏低。

2.4

2.4 习题详解

1. 填空题

(1)按有效数字法则修约下列结果,分别为:________、________、________、________。

$$4.1374\times\frac{0.841}{297.2}=0.0117077$$

$$4.1374+2.81+0.0606=7.0077$$

$$\frac{4.178+0.0037}{60.4}=0.0692334$$

$$\frac{4.178\times0.0037}{60.4}=0.000255937$$

(2)按误差来源,试剂中含有微量的被测组分会引起________误差;试样未经充分混匀引起的误差属于________误差;重量法测 SiO_2 时,读取滴定管读数时,最后一位数字估测不准,造成的误差属于________误差。

(3)一般滴定分析的准确度要求相对误差≤0.1%。分析天平通常可以称准到________mg。用减量法称取试样时,一般至少应称取________g。50 mL 滴定管的读数误差一般为________mL,故滴定时一般滴定体积须控制在________mL 以上,所以,滴定分析适用于________分析。

(4)定量分析要求得到既精密又可靠的分析结果,提高分析结果准确度的方法有________________、________________、________________和________________。

(5)某学生分析工业碱试样,称取含 Na_2CO_3 为 50.00% 的试样 0.4240 g,滴定时消耗 0.1000 mol/L 的 HCl 40.10 mL,该次测定的相对误差为________。[$M(Na_2CO_3)=106.00$ g/mol]

(6)用基准邻苯二甲酸氢钾标定约 0.1 mol/L 的 NaOH 溶液,在分析天平上分别称取邻苯二甲酸氢钾的重量为:0.46454 g,0.44675 g,0.45345 g,0.46567 g。试按有效数字修约规则修约成所需数据:________________。

2. 选择题

(1)按有效数字计算规则计算式:$(1.276\times4.17)+(1.7\times10^{-4})-(0.0021764\times0.121)=5.320826$,其结果应为(　　)。

A. 5.3　　B. 5.32

C. 5.321　　D. 5.3208

(2)按有效数字计算规则计算下式:

$$X\% = \frac{0.1000 \times (25.00 - 1.52) \times 246.47}{1.000 \times 1000} \times 100\% = 57.8712\%$$

其结果应为(　　)。

A. 58%　　B. 57.9%

C. 57.87%　　D. 57.871%

(3)有一化验员称取 0.5003 g 铵盐试样,用甲醛法测定其中氨的含量。滴定耗用 0.280 mol · L^{-1}的 NaOH 溶液 18.30 mL。他写出如下几种计算结果,其中合理的是(　　)。

A. 17%　　B. 17.4%

C. 17.44%　　D. 17.442%

(4)有一组多次平行测定所得的分析数据,要判断其中是否有可疑值,应采用(　　)。

A. t 值检验法　　B. $4\bar{d}$ 平均偏差法

C. Q 值检验法　　D. Grubbs 检验法

(5)定量分析工作要求测定结果的误差(　　)。

A. 等于零　　B. 没有要求

C. 在允许误差范围之内　　D. 略大于允许误差

(6)根据误差的正态分布曲线,要求分析结果出现的概率达 99.0%,其标准偏差应为(　　)

A. $\pm 3\sigma$　　B. $\pm 1.96\sigma$

C. $\pm 2\sigma$　　D. $\pm 2.58\sigma$

(7)用 $K_2Cr_2O_7$ 法测定铁,配制 $K_2Cr_2O_7$ 标准溶液时容量瓶内溶液没有摇匀,会对测定结果产生什么影响?(　　)

A. 正误差　　B. 负误差

C. 对准确度无影响　　D. 降低精密度

(8)用含量已知的标准试样作样品,以所用方法进行分析测定,来消除系统误差的方法为(　　)。

A. 空白试验　　B. 回收试验

C. 对照试验　　D. 校准仪器

(9)由于天平的两臂不等长所造成的称量误差可用(　　)。

A. 空白试验　　B. 校准仪器

C. 对照试验　　D. 增加测定次数

(10)为了突出较大偏差的影响,表示结果的精密度常用(　　)。

A. 相对偏差　　B. 绝对偏差

C. 平均偏差　　D. 标准偏差

3. 名词解释

(1)精密度。

(2)平均值的置信区间。

(3)对照实验。

4. 简答题

(1)简述随机误差的起因、特点及减小随机误差的方法。

(2)记录实验数据时,应遵循什么原则?

(3)试述准确度与精密度的区别与联系。

5. 计算题

(1)测定某铜矿试样,其中铜的质量分数为 24.87%,24.93%和 24.69%。真值为 25.06%。计算其平均值、绝对误差和相对误差。

(2)用电位滴定法测定铁精矿中铁的质量分数(%),6 次测定结果如下:

60.72　60.81　60.70　60.78　60.56　60.84

①用 Grubbs 法检验有无应舍去的测定值($P=0.95$);

②已知此标准试样中铁的真实含量为 60.75%,问上述测定方法是否准确可靠。($P=0.95$)

(3)根据有效数字的运算规则对下式进行计算:

①$7.9936 \div 0.9967-5.02$

②$0.0325 \times 5.103 \times 60.06 \div 139.8$

③$(1.276 \times 4.17)+1.7\times10^{-4}-(0.0021764 \times 0.0121)$

④$19.469+1.537-0.0386+2.54$

⑤ $\dfrac{45.00 \times (24.00-1.32)\times 0.1245}{1.0000 \times 1000}$

⑥$pH=0.06$,$[H^+]=$?

(4)有一标样,其标准值为 0.123%,今用一新方法测定,得四次数据如下(%):0.112,0.118,0.115 和 0.119。判断新方法是否存在系统误差(置信度选 95%)。

(5)测定铁矿石中铁的质量分数,五次结果分别为:67.48%,67.37%,67.47%,67.43%和 67.40%。计算其平均值、相对平均偏差、标准偏差和相对标准偏差。

(6)用重铬酸钾基准试剂标定硫代硫酸钠溶液的浓度($mol \cdot L^{-1}$),四次结果分别为:0.1029,0.1056,0.1032 和 0.1034。用 Grubbs 法检验上述测定值中有无可疑值($P=0.95$)。此外,比较置信度为 0.90 和 0.95 时真实值的置信区间,计算结果说明了什么?

(7)测定石灰石中铁的质量分数(%),四次测定结果分别为:1.59,1.53,1.54 和 1.83。用 Q 值检验法判断第 4 个结果是否应该舍去?如果第 5 次测定结果为 1.65,此时情况又如何?(Q 均为 0.90)

(8)某铁矿中铁的质量分数 39.19%,若甲的测定结果(%)是:39.12,39.15,39.18;乙的测定结果(%)是:39.19,

39.24,39.28。试比较甲乙两人测定结果的准确度和精密度(精密度以标准偏差和相对标准偏差表示之)。

(9)测定试样中 CaO 的质量分数时,得到如下结果:20.01%,20.03%,20.04%,20.05%。问:

①统计处理后的分析结果应如何表示?

②比较置信度为 90% 和 95% 时的置信区间。

2.5　讨论专区

用一种新的快速法测定钢铁中硫含量。某试样含硫 0.123%,用该法测定 4 次的结果为:0.112%,0.118%,0.115%,0.119%。判断在置信度为 95%时,新方法是否存在系统误差?若置信度为 99%呢?

2.6　单元测试卷

第3章　滴定分析法

【化学趣识】

喷火的老牛

在荷兰的一个小山村里，曾经发生过这样一件怪事。一位兽医给一头老牛治病，这头牛一会儿抬头，一会儿低头，蹄子不断地踩踏着地，好像热锅上的蚂蚁坐卧不安。近日来它吃不下饲料，肚子却溜圆，兽医用手指一敲"咚咚"直响，所以他认为这头牛胃肠胀气。他为了检查牛胃里的气体是否通过嘴排出来，便用探针插进牛的咽喉。当他在牛的嘴巴前打着打火机准备观察时，万万没有想到牛胃里产生的气体从牛嘴里喷出长长的火舌，熊熊地燃烧了起来。兽医大吃一惊，急忙后退几步，牛见火也受惊了。牛挣断了缰绳，在牛棚里东蹿西跳，燃着了牧草，引发一场冲天大火。虽然兽医等人全力扑救但也无济于事，最后整个牛棚和牧草化为一片灰烬。那么，这头牛为什么会喷火呢？

经有关人员的研究分析得出结论：牛嘴里喷出的气体是甲烷(CH_4)。在沼泽的底部甲烷以气泡的形式逸出，因此又得名沼气。它是一种无色、无味的气体，常温下化学性质比较稳定。它可以燃烧并产生大量的热，因此它是一种燃料。把有机废物如人、畜的粪便、麦秆、茎叶、杂草、树叶等特别是含纤维素的物质作为原料在沼气池内进行发酵，由于微生物的作用就会产生甲烷。

明白了甲烷产生的条件，我们就很容易弄清那头牛为什么会喷火了。牛吃的饲料是牧草，其主要成分为纤维素。由于牛患病，消化功能衰弱，牧草在牛胃里进行异常发酵产生了大量的甲烷，从而引起了胃肠胀气。兽医插入的探针就像一根导管一样把气体引了出来，而甲烷易燃，所以引起了这场大火。

3.1 思维导图

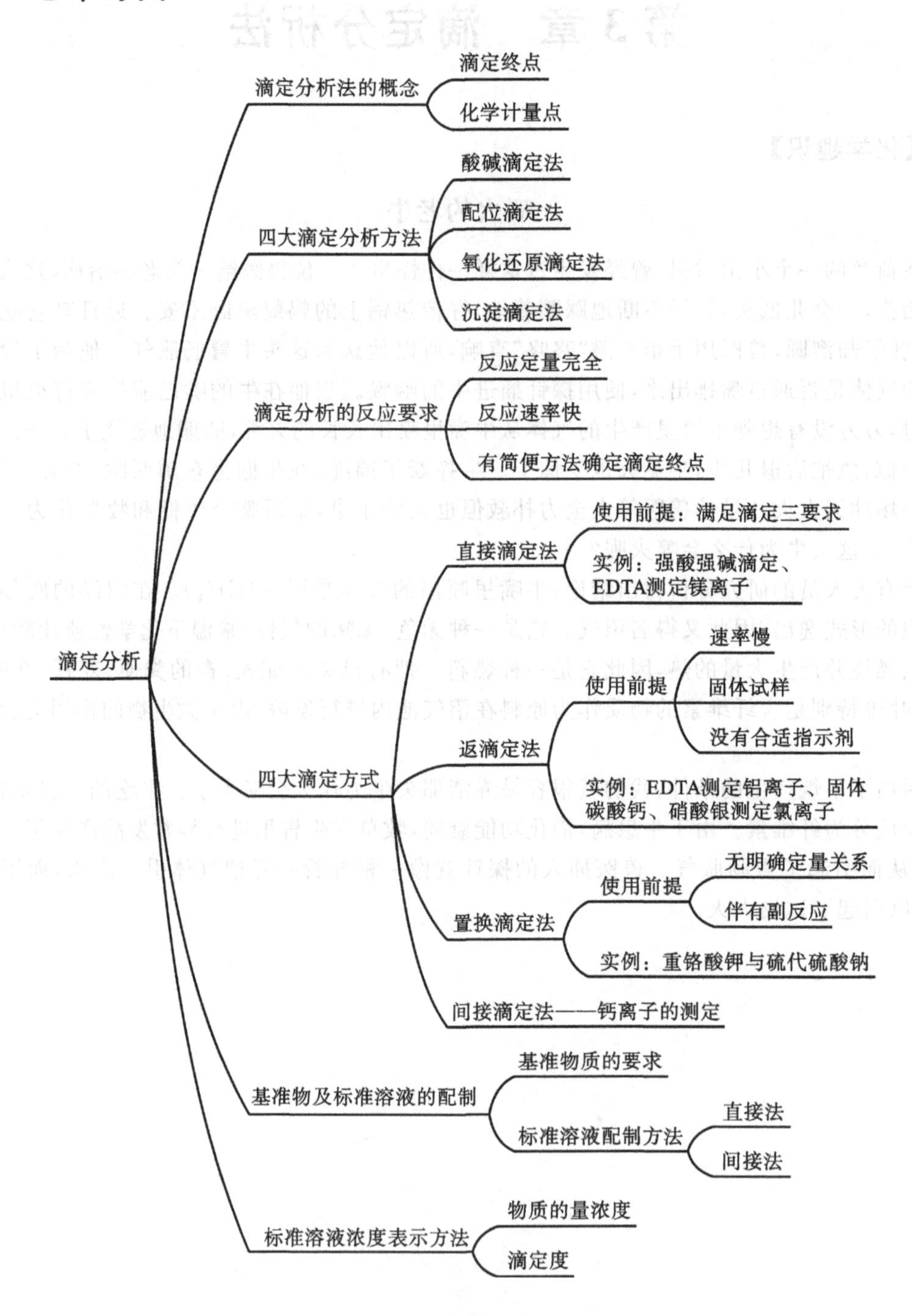

滴定分析
滴定分析法的概念
滴定终点
化学计量点
四大滴定分析方法
酸碱滴定法
配位滴定法
氧化还原滴定法
沉淀滴定法
滴定分析的反应要求
反应定量完全
反应速率快
有简便方法确定滴定终点
四大滴定方式
直接滴定法
使用前提：满足滴定三要求
实例：强酸强碱滴定、EDTA测定镁离子
返滴定法
使用前提
速率慢
固体试样
没有合适指示剂
实例：EDTA测定铝离子、固体碳酸钙、硝酸银测定氯离子
置换滴定法
使用前提
无明确定量关系
伴有副反应
实例：重铬酸钾与硫代硫酸钠
间接滴定法——钙离子的测定
基准物及标准溶液的配制
基准物质的要求
标准溶液配制方法
直接法
间接法
标准溶液浓度表示方法
物质的量浓度
滴定度

3.2　内容要点

3.2.1　教学要求

(1)掌握滴定分析的概念、分类及反应要求，熟悉四大滴定方式的操作要点。

(2)掌握标准溶液的概念及标准溶液的配制方法，熟悉基准物的概念及要求。

(3)掌握物质的量浓度、滴定度、质量分数的计算。

3.2.2　重要概念

(1)滴定分析法：将一种已知准确浓度的试剂溶液滴加到待测物质的溶液中，直到所滴加的试剂与待测物质按化学计量关系定量反应为止，然后根据试液的浓度和体积，通过定量关系计算待测物质含量的方法。

(2)滴定终点：滴定分析中指示剂发生颜色改变的那一点(实际)。

(3)化学计量点：滴定剂与待测溶液按化学计量关系反应完全的那一点(理论)。

(4)标准溶液：浓度准确已知的溶液。

(5)基准物质：能用于直接配制或标定标准溶液的物质。

(6)滴定度：指每毫升滴定剂溶液相当于待测物的质量。

3.2.3　主要内容

1. 滴定分析概述

使用滴定管将一种已知准确浓度的溶液即标准溶液(standard solulion)，滴加到待测物的溶液中，直到与待测组分按化学计量关系恰好完全反应，即加入标准溶液的物质的量与待测组分的物质的量符合反应式的化学计量关系，然后根据标准溶液的浓度和所消耗的体积，计算出待测组分的含量，这一类分析方法统称为滴定分析法。滴加标准溶液的操作过程称为滴定(titration)。滴加的标准溶液与待测组分恰好反应完全的这一点，称为化学计量点(stoichiometric point)。在化学计量点时，反应往往没有易为人察觉的任何外部特征，因此一般是在待测溶液中加入指示剂(indicator)(如酚酞等)，当指示剂突变色时停止滴定，这时称为滴定终点(end point)。实际分析操作中滴定终点与理论上的化学计量点不一定能恰好符合，它们之间往往存在很小的差别，由此而引起的误差称为终点误差(end point error)。

2. 滴定分析法的分类

化学分析法是以化学反应为基础的，滴定分析法是化学分析法中重要的类分析方法。按照所利用的化学反应不同，滴定分析法一般可分成下列四类。

1)酸碱滴定法(又称中和法)

这是以质子传递反应为基础的一类滴定分析法，可用来测定酸、碱，其反应实质可用下式表示

$$H^+ + B^{-}\text{①} = HB$$

---

①按照质子理论，B^-表示碱，参见 4－1 节。

2)沉淀滴定法(又称容量沉淀法)

这是以沉淀反应为基础的一种滴定分析法,可用于对 Ag^+、CN^-、SCN^- 及卤素离子进行测定,如将 $AgNO_3$ 配制成标准溶液,滴定 Cl^-,其反应如下:

$$Ag^+ + Cl^- \longrightarrow AgCl\downarrow$$

3)配位滴定法(又称络合滴定)

这是以配位反应为基础的一种滴定分析法,可用于对金属离子进行测定,如用 EDTA 作配位剂,有如下反应

$$M^{2+} + Y^{4-} \longrightarrow MY^{2-}$$

式中,M^{2+} 表示二价金属离子;Y^{4-} 表示 EDTA 的阴离子。

4)氧化还原滴定法

这是以氧化还原反应为基础的一种滴定分析法,可用于测定具有氧化还原性质的物质及某些不具有氧化还原性质的物质。如将 $KMnO_4$ 配制成标准溶液,滴定 Fe^{2+},其反应如下:

$$MnO_4^- + 5Fe^{2+} + 8H^+ \longrightarrow Mn^{2+} + 5Fe^{3+} + 4H_2O$$

3. 滴定反应的条件

化学反应有很多,但适用于滴定分析法的化学反应必须具备下列条件:

①反应能定量地完成,即反应按一定的反应式进行,无副反应发生,而且进行得完全(>99.9%),这是定量计算的基础。

②反应速率要快。对于速率慢的反应,应采取适当措施提高其反应速率。

③能用比较简便的方法确定滴定的终点。

凡是能满足上述要求的反应,都可以用于直接滴定法(direct titration)中,即用标准溶液直接滴定被测物质。直接滴定法是滴定分析法中最常用和最基本的滴定方法。

如果反应不能完全符合上述要求,可以采用如下的间接滴定法(indirect titration)。

当反应速率较慢或待测物是固体时,待测物中加入符合化学计量关系的标准溶液(或称滴定剂)后,反应常常不能立即完成。这种情况下可于待测物中先加入一定量且过量的滴定剂,待反应完成后,再用另一种标准溶液滴定剩余的滴定剂。例如,Al^{3+} 与 EDTA 的配位反应的速率很慢,不能用直接滴定法进行测定,可于 Al^{3+} 溶液中先加入过量 EDTA 标准溶液并加热,待 Al^{3+} 与 EDTA 反应完全后,用 Zn^{2+} 或 Cu^{2+} 标准溶液滴定剩余的 EDTA;又如,对于固体 $CaCO_3$ 的测定,可先加入过量 HCl 标准溶液,待反应完成后,用 NaOH 标准溶液滴定剩余的 HCl。

对于没有定量关系或伴有副反应的反应,可以先用适当的试剂与待测物反应,转换成另一种能被定量滴定的物质,然后再用适当的标准溶液进行滴定。例如,$K_2Cr_2O_7$ 是强氧化剂,$Na_2S_2O_3$ 是强还原剂,但在酸性溶液中,强氧化剂可将 $S_2O_3^{2-}$ 氧化为 S_4O_6 及 SO_4^{2-} 等的混合物,而且它们之间没有一定的化学计量关系,因此不能用 $Na_2S_2O_3$ 溶液直接滴定重铬酸钾及其他强氧化剂。若在 $K_2Cr_2O_7$ 的酸性溶液中加入过量 KI,$K_2Cr_2O_7$ 与 KI 定量反应后析出的 I_2 就可以用 $Na_2S_2O_3$ 标准溶液直接滴定。

对于不能与滴定剂直接起反应的物质,有时可以通过另一种化学反应,以滴定法间接进行测定。例如,Ca^{2+} 没有可变价态,不能直接用氧化还原法滴定。但若将 Ca^{2+} 沉淀为 CaC_2O_4,过滤并洗净后溶解于硫酸中,再用 $KMnO_4$ 标准溶液滴定与 Ca^{2+} 结合的 $C_2O_4^{2-}$,就可以间接测定 Ca^{2+} 的含量。

间接法的广泛应用，扩展了滴定分析的应用范围。

4. 标准溶液的配制

滴定分析中必须使用标准溶液，最后要通过标准溶液的浓度和用量来计算待测组分的含量，因此正确地配制标准溶液，准确地标定标准溶液的浓度，对有些标准溶液进行妥善保存，对于提高滴定分析的准确度有重大意义。配制标准溶液一般有下列两种方法。

1）直接法

准确称取一定量的物质，溶解后，在容量瓶内稀释到一定体积，然后算出该溶液的准确浓度的方法称为直接法。用直接法配制标截的物质，称为基准物质，其必须具备下列条件：

（1）物质必须具有足够的纯度，即含量≥99.9%，其杂质的含量应少到滴定分析所允许的误差限度以下。一般选用基准试剂或优级纯试剂。

（2）物质的组成与化学式应完全符合。若含结晶水，其含量也应与化学式相符。

（3）性质稳定。

但是用来配制标准溶液的物质大多不能满足上述条件。如酸碱滴定法中常用的盐酸，除了恒沸点的盐酸外，一般市售盐酸中的 HCl 含量有一定的波动；又如 NaOH 也是常用的碱，但它极易吸收空气中的 CO_2 和水分，称得的质量不能代表纯 NaOH 的质量。因此，对这一类物质，不能用直接法配制标准溶液，而要用间接法配制。

2）间接法

粗略地称取一定量物质或量取一定量体积溶液，配制成接近于所需要浓度的溶液的方法称为间接法。这样配制的溶液，其准确浓度还是未知的，必须用基准物质或另一种物质的标准溶液来测定它们的准确浓度。这种确定浓度的操作，称为标定（standarization）。

如欲配制 0.1 $mol \cdot L^{-1}$ 的 NaOH 标准溶液，先配成约为 0.1 $mol \cdot L^{-1}$ 的溶液，然后用该溶液滴定经准确称量的邻苯二甲酸氢钾（$C_6H_4COOHCOOK$），根据两者完全作用时 NaOH 溶液的用量和邻苯二甲酸氢钾的质量，即可算出 NaOH 标准溶液的准确浓度。

在上述标定过程中，邻苯二甲酸氢钾即为基准物质。作为基准物质，除了必须满足上述以直接法配制标准溶液的物质所应具备的三个条件外，为了降低称量误差，在可能的情况下，最好还具备第四个条件，即具有较大的摩尔质量。如邻苯二甲酸氢钾和草酸（$H_2C_2O_4 \cdot 2H_2O$）都可用作标定 NaOH 的基准物质，但前者的摩尔质量大于后者，因此更适宜于用作基准物质。

5. 标准溶液浓度表示方法

1）物质的量浓度

物质的量浓度简称浓度，是指单位体积溶液所含溶质的物质的量（n）。如 B 物质的浓度以符号 c_B 表示，即

$$c_B = \frac{n_B}{V} \tag{3-1}$$

式中，V 为溶液的体积。浓度的常用单位为 $mol \cdot L^{-1}$。

物质 B 的物质的量 n_B 与物质 B 的质量 m_B 的关系为

$$n_B = \frac{m_B}{M_B} \tag{3-2}$$

式中，M_B 为物质 B 的摩尔质量。根据式（3－2），可以从溶质的质量求出溶质的物质的量，进而计算溶液的浓度。

例 3-1 已知浓硫酸的相对密度为1.84,其中 H_2SO_4 含量约为95%,求1 L浓硫酸中 H_2SO_4的物质的量。

解 根据式(3-2)可知1 L浓硫酸中含 H_2SO_4 的物质的量为

$$n(H_2SO_4)=\frac{m(H_2SO_4)}{M(H_2SO_4)}=\frac{1.84\times1000\times95\%}{98.08}=17.8\ \text{mol}$$

$$c(H_2SO_4)=\frac{n(H_2SO_4)}{V(H_2SO_4)}=\frac{17.8}{1.00}=17.8\ \text{mol}\cdot\text{L}^{-1}$$

例 3-2 欲配制 $c(H_2C_2O_4\cdot2H_2O)$ 为 0.2100 mol·L⁻¹ 的标准溶液 250 mL,应称取 $H_2C_2O_4\cdot2H_2O$多少克?

解 $H_2C_2O_4\cdot2H_2O$ 的摩尔质量为 126.07 g·mol⁻¹,故

$$\begin{aligned}m(H_2C_2O_4\cdot2H_2O)&=c(H_2C_2O_4\cdot2H_2O)\cdot V(H_2C_2O_4\cdot2H_2O)\cdot M(cH_2C_2O_4\cdot2H_2O)\\&=0.2100\times250.0\times10^{-3}\times126.07=6.619\ \text{g}\end{aligned}$$

2. 滴定度

滴定度是指与每毫升标准溶液相当的被测组分的质量,用 $T_{\text{被测物/滴定剂}}$ 表示。例如,用来测定铁含量的 $KMnO_4$ 标准溶液,其滴定度可用用$T(Fe/KMnO_4)$或$T(Fe_2O_3/KMnO_4)$表示。

若$T(Fe_2O_3/KMnO_4)=0.005682\ \text{g}\cdot\text{mol}^{-1}$,即表示 1 mL $KMnO_4$ 溶液相当于 0.005682 g Fe,也就是说,1 mL 的 $KMnO_4$ 标准溶液能把 0.005682 g Fe^{2+} 氧化成 Fe^{3+}。在生产实际中,常常需要对大批试样测定其中同一组分的含量,这时若用滴定度来表示标准溶液所相当的被测组分的质量,那么计算被测组分的含量就比较方便。如上例中,如果已知滴定中消耗 $KMnO_4$ 标准溶液的体积为 V,则被测定铁的质量 $m(Fe)=TV$。

浓度 c 与滴定度 T 之间关系推导如下。

对于一个化学反应:

$$a\text{A}+b\text{B}=\!=\!=c\text{C}+d\text{D}$$

式中,A 为被测组分;B 为标准溶液。若以 V 表示反应完成时标准溶液消耗的体积(mL),m_A 和 M_A 分别代表物质 A 的质量(g)和摩尔质量(g·mol⁻¹),则当反应达到化学计量点时,有

$$\frac{m_A}{M_A}=\frac{a}{b}\cdot\frac{c_BV_B}{1000}$$

$$\frac{m_A}{V_B}=\frac{a}{b}\cdot\frac{c_BM_A}{1000}$$

由滴定度定义 $T_{A/B}=m_A/V_B$ 得

$$T_{A/B}=\frac{a}{b}\cdot\frac{c_BM_A}{1000}\tag{3-3}$$

例 3-3 求 0.100 mol·L⁻¹的 NaOH 标准溶液对 $H_2C_2O_4$ 的滴定度。

解 NaOH 与 $H_2C_2O_4$ 的反应式为

$$H_2C_2O_4+2NaOH=\!=\!=Na_2C_2O_4+2H_2O$$

即 $a=1,b=2$,按式(3-3),得

$$T(H_2C_2O_4/NaOH)=\frac{a}{b}\cdot\frac{c(NaOH)M(H_2C_2O_2)}{1000}\frac{0.1000\times90.04}{1000}=0.004502\ \text{g}\cdot\text{mL}^{-1}$$

滴定分析是用标准溶液去滴定被测组分的溶液,由于对反应物选取的基本单元不同,因此可以用两种不同的计算方法。

假如选取分子、离子或原子作为反应物的基本单元，此时滴定分析结果计算的依据为：当滴定到化学计量点时，它们的物质的量之间的关系恰好符合其化学反应式所表示的化学计量关系。

3. 滴定分析结果计算

(1)被测组分的物质的量 n_A 与滴定剂的物质的量 n_B 的关系。

在直接滴定法中，设被测组分 A 与滴定剂 B 间的反应为

$$aA + bB \longrightarrow cC + dD$$

当滴定到达化学计量点时 a mol A 恰好与 b mol B 作用完全，即

$$n_A : n_B = a : b$$

故

$$n_A = \frac{a}{b} n_B \qquad n_B = \frac{b}{a} n_A \tag{3-4}$$

例如，用 Na_2CO_3 作基准物质标定 HCl 溶液的浓度时，其反应式为

$$2HCl + Na_2CO_3 \longrightarrow 2NaCl + H_2CO_3$$

$$n(HCl) = 2\,n(Na_2CO_3)$$

若被测物是溶液，其体积为 V_A，浓度为 c_A，到达化学计量点时用去浓度为 c_B 的滴定剂的体积为 V_B，则

$$c_A V_A = \frac{a}{b} c_B V_B$$

例如，用已知浓度的 NaOH 标准溶液测定 H_2SO_4 溶液浓度，其反应式为

$$H_2SO_4 + 2NaOH \longrightarrow Na_2SO_4 + 2H_2O$$

滴定到达化学计量点时

$$c(H_2SO_4) \cdot V(H_2SO_4) = \frac{1}{2} c(NaOH) \cdot V(NaOH)$$

$$c(H_2SO_4) = \frac{c(NaOH) \cdot V(NaOH)}{2V(H_2SO_4)}$$

上述关系式也能用于有关溶液稀释的计算中。因为溶液稀释后，浓度虽然降低了，但所含溶质的物质的量没有改变，所以

$$c_1 V_1 = c_2 V_2$$

式中，c_1、V_1 分别为稀释前溶液的浓度和体积；c_2、V_2 分别为稀释后溶液的浓度和体积。

在间接法滴定中涉及两个或两个以上反应，应从总的反应中找出实际参加反应的物质的物质的量之间关系。例如，在酸性溶液中以 $KBrO_3$ 为基准物质标定 $Na_2S_2O_3$ 溶液的浓度时，反应分两步进行。首先，在酸性溶液中 $KBrO_3$ 与过量的 KI 反应析出 I_2，反应式为

$$BrO_3^- + 6I^- + 6H^+ \longrightarrow 3I_2 + 3H_2O + Br^- \tag{1}$$

然后用 $Na_2S_2O_3$ 溶液为滴定剂，滴定析出的 I_2，反应式为

$$I_2 + 2S_2O_3^{2-} \longrightarrow 2I^- + S_4O_6^{2-} \tag{2}$$

I^- 在反应(1)中被氧化成 I_2，而在反应(2)中 I_2 又被还原成 I，实际上总的反应相当于 $KBrO_3$ 氧化了 $Na_2S_2O_3$。在反应(1)中，1 mol $KBrO_3$ 产生 3 mol I_2，而反应(2)中 1 mol I_2 和 2 mol $Na_2S_2O_3$ 反应，结合反应(1)与(2)，$KBrO_3$ 与 $Na_2S_2O_3$ 之间的化学计量关系是 1∶6，即

$$n(Na_2S_2O_3) = 6n(KBrO_3)$$

又如,用 $KMnO_4$ 法滴定 Ca^{2+},经过如下几步:

$$Ca^{2+}\xrightarrow{C_2O_4^{2-}}CaC_2O_4\downarrow\xrightarrow{H^+}C_2O_4^{2-}\xrightarrow{MnO_4^-}2CO_2$$

此处 Ca^{2+} 与 $C_2O_4^{2-}$ 反应的物质的量比是 1∶1,而 $C_2O_4^{2-}$ 与 $KMnO_4$ 是按 5∶2 的物质的量比互相反应的,反应式为

$$5C_2O_4^{2-}+2MnO_4^-+H^+ = 2Mn^{2+}+10CO_2\uparrow+8H_2O$$

故

$$n(Ca)=\frac{5}{2}n(KMnO_4)$$

(2)被测组分质量分数的计算。

若称取试样的质量为 $m_{试}$,测得被测组分的质量为 m,则被测组分在试样中的质量分数 w_A 为

$$w_A=\frac{m}{m_{试}}\times 100\% \qquad (3-5)$$

在滴定分析中,被测组分的物质的量 n_A 是由滴定剂的浓度 c_B、体积 V_B 及被测组分与滴定剂反应的物质的量比 $a:b$ 求得的,即

$$n_A=\frac{a}{b}n_B=\frac{a}{b}c_B\cdot V_B$$

则被测组分的质量 m_A 为

$$m_A=n_AM_A=\frac{a}{b}c_B\cdot V_B\cdot M_A$$

于是

$$w_A=\frac{\frac{a}{b}c_B\cdot V_B\cdot M_A}{m_{试}}\times 100\% \qquad (3-6)$$

如果溶液的浓度用滴定度 $T_{A/B}$ 表示,根据滴定度的定义,得

$$m_A=T_{A/B}\cdot V_B$$

$$w_A=\frac{T_{A/B}\cdot V_B}{m_{试}}\times 100\% \qquad (3-7)$$

以上是滴定分析中计算被测组分质量分数的一般通式。

3.2.4 重点难点

1. 本章的重点

(1)滴定分析法的四大滴定方法和四大滴定方式;

(2)物质的量浓度、滴定度及组分质量分数的计算。

2. 本章的难点

(1)在实际情况下,如何正确选择合适的滴定方法和滴定方式;

(2)物质的量浓度与滴定度之间的转换。

3.3 例题解析

1. 填空题

(1)以下测定和标定各应采用的滴定方式分别是(　　　　)(按①～④顺序依次选填 A、B、C、D)。

①用酸碱滴定法测定 $CaCO_3$ 试剂的纯度;

②以 $K_2NaCo(NO_2)_6$ 形式沉淀,再用 $KMnO_4$ 滴定以测定 K^+;

③用 $K_2Cr_2O_7$ 标定 $Na_2S_2O_3$;

④用 $H_2C_2O_4$ 标定 $KMnO_4$。

A. 直接法　　B. 回滴法　　C. 置换法　　D. 间接法

(2)标定下列溶液的基准物:

待标液	基准物	
HCl	1	
	2	
NaOH	1	
	2	

(3)欲配制 $Na_2S_2O_3$、$KMnO_4$、$K_2Cr_2O_7$ 等标准溶液,必须用间接法配制的是________,标定时选用的基准物质分别是________。

(4)容量分析中对基准物质的主要要求:①________________;②________________;③________________。

(5)标定 HCl 溶液浓度,可选 Na_2CO_3 或硼砂($Na_2B_4O_7 \cdot 10H_2O$)为基准物。若 Na_2CO_3 中含有水,标定结果________;若硼砂部分失去结晶水,标定结果________;若两者均处理妥当,没有以上问题,则选________(两者之一)作为基准物更好,其原因是________________。

(6)称取 0.4210 g 硼砂以标定 H_2SO_4 溶液,计耗去 H_2SO_4 溶液 20.43 mL,则此 H_2SO_4 溶液浓度为________$mol \cdot L^{-1}$。[$M_r(Na_2B_4O_7 \cdot 10H_2O)=381.4\ g \cdot mol^{-1}$]

2. 单项选择题

(1)为标定 HCl 溶液可以选择的基准物是(　　)。

A. NaOH　　B. Na_2CO_3　　C. Na_2SO_3　　D. $Na_2S_2O_3$

(2)为标定 EDTA 溶液的浓度宜选择的基准物是(　　)。

A. 分析纯的 $AgNO_3$　　B. 分析纯的 $CaCO_3$

C. 分析纯的 $FeSO_4 \cdot 7H_2O$　　D. 光谱纯的 CaO

(3)为标定 $Na_2S_2O_3$ 溶液的浓度宜选择的基准物是(　　)。

A. 分析纯的 H_2O_2　　B. 分析纯的 $KMnO_4$

C. 化学纯的 $K_2Cr_2O_7$　　D. 分析纯的 $K_2Cr_2O_7$

(4)为标定 $KMnO_4$ 溶液的浓度宜选择的基准物是(　　)。

A. $Na_2S_2O_3$　　B. Na_2SO_3　　C. $FeSO_4 \cdot 7H_2O$　　D. $Na_2C_2O_4$

(5)以下物质必须采用间接法配制标准溶液的是(　　)。

A. $K_2Cr_2O_7$　　B. $Na_2S_2O_3$　　C. Zn　　D. $H_2C_2O_4 \cdot 2H_2O$

(6)以下标准溶液可以用直接法配制的是(　　)。

A. $KMnO_4$　　B. NaOH　　C. $K_2Cr_2O_7$　　D. $FeSO_4$

(7)以下试剂能作为基准物的是(　　)。

A. 分析纯 CaO　　B. 分析纯 $SnCl_2 \cdot 2H_2O$

C. 光谱纯 Fe_2O_3　　D. 99.99%金属 Cu

(8)用邻苯二甲酸氢钾为基准物标定 0.1 $mol \cdot L^{-1}$ 的 NaOH 溶液,每份基准物的称取量宜为(　　)。[$M_r(KHC_8H_8O_4)=204.2\ g \cdot mol^{-1}$]

A. 0.2 g 左右　　B. 0.2～0.4 g　　C. 0.4～0.8 g　　D. 0.8～1.6 g

(9)用 HCl 标液测定硼砂($Na_2B_4O_7 \cdot 10H_2O$)试剂的纯度有时会出现含量超过 100%的情况,其原因是(　　)。

A. 试剂不纯　　B. 试剂吸水

C. 试剂失水　　D. 试剂不稳,吸收杂质

(10)硼砂与水的反应式:

$$B_4O_7^{2-}+5H_2O = 2H_3BO_3+2H_2BO_3^-$$

用硼砂标定 HCl 时,硼砂与 HCl 的化学计量比为(　　)。

A. 1.1∶1　　B. 1∶2　　C. 1∶4　　D. 1∶5

(11)欲配制 As_2O_3 标准溶液以标定 0.02 $mol \cdot L^{-1}$ $KMnO_4$ 溶液,如要使标定时两种溶液消耗的体积大致相等,则 As_2O_3 溶液的浓度约为(　　)。

A. 0.016 $mol \cdot L^{-1}$　　B. 0.025 $mol \cdot L^{-1}$　　C. 0.032 $mol \cdot L^{-1}$　　D. 0.050 $mol \cdot L^{-1}$

(12)用同一 $KMnO_4$ 标准溶液分别滴定体积相等的 $FeSO_4$ 和 $H_2C_2O_4$ 溶液,耗用的标准溶液体积相等,对两溶液浓度关系正确表述是(　　)。

A. $c(FeSO_4)=c(H_2C_2O_4)$　　B. $2c(FeSO_4)=c(H_2C_2O_4)$

C. $c(FeSO_4)=2c(H_2C_2O_4)$　　D. $2n(FeSO_4)=n(H_2C_2O_4)$

(13)用含有水分的基准碳酸钠标定盐酸溶液的浓度时,结果将(　　)。

A. 偏高　　B. 偏低　　C. 无影响　　D. 无法判断

(14)用重铬酸钾法测定铁的含量,称取铁矿试样 0.4000 g,若滴定时所消耗 $K_2Cr_2O_7$ 溶液的毫升数恰好等于铁得百分含量。须配制 $K_2Cr_2O_7$ 溶液对铁的滴定度为(　　)。

A. 0.00400 $g \cdot mL^{-1}$　　B. 0.00600 $g \cdot mL^{-1}$　　C. 0.00100 $g \cdot mL^{-1}$　　D. 0.800 $g \cdot mL^{-1}$

(15)配制以下标准溶液必须用间接法配制的是(　　)。

A. NaCl　　B. $Na_2C_2O_4$　　C. NaOH　　D. Na_2CO_3

3. 名词解释

(1)返滴定法。

(2)置换滴定法。

(3)滴定误差。

答案解析:

(1)也称为回滴定法或剩余量滴定法。当标准溶液与被测物质之间的反应速度慢或缺乏适合检测终点的方法时,可先在被测物质溶液中加入一定量的过量的标准溶液,待与被测物质反应完成后,再用另一种标准溶液滴定剩余的标准溶液。

(2)对标准溶液与被测物质不按一定反应式进行(如伴有副反应)的化学反应,可先用适当的试剂与被测物质反应,使之置换出一种能被定量滴定的物质,然后再用适当的标准溶液滴定,此法称为置换滴定法。

(3)滴定终点与化学计量点之间存在的很小的差别。

4. 简答题

(1)滴定分析对滴定反应有何要求?

(2)试述标准溶液的配制和标定方法。

(3)简述滴定度的定义及与物质的量浓度之间的关系。

答案解析:

(1)①反应必须定量完成。要求被测物质与标准溶液之间的反应要按一定的化学反应式进行,并且无副反应发生。反应完全程度一般应在 99.9%以上,这是滴定分析定量计算的基础。

②反应速度要快。要求标准溶液与被测物质间的反应在瞬间完成。对于速度较慢的反应,应采取适当措施提高其反应速度,以使其能与滴定的速度相适应。

③有简便可靠的方法确定滴定终点。

(2)根据配制标准溶液物质的性质和特点,用两种方法配制标准溶液:

①直接配制法:准确称取一定量的基准物质,溶解后定量转移到容量瓶中,稀释至一定体积,根据称取基准物质的质量和容量瓶的容积计算标准溶液的准确浓度。

②间接配制法:粗略称取一定量的基准物质或量取一定量体积溶液,配制成接近所需要浓度的溶液(待标液),然后再标定其准确浓度。

标定方法有:

①用基准物质标定:准确称取一定量的基准物质,溶解后用待标液滴定,根据基准物质的质量和待标液消耗的体积来计算待标液的准确浓度。

②与标准溶液比较:准确吸取一定量的待标液,用标准溶液滴定,或准确吸取一定量的标准溶液,用待标液滴定,根据两种溶液的体积和标准溶液的浓度来计算待标液浓度。

(3)以每毫升滴定剂(化学式用 T 表示)相当于被测物(化学式用 A 表示)的克数表示滴定度 $T_{T/A}$,$T_{T/A}$与 c_T间的关系式为

$$T_{T/A}=\frac{a}{t}\times\frac{c_T M_T}{1000}$$

5. 计算题

(1)欲配制 0.1 $mol\cdot L^{-1}$的 HCl 溶液 500 mL,应取 6 $mol\cdot L^{-1}$盐酸多少毫升?

答案解析:

设应取盐酸 x mL,则

$$x\cdot 6\ mol\cdot L^{-1}=500\ mL\times 0.1\ mol\cdot L^{-1}$$

$$x\approx 8.3\ mL$$

(2)中和 20.00 mL 0.09450 $mol\cdot L^{-1}$ H_2SO_4 溶液,需用 0.2000 $mol\cdot L^{-1}$ NaOH 溶液多少毫升?

答案解析:

$$2NaOH+H_2SO_4 = Na_2SO_4+2H_2O$$

$$V(NaOH)=\frac{n(NaOH)}{c(NaOH)}=\frac{2n(H_2SO_4)}{c(NaOH)}=\frac{2c(H_2SO_4)\cdot V(H_2SO_4)}{c(NaOH)}$$

$$=\frac{2\times 0.09450\ \mathrm{mol\cdot L^{-1}}\times 20.00\ \mathrm{mL}}{0.2000\ \mathrm{mol\cdot L^{-1}}}=18.90\ \mathrm{mL}$$

(3)有一 KOH 溶液,22.59 mL 能中和二水合草酸($H_2C_2O_4\cdot 2H_2O$)0.3000 g。求该 KOH 溶液的浓度。

答案解析:

此滴定反应为

$$H_2C_2O_2+2OH^-=\!=\!=C_2O_4^{2-}+2H_2O$$

$$c(\mathrm{KOH})=\frac{n(\mathrm{KOH})}{V(\mathrm{KOH})}=\frac{2n(H_2C_2O_2\cdot H_2O)}{V(\mathrm{KOH})}=\frac{2m(H_2C_2O_2\cdot H_2O)}{M(H_2C_2O_2\cdot H_2O)V(\mathrm{KOH})}$$

$$=\frac{2\times 0.3000}{126.1\times 22.59\times 10^{-3}}$$

$$=0.2106\ \mathrm{mol\cdot L^{-1}}$$

(4)测定工业纯碱中 Na_2CO_3 的含量时,称取 0.2457g 试样,用 0.2071 $\mathrm{mol\cdot L^{-1}}$ HCl 标准溶液滴定,以甲基橙指示终点,用去 HCl 标准溶液 21.45 mL。求纯碱中 Na_2CO_3 的质量分数。

答案解析:

滴定反应为

$$2HCl+Na_2CO_3=\!=\!=2NaCl+H_2CO_3$$

$$w(Na_2CO_3)=\frac{m(Na_2CO_3)}{m_{试}}=\frac{\frac{1}{2}n(\mathrm{HCl})\cdot M(Na_2CO_3)}{m_{试}}=\frac{\frac{1}{2}c(\mathrm{HCl})\cdot V(\mathrm{HCl})\cdot M(Na_2CO_3)}{m_{试}}\times 100\%$$

$$=\frac{\frac{1}{2}\times 0.2071\times 21.45\times 10^{-3}\times 106.0}{0.2457}\times 100\%$$

$$=95.82\%$$

(5)有一 $KMnO_4$ 标准溶液,已知其浓度为 0.02010 $\mathrm{mol\cdot L^{-1}}$,求其 $T(\mathrm{Fe}/KMnO_4)$ 和 $T(Fe_2O_3/KMnO_4)$。如果称取试样 0.2718 g 溶解后将溶液中的 Fe^{3+} 还原成 Fe^{2+},然后用 $KMnO_4$ 标准溶液滴定,用去 26.30 mL,求试样中 Fe、Fe_2O_3 的质量分数。

答案解析:

滴定反应为

$$5Fe^{2+}+MnO_4^-+8H^+=\!=\!=5Fe^{3+}+Mn^{2+}+4H_2O$$

$$n(\mathrm{Fe})=5n(KMnO_4)$$

$$n(Fe_2O_3)=\frac{5}{2}n(KMnO_4)$$

依据式(3-3)得

$$T(\mathrm{Fe}/KMnO_4)=\frac{5}{1}\cdot\frac{c(KMnO_4)\cdot M(\mathrm{Fe})}{1000}=\frac{5}{1}\cdot\frac{0.02010\ \mathrm{mol\cdot L^{-1}}\times 55.85\ \mathrm{g\cdot mol^{-1}}}{10000\ \mathrm{mL\cdot L^{-1}}}$$

$$=0.005613\ \mathrm{g\cdot mL^{-1}}$$

同理

$$T(Fe_2O_3/KMnO_4)=\frac{5}{2}\cdot\frac{0.02010\ \mathrm{mol\cdot L^{-1}}\times 159.7\ \mathrm{g\cdot mol^{-1}}}{10000\ \mathrm{mL\cdot L^{-1}}}=0.008025\ \mathrm{g\cdot mL^{-1}}$$

$$w(\mathrm{Fe})=\frac{T(\mathrm{Fe}/KMnO_4)\cdot V(KMnO_4)}{m_{试}}\times 100\%=54.31\%$$

$$w(Fe_2O_3)=\frac{T(Fe_2O_3/KMnO_4)\cdot V(KMnO_4)}{m_{试}}\times 100\%=54.31\%$$

$$=\frac{0.008025\times 26.30}{9.2718}\times 100\%=77.65\%$$

3.4　习题详解

1. 填空题

(1)根据化学反应的不同,滴定分析法可分为________、________、________、________等四种。滴定方式有________、________、________、________等四种。

(2)标定标准溶液的方法有________、________;能用于直接配制标准溶液的物质称为________。

(3)物质 B 物质的量 n_B(单位为 mol)与物质 B 的质量 m_B(单位为 g)的关系式为________;物质 B 的质量 m_B 与标准溶液 T 浓度 c_T(单位为 $mol\cdot L^{-1}$)的关系式为________。

(4)HCl 标准溶液应采用________法配制,由于 HCl 具有________性。

2. 单项选择题

(1)下列操作错误的是(　　)。

A. 天平称量读数对小于 1 g 称量应读到小数点后第四位

B. 滴定管读数应读取弯月面下缘最低点,并使视线与读点在一个水平面上

C. 滴定剂用量 20 mL 以上,滴定管读数应准至 0.001 mL

D. 滴定管读数前要检查管壁是否挂液珠、管尖是否有气泡

(2)滴定分析对化学反应的主要要求是(　　)。

A. 反应必须定量完成

B. 标准溶液必须是基准物质

C. 标准溶液与被测物必须是 1∶1 的计量关系

D. 反应必须是可逆的

(3)滴定分析中,一般利用指示剂颜色发生突变的那一点来判断化学计量点的到达,这点称(　　)。

A. 突跃点　　B. 滴定终点

C. 理论终点　　D. 化学计量点

(4)下列操作正确的是(　　)。

A. 用移液管移溶液到接受器时,管尖端应靠着容器内壁,容器稍倾斜,移液管应保持垂直

B. 为了操作方便,最好滴完一管再装操作溶液

C. 固体物质可以直接在容量瓶中溶解、定容

D. 读取滴定管读数时,用手拿着盛装溶液的滴定管部分

(5)采用置换滴定法测定 $K_2Cr_2O_7$ 含量,反应为

$$Cr_2O_7^{2-} + 6I^- + 14H^+ \longrightarrow 3I_2 + 2Cr^{3+} + 7H_2O$$

$$I_2 + 2S_2O_3^{2-} \longrightarrow S_4O_6^{2-} + 2I^-$$

则 $K_2Cr_2O_7$ 与 $Na_2S_2O_3$ 的摩尔比为(　　)。

A. 1∶2　　B. 1∶3

C. 2∶3　　D. 1∶6

3. 多项选择题

(1)在滴定分析中,对标准溶液的要求是(　　)。

A. 准确的浓度　　B. 无色

C. 性质稳定　　D. 无氧化性

(2)滴定分析中,标准溶液浓度的表示方法有(　　)。

A. 体积百分浓度　　B. 物质的量浓度

C. 当量浓度　　D. 滴定度

(3)下列各项中,哪些是滴定分析法对化学反应的基本要求?(　　)

A. 必须有催化剂参加反应

B. 必须有化学指示剂指示终点的到达

C. 化学反应必须定量完成

D. 有简便可靠的确定终点的方法

(4)下列关于置换滴定的说法中正确的是(　　)。

A. 滴定剂与待测物质发生的反应无确定的计量关系时可采用置换滴定法

B. 置换滴定法适用于速度较慢的反应

C. 在无适当方法指示反应终点时应采用置换滴定法

D. 置换滴定法需使用两种试剂溶液

(5)关于 $T(NaOH/HCl)=0.00365\ g \cdot mL^{-1}$,下列叙述正确的是(　　)。

A. 表示每 1 mL NaOH 相当于 HCl 0.00365 g

B. 表示每 1 mL HCl 相当于 NaOH 0.00365 g

C. 该值为一个标示量

D. 用该滴定度值计算时,要求 NaOH 浓度必须为 $0.1000\ mol \cdot L^{-1}$

4. 名词解释

(1)滴定。

(2)标定。

(3)间接滴定。

5. 简答题

(1)在滴定分析法中,标准溶液的浓度范围一般为多少(测定常量组分、微量组分)?如果标准溶液的浓度过大或过小各有什么不妥?

(2)用酸碱滴定法测定试样中 Na_2CO_3 的含量。如 Na_2CO_3 中混有少量 K_2CO_3,将对测定结果如何影响?

(3)在滴定分析中为什么一般都用强酸(碱)溶液作酸(碱)标准溶液?且酸(碱)标准溶液的浓度不宜太浓或太稀?

6. 计算题

(1)用无水碳酸钠(Na_2CO_3)为基准物标定 HCl 溶液的浓度,称取 Na_2CO_3 0.5300 g,以甲基橙为指示剂,滴定至终点时需消耗 HCl 溶液 20.00 mL,求该 HCl 溶液的浓度。(Na_2CO_3 的相对分子质量 105.99)

(2)间接 $KMnO_4$ 法测定试样中钙的含量,反应为

$$Ca^{2+} + C_2O_4^{2-} = CaC_2O_4$$

$$CaC_2O_4 + 2H^+ = H_2C_2O_4 + Ca^{2+}$$

$$5H_2C_2O_4 + 2MnO_4^- + 6H^+ = 10CO_2 + 2Mn^{2+} + 8H_2O$$

试样 1 重 7.000 g,溶解后定容到 250 mL,移取 25.00 mL,按上述方法进行处理后,用 0.02000 mol·L^{-1} 的 $KMnO_4$ 滴定,消耗 25.00 mL,求试样 1 中钙的质量分数。[M(Ca)=40.00 g·mol^{-1}]

若试样 2 中 Ca 的质量百分数的 7 次平行测定结果分别为

27.11, 27.54, 27.52, 27.56, 27.54, 27.58, 25.70

已知置信度为 α=95%时,t 和 Q 的数值见下表:

测定次数 n	5	6	7	8	9
$t_{0.95}$	2.13	2.02	1.94	1.90	1.86
$Q_{0.95}$	0.64	0.56	0.51	0.47	0.44

请按定量分析要求,以 95%的置信度,报告试样 2 的 Ca 的分析结果。

(3)有 0.0982 mol·L^{-1}的 H_2SO_4 溶液 480 mL,现欲使其浓度增至 0.1000 mol·L^{-1},应加入 0.5000 mol·L^{-1} 的 H_2SO_4 的溶液多少毫升?

(4)要求在滴定时消耗 0.2 mol·L^{-1}的 NaOH 溶液 25~30 mL。问应称取基准试剂邻苯二甲酸氢钾($KHC_8H_4O_4$)多少克?如果改用 $H_2C_2O_4 \cdot 2H_2O$ 做基准物质,又应称取多少克?

(5)含S有机试样0.471 g,在氧气中燃烧,使S氧化为SO_2,用预中和过的H_2O_2将SO_2吸收,全部转化为H_2SO_4,以0.108 mol·L^{-1}的KOH标准溶液滴定至化学计量点,消耗28.2 mL。求试样中S的质量分数。

(6)0.2500 g不纯的$CaCO_3$试样中不含干扰测定的组分。加入25.00 mL的0.2600 mol·L^{-1} HCl溶解,煮沸除去CO_2,用0.2450 mol·L^{-1}的NaOH溶液反滴定过量酸,消耗6.50 mL,计算试样中$CaCO_3$的质量分数。

(7)含$K_2Cr_2O_7$ 5.442 g·L^{-1}的标准溶液。求其浓度以及对于Fe_3O_4(M=231.54 g·mol^{-1})的滴定度(mg/mL)。

(8)按国家标准规定,化学试剂$FeSO_4\cdot 7H_2O$(M=278.04 g·mol^{-1})的含量:99.50%~100.5%为一级(G.R);99.00%~100.5%为二级(A.R);98.00%~101.0%为三级(C.P)。现以$KMnO_4$法测定,称取试样1.012 g,在酸性介质中用0.02034 mol·L^{-1}的$KMnO_4$溶液滴定,至终点时消耗35.70 mL。计算此产品中$FeSO_4\cdot 7H_2O$的质量分数,并判断此产品符合哪一级化学试剂标准。

(9)不纯Sb_2S_3 0.2513 g,将其置于氧气流中灼烧,产生的SO_2通入$FeCl_3$溶液中,使Fe^{3+}还原至Fe^{2+},然后用0.02000 mol·L^{-1}的$KMnO_4$标准溶液滴定Fe^{2+},消耗溶液31.80 mL。计算试样中Sb_2S_3的质量分数。若以Sb计,质量分数又为多少?

(10)用纯As_2O_3标定$KMnO_4$溶液的浓度。若0.211 2 g As_2O_3在酸性溶液中恰好与36.42 mL $KMnO_4$反应。求该$KMnO_4$溶液的浓度。

3.5 讨论专区

为了标定$Na_2S_2O_3$溶液,精密称取工作标准试剂$K_2Cr_2O_7$ 2.4530 g,溶解后配成500 mL溶液,然后量取$K_2Cr_2O_7$ 25 mL,加H_2SO_4及过量KI,再用$Na_2S_2O_3$待标液滴定析出的I_2,用去26.12 mL,求$Na_2S_2O_3$的摩尔浓度。

3.6　单元测试卷

第4章　酸碱滴定法

【化学趣识】

醋酸巧反应,蛋中藏情报

醋酸又叫乙酸,是一种无色的有强烈刺激性气味的液体。其熔点较低,当温度低于16.6℃时易凝结成冰状固体。无水醋酸又称冰醋酸。乙酸易溶于水和乙醇,具有酸的通性,能发生酯化反应等。乙酸是人类最早使用的一种酸,可用来调味。乙酸是一种重要的化工原料,在工业上有广泛的用途,如生产医药、农药等。除此,在战争年代醋酸还为传送情报作过贡献。

第一次世界大战中,索姆河前线德法交界处法军哨兵林立,对过往行人严加盘查。一天,有位挎篮子的德国农妇在过边界时遭到盘查。篮内都是鸡蛋,毫无可疑之处。一个年轻好动的哨兵顺手抓起一只鸡蛋无意识地向空中抛去,又把它接住,此时那位农妇立即变得情绪很紧张,这引起了哨兵长的怀疑,于是鸡蛋被打开了,只见蛋清上布满了字迹和符号。

原来,这是法军的详细布防图,上面还注有各师旅的番号。这个方法是德国的一位化学家给情报人员提供的。其做法很简单:用醋酸在蛋壳上写字,等醋酸干了以后,蛋壳上无任何痕迹。再将鸡蛋煮熟,字迹便会奇迹般地透过蛋壳印在蛋清上。

为什么化学家能巧出主意,蛋中藏机密呢?这是因为,鸡蛋壳的主要成分是碳酸钙,用醋酸写字时,醋酸与碳酸钙反应,生成了醋酸钙,然后醋酸便渗入蛋壳,和鸡蛋清发生反应。鸡蛋清是可溶性蛋白质,是由多个α-氨基酸分子间失水形成酰胺键而组成的链状高分子化合物。该物质不稳定,在受热、紫外线照射或在化学试剂如硝酸、三氯乙酸、单宁酸、苦味酸、重金属盐、尿素、丙酮等作用下,会发生凝固、变性。当渗入的醋酸与鸡蛋清发生反应后,便在蛋清上留下了特殊的痕迹,待鸡蛋煮熟后就会有清晰可认的字迹。所以化学家巧用醋酸反应,将情报妙藏蛋中。

4.1 思维导图

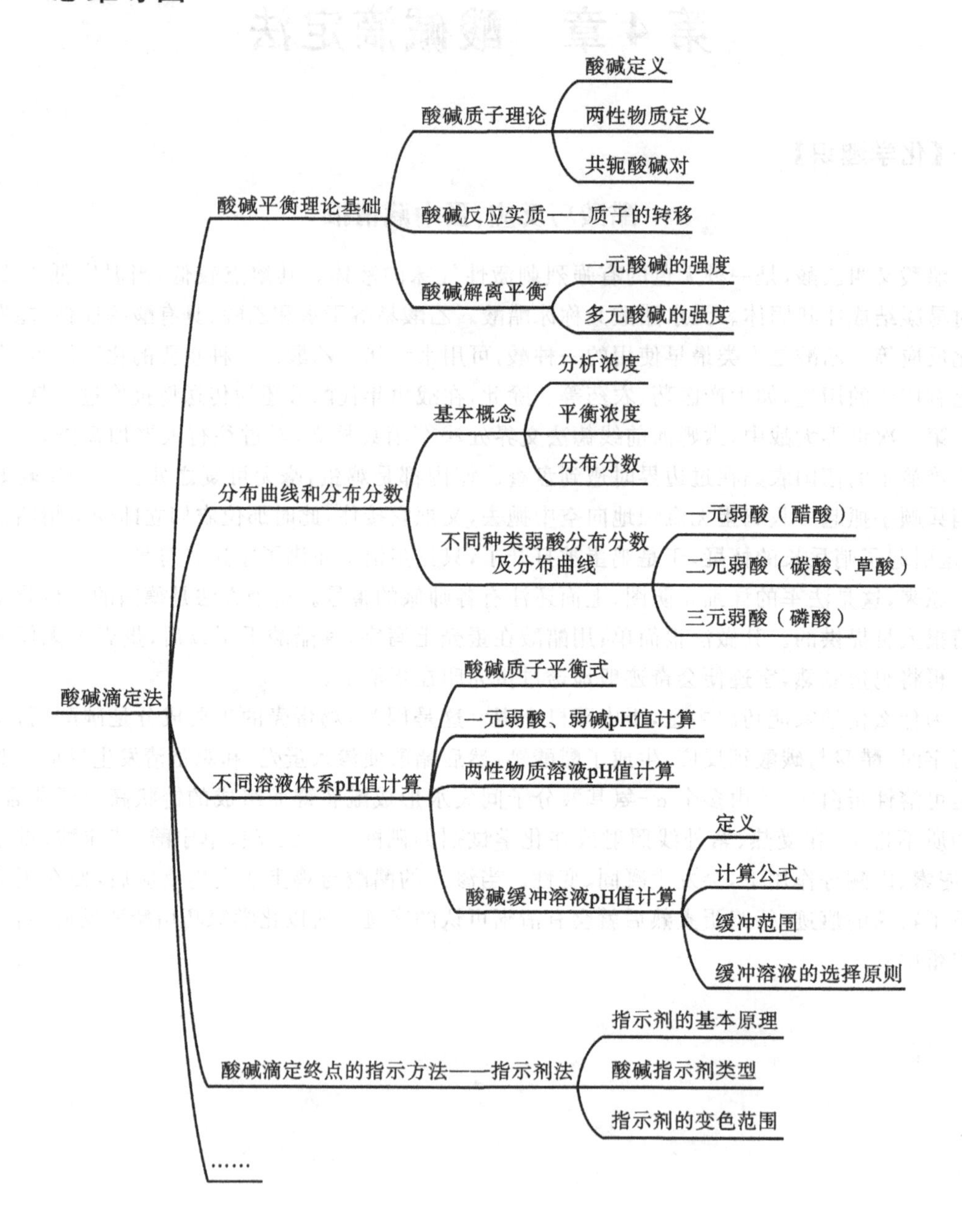
酸碱滴定法
酸碱平衡理论基础
酸碱质子理论
酸碱定义
两性物质定义
共轭酸碱对
酸碱反应实质——质子的转移
酸碱解离平衡
一元酸碱的强度
多元酸碱的强度
分布曲线和分布分数
基本概念
分析浓度
平衡浓度
分布分数
不同种类弱酸分布分数
及分布曲线
一元弱酸（醋酸）
二元弱酸（碳酸、草酸）
三元弱酸（磷酸）
不同溶液体系pH值计算
酸碱质子平衡式
一元弱酸、弱碱pH值计算
两性物质溶液pH值计算
酸碱缓冲溶液pH值计算
定义
计算公式
缓冲范围
缓冲溶液的选择原则
酸碱滴定终点的指示方法——指示剂法
指示剂的基本原理
酸碱指示剂类型
指示剂的变色范围
……

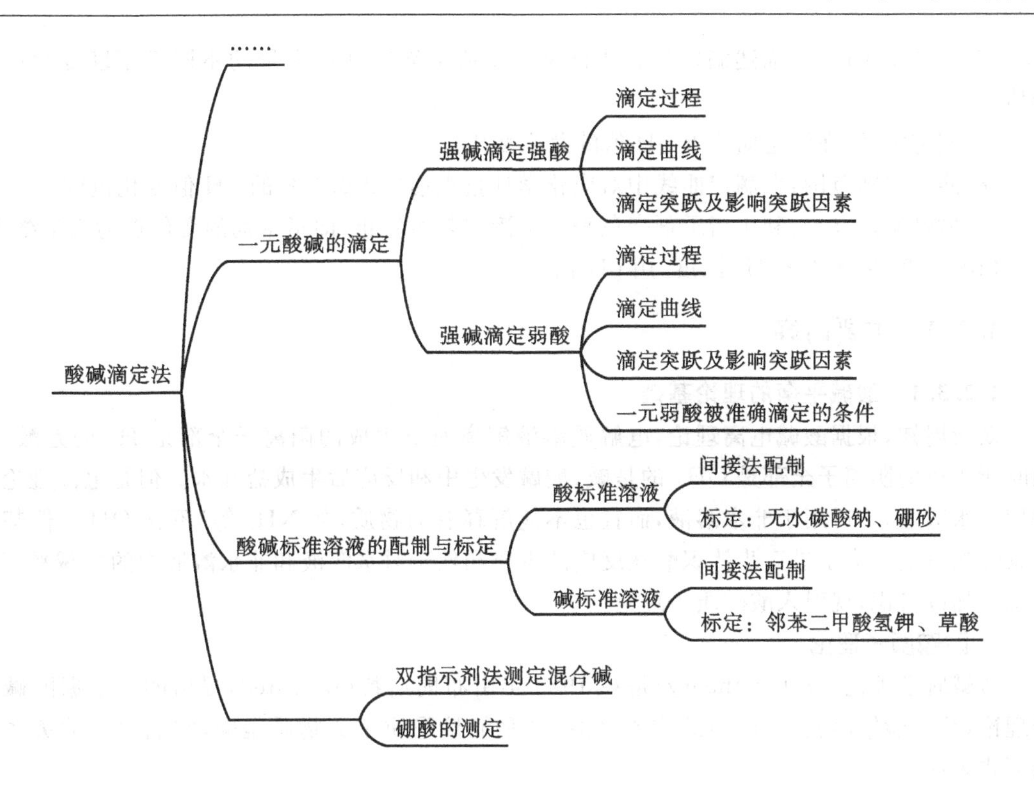

4.2　内容要点

4.2.1　教学要求

(1)掌握酸碱质子理论。

(2)掌握酸碱的解离平衡、酸碱水溶液酸度和质子平衡方程。

(3)掌握分布分数的概念和计算以及 pH 值对溶液中各存在形式的影响。

(4)掌握缓冲溶液的性质、组成以及 pH 值的计算。

(5)掌握酸碱滴定原理、指示剂的变色原理、变色范围以及指示剂的选择原则。

4.2.2　重要概念

(1)酸碱质子理论：凡能给出质子的物质为酸，能接受质子的物质为碱，既能接受质子又能给出质子的物质为两性物质。

(2)分析浓度：单位体积溶液中所含某物质的物质的量，包括未解离的和已解离的物质的浓度。分析浓度用 c 表示，而用[　] 表示某型体的平衡浓度。

(3)分布分数：溶液中某酸碱组分的平衡浓度占其总浓度的分数，称为分布分数，用 δ 表示。

(4)酸碱缓冲溶液：这是一类对溶液的酸度有稳定作用的溶液，能减缓因外加强酸或强碱以及稀释而引起的 pH 值急剧变化。

(5)酸碱指示剂：用于酸碱滴定生物指示剂，是一类结构复杂的有机弱酸或有机弱碱。它们参与溶液中的质子传递反应，且酸式和碱式因化学结构不同而呈现不同颜色。

(6)酸碱滴定曲线:描述滴定过程中溶液 pH 值随滴定剂加入量的不同而不断变化的曲线值。

(7)滴定突跃:在滴定曲线上 pH 值的急剧变化。

(8)滴定突跃范围:在滴定曲线中对应化学计量点前后±0.1% 的 pH 值变化范围。

(9)酸碱滴定终点:利用指示剂变色来确定滴定是否停止,即指示剂的变色点为滴定终点。

(10)酸度:溶液中的 H^+ 浓度,用 pH 值表示。

4.2.3 主要内容

4.2.3.1 酸碱平衡的理论基础

众所周知,根据酸碱电离理论,电解质溶液解离时所生成的阳离子全部是 H^+ 的是酸,解离时所生成的阴离子全部是 OH^- 的是碱,酸碱发生中和反应后生成盐和水。但是电离理论只适用于水溶液,不适用于非水溶液,而且也不能解释有的物质(如 NH_3 等)不含 OH^-,但却具有碱性的事实。为了进一步认识酸碱反应的本质和便于对水溶液和非水溶液中的酸碱平衡问题统一加以考虑,现引入酸碱质子理论。

1. 酸碱质子理论

酸碱质子理论(proton theory)是在 1923 年由布朗斯特(Brensted)提出的。根据酸碱质子理论,凡是能给出质子(H^+)的物质是酸;凡是能接受质子的物质是碱,它们之间的关系可用下式表示:

$$\text{酸} \rightleftharpoons \text{质子} + \text{碱}$$

例如:

$$HOAc \rightleftharpoons H^+ + OAc^-$$

上式中的 HOAc 是酸,它给出质子后,转化成的 OAc^- 对于质子具有一定的亲和力,能接受质子,因而 OAc^- 就是 HOAc 的共轭碱。这种因一个质子的得失而互相转变的一对酸碱,称为共轭酸碱对。关于共轭酸碱对还可再举数例如下:

$$HClO_4 \rightleftharpoons H^+ + ClO^-$$

$$HSO_4^- \rightleftharpoons H^+ + SO_4^{2-}$$

$$NH_4^+ \rightleftharpoons H^+ + NH_3$$

$$H_2PO_4^- \rightleftharpoons H^+ + HPO_4^{2-}$$

$$HPO_4^{2-} \rightleftharpoons H^+ + PO_4^{3-}$$

$$^+H_3N-R-NH_3^+ \rightleftharpoons H^+ + {}^+H_3N-R-NH_2$$

可见酸和碱可以是阳离子、阴离子,也可以是中性分子。

有些分子或离子,在不同的环境中可分别作酸或碱,如 HPO_4^{2-} 作为 $H_2PO_4^-$ 的共轭碱,作为 PO_4^{3-} 的共轭酸,具有酸碱两性。

上面各个共轭酸碱对的质子得失反应,称为酸碱半反应。由于质子的半径极小,电荷密度极高,它不可能在水溶液中独立存在(或者说只能瞬间存在),因此上述的各种酸碱半反应在溶液中也不能单独进行。实际上,当一种酸给出质子时,溶液中必定有一种碱来接受质子。例如,HOAc 在水溶液中解离时,作为溶剂的水就是可以接受质子的碱,它们之间的反应可以表示如下:

$$HOAc \rightleftharpoons H^+ + OAc^-$$

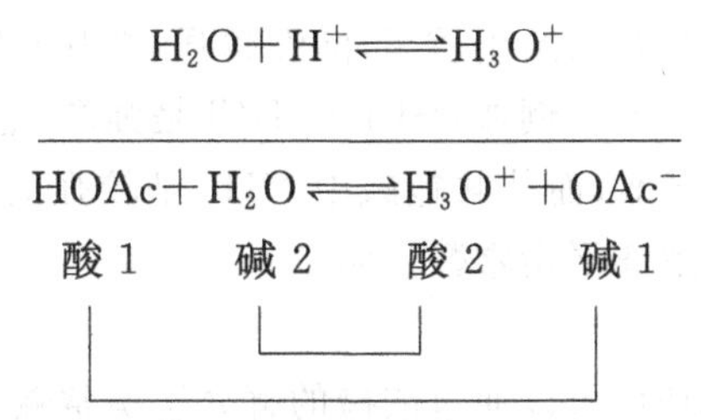

$$H_2O + H^+ \rightleftharpoons H_3O^+$$

$$HOAc + H_2O \rightleftharpoons H_3O^+ + OAc^-$$

酸 1　　碱 2　　酸 2　　碱 1

两个共轭酸碱对通过质子交换，相互作用而达到平衡。

同样，碱在水溶液中接受质子的过程，也必须有溶剂(水)分子参与。例如：

$$NH_3 + H^+ \rightleftharpoons NH_4^+$$

$$H_2O \rightleftharpoons H^+ + OH^-$$

$$NH_3 + H_2O \rightleftharpoons OH^- + NH_4^+$$

在这个平衡中作为溶剂的水起了酸的作用。与 HOAc 在水中解离的情况相比较可知，水是一种两性溶剂。由于水分子的两性作用，一个水分子可以从另一个水分子中夺取质子而形成 H_3O^+ 和 OH^-，即

$$H_2O + H_2O \rightleftharpoons H_3O^+ + OH^-$$

根据酸碱质子理论，酸和碱的中和反应也是质子的转移过程，例如 HCl 与 NH_3 反应：

$$HCl + H_2O \rightleftharpoons H_3O^+ + Cl^-$$

$$H_3O^+ + NH_3 \rightleftharpoons NH_4^+ + H_2O$$

反应的结果是各反应物转化为它们各自的共轭酸或共轭碱。

所谓盐的水解过程，实质上也是质子的转移过程。它们和酸碱解离过程在本质上是相同的，例如：

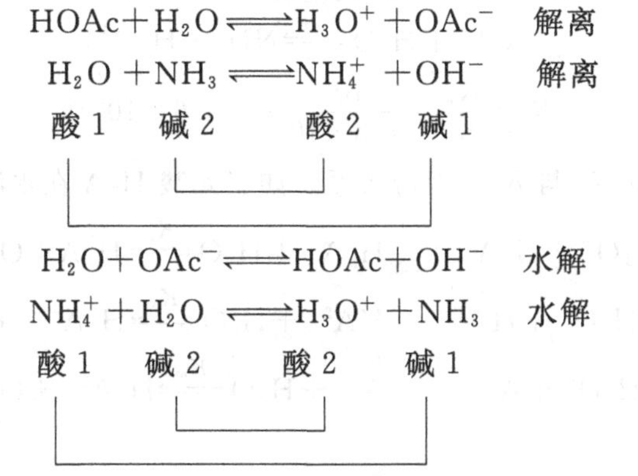

$$HOAc + H_2O \rightleftharpoons H_3O^+ + OAc^- \quad 解离$$

$$H_2O + NH_3 \rightleftharpoons NH_4^+ + OH^- \quad 解离$$

酸 1　　碱 2　　酸 2　　碱 1

$$H_2O + OAc^- \rightleftharpoons HOAc + OH^- \quad 水解$$

$$NH_4^+ + H_2O \rightleftharpoons H_3O^+ + NH_3 \quad 水解$$

酸 1　　碱 2　　酸 2　　碱 1

上述最后的两个反应式也可分别看作 HOAc 的共轭碱 OAc^- 的解离反应和 NH_3 的共轭酸 NH_4^+ 的解离反应。总之，各种酸碱反应过程都是质子转移过程，因此运用酸碱质子理论就可以找出各种酸碱反应的共同基本特征。

酸碱的强弱取决于物质给出质子或接受质子能力的强弱。给出质子的能力越强，酸性就越强，反之就越弱。同样，接受质子的能力越强，碱性就越强，反之就越弱。

在共轭酸碱对中,如果酸越容易给出质子,酸性越强,则其共轭碱对质子的亲和力就越弱,就越不容易接受质子,碱性就越弱。例如,$HClO_4$、HCl 是强酸,它们的共轭碱 ClO_4^-、Cl^- 都是弱碱。反之,NH_4^+、HS^- 等是弱酸,而其共轭碱中 NH_3 是较强的碱,S^{2-} 则是强碱。欲定量说明酸碱的强弱,可以用酸碱的解离平衡常数说明。

2. 酸碱解离平衡

酸碱的解离反应达到平衡时,可以通过酸碱的解离平衡常数来表示。

溶剂水分子之间存在的质子传递作用,称为水的质子自递常数,其平衡常数称为水的质子自递常数,用 K_w 表示。

$$H_2O+H_2O \rightleftharpoons H_3O^+ + OH^-$$

$$K_w=[H^+][OH^-]$$

25 ℃时 $K_w=10$。水合质子 H_3O^+ 常常简写作 H^+。

弱酸(如 HOAc)在水溶液中的解离反应和解离平衡常数 K_a 可分别表达为

$$HOAc+H_2O \rightleftharpoons H_3O^+ + OAc^-$$

$$K_a=\frac{[H^+][OH^-]}{[HOAc]} \qquad K_a=1.8\times10^{-5}$$

HOAc 的共轭碱 OAc^- 在水溶液中的解离反应和解离平衡常数 K_b 可分别表达为

$$OAc^- + H_2O \rightleftharpoons HOAc+OH^-$$

$$K_b=\frac{[HOAc][OH^-]}{[OAc^-]} \qquad K_b=5.6\times10^{-10}$$

显然,共轭酸碱对的 K_a 和 K_b 有下列关系:

$$K_a\cdot K_b=[H^+][OH^-]=K_w=10^{-14} \quad (25\ ℃)$$

例 4-1 已知 NH_3 的解离反应为

$$NH_3+H_2O \rightleftharpoons NH_4^+ + OH^- \qquad K_b=1.8\times10^{-5}$$

求 NH_3 的共轭酸的解离常数 K_a。

解 NH_3 的共轭酸为 NH_4^+,它的解离反应为

$$NH_4^+ + H_2O \rightleftharpoons NH_3+H_3O^+$$

$$K_a=\frac{K_w}{K_b}=\frac{10^{-14}}{1.8\times10^{-5}}=5.6\times10^{-10}$$

对于多元酸,要注意 K_a 与 K_b 的对应关系。如三元酸 H_3A 在水溶液中:

$$H_3A+H_2O \xrightleftharpoons{K_{a1}} H_3O^+ + H_2A^- \qquad H_2A^- + H_2O \xrightleftharpoons{K_{b3}} H_3A+OH^-$$

$$H_3A^- + H_2O \xrightleftharpoons{K_{a2}} H_3O^+ + HA^{2-} \qquad HA^{2-} + H_2O \xrightleftharpoons{K_{b2}} H_2A^- + OH^-$$

$$HA^{2-} + H_2O \xrightleftharpoons{K_{a3}} H_3O^+ + A^{3-} \qquad A^{3-} + H_2O \xrightleftharpoons{K_{b1}} H_3A^{2-} + OH^-$$

即

$$K_{a1}\cdot K_{b3}=K_{a2}\cdot K_{b2}=K_{a3}\cdot K_{b1}=[H^+][OH^+]=K_w$$

例 4-2 S^{2-} 与 H_2O 的反应为

$$S^{2-} + H_2O = HS^- + OH^- \quad K_b=1.4$$

求 S^{2-} 的共轭酸的解离常数 K_{a2}。

解 S^{2-} 的共轭酸为 HS^-,其解离反应为

$$HS^- + H_2O \rightleftharpoons H_3O + S^{2-}$$

$$K_{a2} = \frac{K_w}{K_{b1}} = \frac{10^{-14}}{1.4} = 7.1\times10^{-15}$$

例 4－3　试求 HPO_4^{2-} 的 pK_{b2} 和 K_{b2}。

解　HPO_4^{2-} 为两性物质，既可作为酸失去质子（以 pK_{a3} 衡量其强度），也可作为碱获得质子（以 pK_{b2} 衡量其强度）。现需求 HPO_4^{2-} 的 pK_{b2}，所以应查出它的共轭酸 $H_2PO_4^-$ 的 pK_{a2}。经查表可知 $K_{a2}=6.2\times10$，即 $pK_{a2}=7.21$。

由于

$$K_{a2}\cdot K_{b2}=10^{-14}$$

所以

$$pK_{b2}=14-pK_{a2}=14-7.21=6.79$$

即

$$K_{b2}=1.6\times10^{-7}$$

酸碱解离常数 K_a 和 K_b 的大小也可定量说明酸碱的强弱程度。例如，欲比较 $HOAc-OAc^-$、$NH_4^+-NH_3$、HS^--S^{2-} 和 $H_2PO_4-HPO_4^{2-}$ 四对共轭酸碱对的强弱情况，将上面例题中的有关数据列成表 4－1。

表 4－1　共轭酸碱对的解离平衡常数

共轭酸碱对	K_a	K_b
$HOAc-OAc^-$	1.8×10^{-5}	5.6×10^{-10}
$H_2PO_4^{2-}-HPO_4^{2-}$	6.2×10^{-8}	1.6×10^{-7}
$NH_4^+-NH_3$	5.6×10^{-10}	1.8×10^{-5}
HS^--S^{2-}	7.1×10^{-15}	1.4

由上表可以看出，这四种酸的强度顺序为

$$HOAc > H_2PO_4^- > NH_4^+ > HS^-$$

而它们共轭碱的强度恰好相反，为

$$OAc^- < HPO_4^{2-} < NH_3 < S^{2-}$$

这就定量说明了酸越强，其共轭碱越弱；反之，酸越弱，它的共轭碱越强的规律。

4.2.3.2　分布曲线

从酸（或碱）解离反应式可知，当共轭酸碱对处于平衡状态时，溶液中存在着 H^+ 和不同的酸碱形式。这时它们的浓度称为平衡浓度（equilibrium concentration）各种存在形式平衡浓度之和称为总浓度或分析浓度（analytical concentration）。某一存在形式的平衡浓度占总浓度的分数，即为该存在形式的分布系数（distribution coefficient），以 δ 表示。当溶液的 pH 值发生变化时，酸碱解离平衡随之移动，以致酸碱存在形式的分布情况也跟着变化。分布系数 δ 与溶液 pH 值的关系曲线称为分布曲线（distribution curve）。讨论分布曲线可以深入理解酸碱滴定的过程、终点误差以及分步滴定的可能性，而且也有利于了解配位滴定与沉淀反应条件的选择原则。现对一元酸、二元酸和三元酸分布系数的计算和分布曲线分别讨论如下。

1. 一元酸

以乙酸（HOAc）为例，设它的总浓度为 c。它在溶液中存在 HOAc 和 OAc^- 两种形式，它们的平衡浓度分别为[HOAc]和[OAc⁻],则 $c=[HOAc]+[OAc^-]$。又设 HOAc 所占的分数为 δ_1,OAc 所占的分数为 δ_0,则

$$\delta_1=\frac{[HOAc]}{c}=\frac{[HOAc]}{[HOAc]+[OAc^-]}=\frac{1}{1+\frac{[OAc^-]}{[HOAc]}}=\frac{1}{1+\frac{K_a}{[H^+]}}=\frac{[H^+]}{[H^+]+K_a} \tag{4-1a}$$

同理可得

$$\delta_1=\frac{[HOAc]}{c}=\frac{[HOAc]}{[HOAc]+[OAc^-]}=\frac{1}{1+\frac{[OAc^-]}{[HOAc]}}=\frac{1}{1+\frac{K_a}{[H^+]}}=\frac{[H^+]}{[H^+]+K_a} \tag{4-1b}$$

$$\delta_0=\frac{[OAc^-]}{c}=\frac{[K_a]}{[H^+]+K_a} \tag{4-1c}$$

显然,这两种组分的分布系数之和应该等于1,即

$$\delta_1+\delta_0=1$$

如果以 pH 值为横坐标,各存在形式的分布系数 δ 为纵坐标,可得如图 4-1 所示的分布曲线。

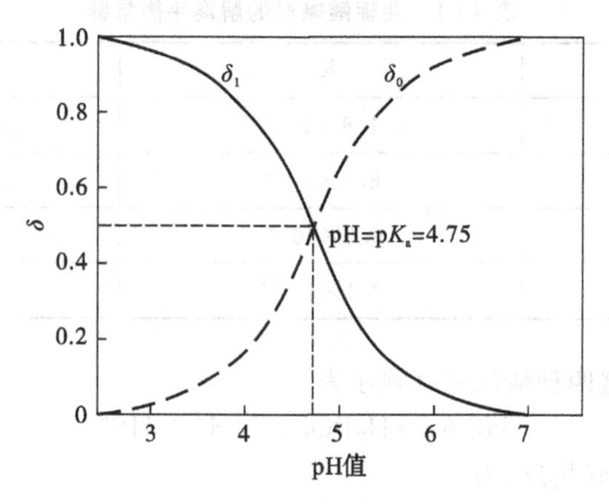

图 4-1 HOAc、OAc⁻分布系数与溶液 pH 值的关系曲线

从图中可以看到:

(1)当 $pH=pK_a$ 时,$\delta_0=\delta_1=0.5$,溶液中 HOAc 与 OAc⁻两种形式各占50%;

(2)当 $pH \ll pK_a$ 时,$\delta_1 \gg \delta_0$,溶液中 HOAc 为主要的存在形式;

(3)当 $pH \gg pK_a$ 时,$\delta_0 \gg \delta_1$,溶液中 OAc⁻为主要的存在形式。

2. 二元酸

以草酸($H_2C_2O_4$)为例,其在溶液中的存在形式有 $H_2C_2O_4$、$HC_2O_4^-$ 和 $C_2O_4^{2-}$。根据物料平衡,草酸的总浓度 c 应为上述三种存在形式的平衡浓度之和,即

$$c=[H_2C_2O_4]+[HC_2O_4^-]+[C_2O_4^{2-}]$$

如果以 δ_2、δ_1、δ_0 分别代表 $H_2C_2O_4$、$HC_2O_4^-$、$C_2O_4^{2-}$ 的分布系数,则

$$\delta_2=\frac{[H_2C_2O_4]}{c}=\frac{[H_2C_2O_4]}{[H_2C_2O_4]+[HC_2O_4^-]+[C_2O_4^{2-}]}$$

$$=\frac{1}{1+\frac{[HC_2O_4^-]}{[H_2C_2O_4]}+\frac{[C_2O_4^{2-}]}{[H_2C_2O_4]}}=\frac{1}{1+\frac{K_{a1}}{[H^+]}+\frac{K_{a1}K_{a2}}{[H^+]^2}} \tag{4-2a}$$

$$=\frac{[H^+]^2}{[H^+]^2+K_{a1}[H^+]+K_{a1}K_{a2}}$$

同理可得

$$\delta_1=\frac{K_{a1}[H^+]}{[H^+]^2+K_{a1}[H^+]+K_{a1}K_{a2}} \tag{4-2b}$$

$$\delta_1=\frac{K_{a1}K_{a2}}{[H^+]^2+K_{a1}[H^+]+K_{a1}K_{a2}} \tag{4-2c}$$

于是可得图 4-2 所示的分布曲线。

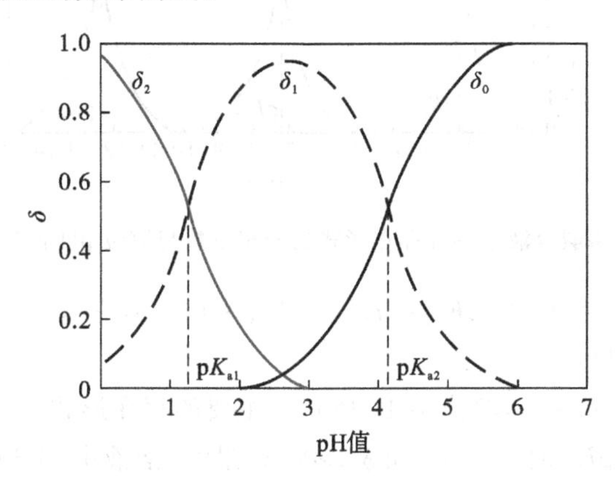

图 4-2　草酸溶液中各种存在形式的分布系数与溶液 pH 的关系曲线

由图可知：

(1)当 pH≪pK_{a1}时，δ_2≫δ_1，溶液中 $H_2C_2O_4$ 为主要的存在形式；

(2)当 pK_{a1}≪pH≪pK_{a2}时，δ_1≫δ_2 和 δ_1≫δ_0，δ_1 最大，溶液中 $HC_2O_4^-$ 为主要的存在形式；

(3)当 pH≫pK_{a2}时，δ_0≫δ_1，溶液中 $C_2O_4^{2-}$ 为主要的存在形式。

由于草酸的 pK_{a1}＝1.23，pK_{a2}＝4.19 比较接近，因此在 $HC_2O_4^-$ 的优势区内，各种形式的存在情况比较复杂。计算表明在 pH＝2.2～3.2 时，明显出现三种组分同时存在的状况，而在 pH＝2.71 时，虽然 $HC_2O_4^-$ 的分布系数达到最大(0.938)，但 δ_2 与 δ_0 的数值也各占 0.031。

例 4-4　计算酒石酸在 pH＝3.71 时，三种存在形式的分布系数。

解　酒石酸为二元酸，查表得 pK_{a1}＝3.04，pK_{a2}＝4.37，故

$$\delta_2=\frac{(10^{-3.71})^2}{(10^{-3.71})^2+(10^{-3.04})^2\times10^{-3.71}+10^{-3.04}\times10^{-4.71}}=0.149$$

同理可求得：δ_1＝0.698；δ_0＝0.153。

3. 三元酸

以磷酸(H_3PO_4)为例，其情况更复杂些，以 δ_3、δ_2、δ_1 和 δ_0 分别表示 H_3PO_4、$H_2PO_4^-$、HPO_4^{2-} 和 PO_4^{3-} 的分布系数。仿照二元酸分布系数的推导方法，可得下列各分布系数的计算公式：

$$\delta_3=\frac{[H^+]^3}{[H^+]^3+K_{a1}[H^+]^2+K_{a1}K_{a2}[H^+]+K_{a1}K_{a2}K_{a3}} \tag{4-3a}$$

$$\delta_2=\frac{K_{a1}[H^+]^2}{[H^+]^3+K_{a1}[H^+]^2+K_{a1}K_{a2}[H^+]+K_{a1}K_{a2}K_{a3}} \tag{4-3b}$$

$$\delta_1=\frac{K_{a1}K_{a2}[H^+]}{[H^+]^3+K_{a1}[H^+]^2+K_{a1}K_{a2}[H^+]+K_{a1}K_{a2}K_{a3}} \tag{4-3c}$$

$$\delta_0=\frac{K_{a1}K_{a2}K_{a3}}{[H^+]^3+K_{a1}[H^+]^2+K_{a1}K_{a2}[H^+]+K_{a1}K_{a2}K_{a3}} \tag{4-3d}$$

图 4-3 为磷酸溶液中各种存在形式的分布曲线。

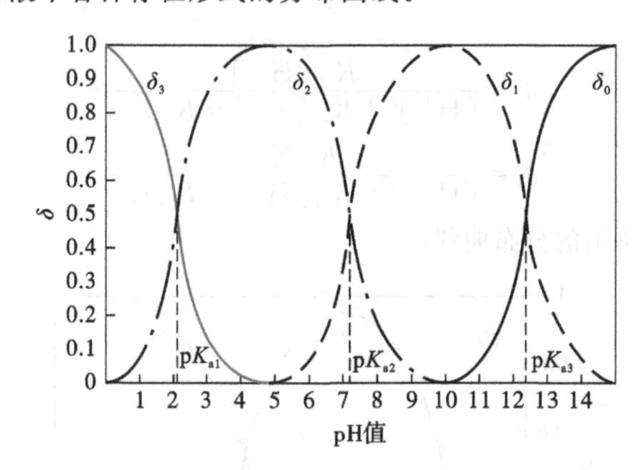

图 4-3 磷酸溶液中各种存在形式的分布系数与溶液 pH 值的关系曲线

由于 H_3PO_4 的 $pK_{a1}=2.12$,$pK_{a2}=7.20$,$pK_{a3}=12.36$,三者相差较大,各存在形式同时共存的情况不如草酸明显:

(1)当 $pH \ll pK_{a1}$ 时,$\delta_3 \gg \delta_2$,溶液中 H_3PO_4 为主要的存在形式;

(2)当 $pK_{a1} \ll pH < pK_{a2}$ 时,$\delta_2 \gg \delta_3$ 和 $\delta_2 \gg \delta_1$,δ_2 最大,溶液中 $H_2PO_4^-$ 为主要的存在形式;

(3)当 $pK_{a2} \ll pH < pK_{a3}$ 时,$\delta_1 \gg \delta_2$ 和 $\delta_1 \gg \delta_0$,δ_1 最大,溶液中 HPO_4^{2-} 为主要的存在形式;

(4)当 $pH \gg pK_{a3}$ 时,$\delta_0 \gg \delta_1$,溶液中 PO_4^{3-} 为主要的存在形式。

应该指出,在 pH=4.7 时,$H_2PO_4^-$ 占 99.4%,另外两种形式(H_3PO_4 和 HPO_4^{2-})各占 0.3%。同样,当 pH=9.8 时,HPO_4^{2-} 占绝对优势(99.5%),$H_2PO_4^-$ 和 PO_4^{3-} 各占约 0.3%。这两种 pH 值情况下,由于各次要的存在形式所占比重甚微,因而在分布曲线图中没有明显表达出来。

从上述讨论中可以看出,无论是一元酸还是多元酸,其各组分的分布系数 δ 的计算式,都是用$[H^+]$及 K_{a1},K_{a2},…来表示,而不出现酸的总浓度 c,可见分布系数 δ 仅与溶液中的$[H^+]$及酸的解离常数 K_a 有关,而与酸的总浓度无关。

4.2.3.3 酸碱溶液 pH 值的计算

酸碱滴定中$[H^+]$或 pH 的计算非常重要。根据酸碱反应中实际存在的平衡关系可推导出计算$[H^+]$的关系式。在允许的计算误差范围内,进行合理的近似处理后可得到结果。

1. 质子条件式

酸碱反应的实质是质子转移。能够准确反映整个平衡体系中质子转移的严格的数量关系式称为质子条件式(proton balance equation, PBE)。质子条件式建立的依据是反应中得失质子总量相等,即质子平衡。具体列出质子条件式的步骤如下:

(1)为判断组分得失质子情况,先选择溶液中大量存在并与质子转移直接相关的酸碱组分作为参考水准(又称零水准)。一般选择原始的酸碱组分。

(2)在酸碱反应达到平衡时,根据参考水准,找出失质子的产物和得质子的产物。

(3)依据反应中得失质子总量相等的原则,建立失质子产物的总物质的量等于得质子产物总物质的量的数学关系式,即质子条件式。

例如,在一元弱酸(设为 HA)的水溶液中,大量存在并参加质子转移的物质是 HA 和 H_2O,选择两者作为参考水准。由于存在下列两个反应:

①HA 的解离反应

$$HA + H_2O \rightleftharpoons H_3O^+ + A^-$$

②水的质子自递反应

$$H_2O + H_2O \rightleftharpoons H_3O^+ + OH^-$$

因而溶液中除 HA 和 H_2O 外,还有 H_3O^+、A^- 和 OH^-。从参考水准出发考察得失质子情况,可知 H_3O^+ 是得质子的产物(以下简作 H^+),而 A^- 和 OH^- 是失质子的产物。总的得失质子的物质的量应该相等,可写出质子条件式如下:

$$[H^+] = [A^-] + [OH^-] \tag{4-4}$$

又如,对于 Na_2CO_3 的水溶液,选择 CO_3^{2-} 和 H_2O 作为参考水准,由于存在下列反应:

$$CO_3^{2-} + H_2O \rightleftharpoons HCO_3^- + OH^-$$

$$CO_3^{2-} + 2H_2O \rightleftharpoons H_2CO_3 + 2OH^-$$

$$H_2O \rightleftharpoons H^+ + OH^-$$

将各种存在形式与参考水准相比较,可知 OH^- 为失质子的产物,HCO_3^-、H_2CO_3 和第三个反应式中的 H^+(即 H_3O^+)都是得质子的产物。但需注意,其中一个 H_2CO_3 得到 2 个质子,在列出质子条件式时,应在$[H_2CO_3]$前乘以系数 2,以使得失质子的物质的量相等,因此 Na_2CO_3 溶液的质子条件式为

$$[H^+] + [HCO_3^-] + 2[H_2CO_3] = [OH^-] \tag{4-5}$$

质子条件式也可以通过溶液中各有关存在形式的物料平衡(某组分的总浓度等于其各有关存在形式平衡浓度之和)与电荷平衡(溶液中正离子的总电荷数等于负离子的总电荷数,以维持溶液的电中性)求得。现仍以 Na_2CO_3 的水溶夜为例。设 Na_2CO_3 的总浓度为 c,有

物料平衡　$[CO_3^{2-}] + [HCO_3^-] + [H_2CO_3] = c$

$[Na]^+ = 2c$

电荷平衡　$[H^+] + [Na^+] = [HCO_3^{2-}] + [OH^-]$

将上列三式进行整理,也可得到式(4-5)所示的质子条件式。

例 4-5　写出 Na_2HPO_4 水溶液的质子条件式。

解　根据参考水准的选择标准,确定 H_2O 和 HPO_4^{2-} 为参考水准,溶液中的质子转移反应有

$$HPO_4^{2-} + H_2O \rightleftharpoons H_2PO_4^- + OH^-$$

$$HPO_4^{2-} + H_2O \rightleftharpoons H_3PO_4 + 2OH^-$$

$$HPO_4^{2-} \rightleftharpoons H^+ + PO_4^{3-}$$

$$H_2O \rightleftharpoons H^+ + OH^-$$

质子条件式为

$$[H^+] + [H_2PO_4^-] + 2[H_3PO_4] = [PO_4^{3-}] + [OH^-]$$

2. 一元弱酸(碱)溶液 pH 值的计算

对于一元弱酸 HA 溶液,有下列质子转移反应:

$$HA \rightleftharpoons A^- + H^+$$

$$H_2O \rightleftharpoons H^+ + OH^-$$

质子条件式为

$$[H^+]=[A^-]+[OH^-]$$

上列两个质子转移反应式说明一元弱酸溶液中的$[H^+]$来自两部分,即来自弱酸的解离(相当于式中的$[A^-]$项)和水的质子自递反应(相当于式中的$[OH^-]$项)。

$$[A^-]=K_a\frac{[HA]}{[H^+]} \quad 和 \quad [OH^-]=\frac{K_w}{[H^+]}$$

代入上述质子条件式可得

$$[H^+]=K_a\frac{[HA]}{[H^+]}+\frac{K_w}{[H^+]}$$

经整理后可得

$$[H^+]=\sqrt{K_a[HA]+K_w} \tag{4-6}$$

上式为计算一元弱酸溶液中$[H^+]$的精确公式。式中的$[HA]$为 HA 平衡浓度,在实际应用中,根据计算$[H^+]$时的允许误差大小,以及弱酸的 c 与 K_a 值的大小,可以考虑合理简化,采取一些近似计算的方法。

若计算结果的允许误差为 5%,则若酸不是太弱,K_w可以忽略;若酸解离常数不是太大,可以用 c 代替$[HA]$,判别用公式可表达为

$$cK_a \geqslant 10K_w, \quad c/K_a \geqslant 105$$

根据酸碱解离平衡的具体情况可做出如下的近似处理:

(1)当酸极弱,溶液又极稀时,满足 $c/K_a \leqslant 105$ 和 $cK_a \leqslant 10K_w$ 条件时,有

$$c\delta(HA)=c\frac{[H^+]}{[H^+]+K_a} \quad (c \text{ 为 HA 的总浓度})$$

将其代入式(4-6),则可推导出一元三次方程

$$[H^+]^3+K_a[H^+]^2-(cK_a+K_w)[H^+]-K_aK_w=0$$

显然,上述计算方程过于麻烦。

(2)当酸极弱但浓度不太低时,此时水的解离不能忽略,但 HA 的平衡浓度$[HA]$可以认为近似等于总浓度 c,以 c 代替$[HA]$。在满足 $c \cdot K_a \leqslant 10\ K_w$,$c/K_a \geqslant 105$ 条件时,可将式(4-6)简化为近似公式:

$$[H^+]=\sqrt{cK_a+K_w} \tag{4-7}$$

(3)当弱酸的 K_a 不是很小且浓度较小时,则由酸解离提供的$[H^+]$将高于水解离所提供的$[H^+]$。在满足 $cK_a \geqslant 10K_w$,$c/K_a \leqslant 105$ 条件时,可将式(4-6)中的 K_w 项略去,则得

$$[H^+]=\sqrt{K_a[HA]}=\sqrt{K_a(c-[H^+])}$$

$$[H^+]=\frac{1}{2}(-K_a+\sqrt{K_a^2+4cK_a}) \tag{4-8}$$

(4)当 K_a 和 c 均不是很小,且 $c \gg K_a$ 时,不仅水的解离可以忽略,而且弱酸的解离对其总浓度的影响也可以忽略,即满足 $c/K_a \geqslant 105$ 和 $c \cdot K_a \geqslant 10K_w$ 两个条件,则式(4-6)可进一步

简化为

$$[H^+]=\sqrt{cK_a} \qquad (4-9)$$

式(4－9)即常用的最简式。

例 4－6　计算 10^{-4} mol·L^{-1}的 H_3BO_3 溶液的 pH 值。已知 $pK_a=9.24$。

解　由题意可得

$$cK_a=\frac{10^{-4}}{10^{-9.24}}=10^{5.24}\gg 10^5$$

可以用总浓度 c 近似代替平衡浓度$[H_3BO_3]$，应选用式(4－7)计算：

$$[H^+]=\sqrt{cK_a+K_w}=\sqrt{10^{-4}\times 10^{-9.24}+10^{-14}}=2.6\times 10^{-7}\ mol\cdot L^{-1}$$

$$pH=6.59$$

如按最简式(4－9)计算，则

$$[H^+]=\sqrt{cK_a}=\sqrt{10^{-4}\times 10^{-9.24}}=2.4\times 10^{-7}\ mol\cdot L^{-1}$$

$$pH=6.62$$

用最简式求得的$[H^+]$与用近似公式求得的$[H^+]$相比较，二者相差约为－8%。可见，在计算之前根据题设条件，正确选择计算式至关重要。

例 4－7　试求 0.12 mol·L^{-1}一氯乙酸溶液的 pH 值。已知 $pK_a=2.86$。

解　由题意得

$$cK_a=0.12\times 10^{-2.86}\gg 10K_w$$

因此水解离产生的$[H^+]$项可忽略。又

$$c/K_a=\frac{0.12}{10^{-2.86}}=87<105$$

说明酸解离较多，不能用总浓度近似代替平衡浓度，应采用近似计算式(4－8)计算：

$$[H^+]=\frac{1}{2}\left[-10^{-2.86}+\sqrt{(10^{-2.86})^2+4\times 0.12\times 10^{-2.86}}\right]=0.012\ mol\cdot L^{-1}$$

$$pH=1.92$$

读者试自行计算，若以最简式(4－9)求算$[H^+]$，将引入多大的相对误差。

例 4－8　已知 HOAc 的 $pK_a=4.74$，求 0.30 mol·L^{-1}HOAc 溶液的 pH 值。

解

$$cK_a=0.12\times 10^{-2.86}\gg 10K_w$$

$$c/K_a=0.30/10^{-4.74}\gg 10K_w$$

符合两个简化的条件，可采用最简式(4－9)计算：

$$[H^+]=\sqrt{c\cdot K_a}=\sqrt{0.30\times 10^{-4.74}}=2.3\times 10^{-3}\ moL\cdot L^{-1}$$

$$pH=2.64$$

3. 多元酸溶液 pH 值的计算

浓度为 c 的二元弱酸溶液 H_2A 的解离平衡为

$$H_2A \rightleftharpoons HA^- + H^+$$

$$HA^- \rightleftharpoons A^{2-} + H^+$$

$$H_2O \rightleftharpoons H^+ + OH^-$$

H_2A 溶液的质子条件式为

$$[H^+]=[HA^-]+2[A^{2-}]+[OH^-]$$

由于溶液为酸性,所以$[OH^-]$可忽略不计,由平衡关系得

$$[H^+]=K_{a1}\frac{[H_2A]}{[H^+]}+2K_{a1}\cdot K_{a2}\frac{[H_2A]}{[H^+]^2}$$

或

$$[H^+]=\frac{K_{a1}[H_2A]}{[H^+]}\left(1+\frac{2K_{a2}}{[H^+]}\right) \qquad (4-10)$$

通常二元酸的$K_{a1}\gg K_{a2}$,当$2K_{a2}/[H^+]=2K_{a2}/\sqrt{cK_{a1}}\ll 1$时,该项可忽略。于是得

$$[H^+]=\sqrt{K_{a1}[H_2A]}=\sqrt{K_{a1}(c-[H^+])}$$

即

$$[H^+]=\frac{1}{2}(-K_{a1}+\sqrt{K_{a1}^2+4cK_{a1}}) \qquad (4-11)$$

此时,二元弱酸的$[H^+]$主要由第一步解离所决定,计算可类同于一元酸的处理,按一元弱酸近似处理的条件,当$cK_{a1}\gg 10\ K_w$,$c/K_{a1}\gg 105$时

$$[H^+]=\sqrt{c\cdot K_{a1}} \qquad (4-12)$$

例 4-9 已知室温下H_2CO_3的饱和水溶液浓度约为 0.040 $mol\cdot L^{-1}$,试求该溶液的 pH 值。

解 查表得$pK_{a1}=6.35$,$pK_{a1}=10.33$。由于$K_{a1}\gg K_{a2}$,可按一元酸计算。

又由于

$$c\cdot K_{a1}=0.040\times 10^{-6.35}\gg 10\ k_W$$

$$c/K_{a1}=0.040/10^{-6.35}=8.9\times 10^4\gg 10^4\gg 105$$

所以应采用式(4-12)进行计算,即

$$[H^+]=\sqrt{0.040\times 10^{-6.35}}=1.3\times 10^{-4}\ mol\cdot L^{-1},pH=3.89$$

例 4-10 求 0.090 $mol\cdot L^{-1}$的酒石酸溶液的 pH 值。

解 酒石酸是二元酸,查表得$pK_{a1}=3.04$,$pK_{a2}=4.37$。由于

$$K_{a1}/K_{a2}=10^{-3.04}/10^{-4.37}=21.4$$

比值较大,而且酒石酸溶液的浓度也不是非常小,现暂忽略酸的第二级解离,先按一元弱酸处理。$cK_{a1}=0.090\times 10^{-3.04}\gg 10\ K_w$,$c/K_{a1}=0.090/10^{3.64}=99<105$,因此计算中可忽略水的质子自递反应所提供的$[H^+]$,但不能用总浓度$c$代替平衡浓度$[H_2A]$,应采用式(4-11)进行计算,即

$$[H^+]=\frac{1}{2}(10^{-3.04}+\sqrt{(10^{-3.04})^2+4\times 0.090\times 10^{-3.04}})=8.6\times 10^{-3}\ mol\cdot L$$

$$pH=2.07$$

4. 两性物质溶液 pH 值的计算

有一类两性物质如$NaHCO_3$、$K_2H_2PO_4$、NaH_2PO_4、NH_4OAc、$(NH_4)_2CO_3$及邻苯二甲酸氢钾等在水溶液中,既可给出质子,显出酸性,又可接受质子,显出碱性,因此其酸碱平衡较为复杂,但在计算$[H^+]$时仍可以从具体情况出发,做合理简化的处理,以便于运算。

以 NaHA 为例,溶液中的质子转移反应有:

$$HA^-\rightleftharpoons H^++A^{2-},\quad HA^-+H_2O\rightleftharpoons H_2A+OH^-,\quad H_2O\rightleftharpoons H^++OH^-$$

质子条件式为

$$[H_2A]+[H^+]=[A^{2-}]+[OH^-]$$

将平衡常数 K_{a1}、K_{a2} 及 K_w 代入上式，得

$$\frac{[H^+][HA^-]}{K_{a1}}+[H^+]=\frac{K_{a2}[HA^-]}{[H^+]}+\frac{K_w}{[H^+]}$$

$$[H^+]=\sqrt{\frac{K_{a1}(K_{a2}[HA^-]+K_w)}{K_{a1}+[HA^-]}} \tag{4-13}$$

式(4-13)为精确计算式。

如果 HA^- 给出质子与接受质子的能力都比较弱，则可认为 $[HA^-]\approx c$；另根据计算可知，若允许有 5%误差，在 $cK_{a2}\geqslant 10K_w$ 时，HA^- 提供的 $[H^+]$ 比水提供的 $[H^+]$ 大得多，所以可略去 K_w 项，得近似计算式：

$$[H^+]=\sqrt{\frac{cK_{a1}\cdot K_{a2}}{K_{a1}+c}} \tag{4-14}$$

如果 $c/K_{a1}\geqslant 10$，则分母中的 K_{a1} 可略去，经整理可得

$$[H^+]=\sqrt{K_{a1}\cdot K_{a2}} \tag{4-15}$$

式(4-15)为常用的最简式。当满足 $cK_{a2}\geqslant 10K_w$ 和 $c/K_{a1}\geqslant 10$ 两个条件时，用最简式计算出的 $[H^+]$ 与用精确式求得的 $[H^+]$ 相比，其允许误差在 5%以内。

例 4-11　计算 0.10 $mol\cdot L^{-1}$ 的邻苯二甲酸氢钾溶液的 pH 值。

解　查表得邻苯二甲酸氢钾的 $pK_{a1}=2.89$，$pK_{a2}=5.54$，则 $pK_{b2}=14-2.89=11.11$。

查表时请注意多元酸和各级 K_a、K_b 之间的相互对应关系。从 pK_{a2} 和 pK_{b2} 可知，邻苯二甲酸氢根离子的酸性和碱性都比较弱，可以认为 $[HA^-]\approx c$。

$$cK_{a2}=0.10\times 10^{-5.54}\gg 10K_w,\quad \frac{c}{K_{a1}}=\frac{0.10}{10^{-2.89}}=77.6\gg 10$$

根据式(4-15)得

$$[H^+]=\sqrt{10^{-2.89}\times 10^{-5.54}}=10^{-4.22}\,mol\cdot L^{-1},\quad pH=4.22$$

例 4-12　分别计算 0.05 $mol\cdot L^{-1}$ 的 NaH_2PO_4 溶液和 3.33×10^{-2} $mol\cdot L^{-1}$ 的 Na_2HPO_4 溶液的 pH 值。

解　查表得 H_3PO_4 的 $pK_{a1}=2.16$，$pK_{a2}=7.21$，$pK_{a3}=12.32$。

NaH_2PO_4 和 Na_2HPO_4 都属于两性物质，但是它们的酸性和碱性都比较弱，可以认为平衡浓度等于总浓度。因此可根据题设条件，采用适当的计算式进行计算。

(1)对于 0.05 $mol\cdot L^{-1}$ 的 NaH_2PO_4 溶液

$$c\cdot K_{a2}=0.05\times 10^{-7.21}\gg 10K_w,\quad \frac{c}{K_{a1}}=0.05/10^{-2.16}=7.23<10$$

所以应采用式(4-14)计算：

$$[H^+]=\sqrt{\frac{0.05\times 10^{-2.16}\times 10^{-7.21}}{10^{-2.16}+0.05}}=1.9\times 10^{-5}\,mol\cdot L^{-1},\quad pH=4.72$$

(2)对于 3.33×10^{-2} $mol\cdot L^{-1}$ 的 Na_2HPO_4 溶液，由于本题涉及 K_{a2} 和 K_{a3}，所以在运用公式及判别式时，应将公式(4-13)中的 K_{a1} 和 K_{a2}，分别换成 K_{a2} 和 K_{a3}。由于 $c\cdot K_{a3}=3.33\times 10^{-2}\times 10^{-12.32}=1.59\times 10^{14}\approx K_w$，$c/K_{a2}=3.33\times 10^{-2}/10^{-7.21}\gg 10$，可见式(4-13)中的 K_w 项

不能略去。另一方面,由于 $c/K_{a2} \gg 10$,所以式(4-13)中分母项 K_{a1} 可略去。所以

$$[H^+]=\sqrt{\frac{10^{-7.21}(10^{-12.32}\times 3.33\times 10^{-2}+10^{-14})}{3.33\times 10^{-2}}}=2.2\times 10^{-10}\,mol\cdot L^{-1},\quad pH=9.66$$

本题如果不根据具体情况选用适当的简化式,而直接使用最简式(4-15)计算,则求得的$[H^+]$与用近似公式求得的$[H^+]$相比较,对于 NaH_2PO_4 溶液二者相差约为+10%;而对于 Na_2HPO_4 溶液,二者则相差为-23.1%。

例 4-13 计算 0.20 $mol\cdot L^{-1}$的 Na_2CO_3 溶液的 pH 值。

解 查表得 H_2CO_3 的 $pK_{a1}=6.35$,$pK_{a2}=10.33$。故

$$pK_{b1}=pK_w-pK_{a2}=14-10.33=3.67$$

同理 $pK=7.65$。由于 $K_{b1}\gg K_{b2}$,可按一元碱处理:

$$c\cdot K_{b1}=0.20\times 10^{-3.67}\gg 10K_w,\quad c/K_{b1}=0.20/10^{-3.67}=935>105$$

$$[OH^-]=\sqrt{0.20\times 10^{-3.67}}=6.54\times 10^{-3}\,mol\cdot L^{-1}$$

$$pOH=2.18,\quad pH=11.82$$

5. 酸碱缓冲溶液

缓冲溶液是一类能够抵制、减轻外界加入少量酸以及碱或稀释的影响,维持溶液的 pH 基本保持不变的溶液。溶液的这种抗 pH 值变化的作用称为缓冲作用。酸碱缓冲溶液大都是由一对共轭酸碱对组成,如 HOAc-NaOAc、$NH_3\cdot H_2O-NH_4Cl$ 等;也可由一些较浓的强酸或强碱组成,如 HCl 溶液、NaOH 溶液等。对于由弱酸(HA)与其共轭碱(A^-)组成的缓冲溶液,溶液中 HA 和 A^- 的平衡关系为

$$HA \rightleftharpoons H^+ + A^-,\quad [H^+]=K_a\cdot\frac{[HA]}{[A^-]}$$

式中,[HA]和$[A^-]$均为平衡浓度,$[HA]=c_{HA}-[H^+]$,$[A^-]=c_{A^-}+[H^+]$,c_{HA}、c_{A^-} 分别是弱酸(HA)与其共轭碱(A^-)的初始浓度,则

$$[H^+]=K_a\frac{c_{HA}-[H^+]}{c_{A^-}+[H^+]} \tag{4-16}$$

当组成缓冲溶液的 HA 与 A 的浓度均较大,计算时可近似用它们的初始浓度 c_{HA} 和 c_{A^-} 代替[HA]和$[A^-]$,于是计算式为

$$[H^+]=K_a\frac{c_{HA}}{c_{A^-}}$$

等式两边取对数得

$$pH=pK_a+\lg\frac{c_{A^-}}{c_{HA}} \tag{4-17}$$

由上述计算关系式可知,缓冲溶液的 pH 值首先取决于弱酸的解离常数 K,对一定的缓冲溶液,pK_a 一定,其 pH 值随着 c_{HA} 和 c_{A^-} 的浓度比的改变而改变。各种不同的共轭酸碱对由于它们的 K_a 不同,组成缓冲溶液所能控制的 pH 值也不同。表 4-2 列出了常用的酸碱缓冲溶液,供实际选择时参考。

一般弱酸及其共轭碱缓冲体系的有效缓冲范围为 $pH=pK_a\pm 1$,即约有两个 pH 单位。例如,对于 HOAc-NaOAc 缓冲体系,$pK_a=4.74$,其缓冲范围为 $pH=4.74\pm 1$;对于 $NH_3\cdot H_2O-NH_4NH_3\cdot H_2O-NH_4Cl$ 缓冲体系,$pK_b=4.74$,其缓冲范围为 $pH=9.26\pm 1$。当缓冲溶液的浓度较高,且弱酸与共轭碱的浓度比接近于 1∶1 时,缓冲溶液的缓冲能力最大。

表 4-2　常用的缓冲溶液

缓冲溶液	共轭酸	共轭碱	pK_a	可控制的 pH 值范围
邻苯二甲酸氢钾-HCl	$C_6H_4(COOH)_2$	$C_6H_4(COOH)(COO^-)$	2.89	1.9～3.9
六亚甲基四胺-HCl	$(CH_2)_6N_4H^+$	$(CH_2)_6N_4$	5.15	4.2～6.2
$NaH_2PO_4-Na_2HPO_4$	$H_2PO_4^-$	HPO_4^{2-}	7.21	6.2～8.2
$Na_2B_4O_7-HCl$	H_3BO_3	$H_2BO_3^-$	9.24	8.0～9.1
$Na_2B_4O_7-NaOH$	H_3BO_3	$H_2BO_3^-$	9.24	9.2～11.0
$NaHCO_3-Na_2CO_3$	HCO_C^-	CO_3^{2-}	10.33	9.3～11.3

例 4-14　10.0 mL 0.20 mol·L^{-1}的 HAC 溶液与 5.5 mL 0.20 mol·L^{-1}的 NaOH 溶液混合，求该混合液的 pH 值。已知 HAc 的 $pK_a=4.74$。

解　加入 HAc 的物质的量为

$$0.20\times10.0\times10^{-3}=2.0\times10^{-3}\ \text{mol}$$

加入 NaOH 的物质的量为

$$0.20\times5.5\times10^{-3}=1.1\times10^{-3}\ \text{mol}$$

反应后生成的 Ac^- 的物质的量为 1.1×10^{-3} mol，则

$$c_b=\frac{1.1\times10^{-3}}{(10.0+5.5)\times10^{-3}}=0.071\ \text{mol}\cdot\text{L}^{-1}$$

剩余 HAc 的物质的量为

$$2.0\times10^{-3}-1.1\times10^{-3}=0.9\times10^{-3}\ \text{mol}$$

$$c_a=\frac{0.9\times10^{-3}}{(10.0+5.5)\times10^{-3}}=0.058\ \text{mol}\cdot\text{L}^{-1}$$

$$[H^+]=\frac{c_a}{c_b}\cdot K_a=\frac{0.058}{0.071}\times10^{-4.74}=1.5\times10^{-5}\ \text{mol}\cdot\text{L}^{-1}$$

$$pH=4.83$$

4.2.3.4　酸碱滴定终点的指示方法

滴定分析中判断终点有两类方法，即指示剂法和电位滴定法。指示剂法是利用指示剂(indicator)在一定条件(如某一 pH 值范围)时变色来指示终点；电位滴定法是通过测量两个电极的电位差，根据电位差的突然变化来确定终点。本节仅仅讨论指示剂法。

酸碱滴定中是利用酸碱指示剂颜色的突然变化来指示滴定终点。酸碱指示剂一般是有机弱酸或弱碱，当溶液的 pH 值改变时，指示剂由于结构的改变而发生颜色的改变。例如，酚酞为无色的二元弱酸，当溶液的 pH 值渐渐升高时，酚酞先给出一个质子 H^+，形成无色的离子；然后再给出第二个质子 H^+ 并发生结构的改变，成为具有共轭体系醌式结构的红色离子，第二步解离过程的 $pK_{a2}=9.1$。当溶液呈强碱性时，又进一步变为无色的羧酸盐式离子，而使溶液褪色。酚酞的结构变化过程可表示如下：

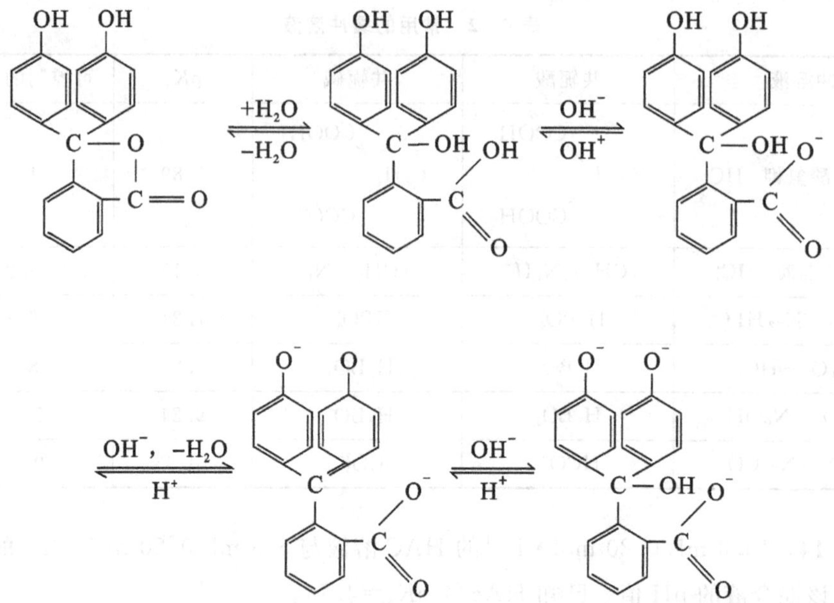

红色离子　　无色离子

上式表明,这个转变过程是可逆过程,当溶液 pH 值降低时,平衡向左移动,酚酞又变成无色分子。因此酚酞在酸性溶液中是无色,当 pH 值升高到一定数值时酚酞变成红色,强碱溶液中酚酞又呈无色。

根据实际测定,酚酞在 pH<8 的溶液中呈无色,当溶液的 pH>10 时酚酞呈红色 pH=8~10 是酚酞逐渐由无色变为红色的过程,称其为酚酞的变色范围。又如,甲基橙在 pH<3.1 的溶液中呈红色,pH>4.4 时呈黄色。pH=3.1~4.4 是甲基橙的变色范围。

由于各种指示剂的平衡常数不同,各种指示剂的变色范围也不相同。表 4-3 中列出了几种常用酸碱指示剂的变色范围。由于变色范围是由目视判断得到的,而每个人的眼睛对颜色的敏感度不相同,所以变色范围也略有差异。

表 4-3　几种常用酸碱指示剂的变色范围(室温)

指示剂	变色范围(pH 值)	颜色变化	$pK(HIn)$	浓度	用量(滴/10 mL 试液)
百里酚蓝	1.2~2.8	红~黄	1.7	1 g·L^{-1}的 20%乙醇溶液	1~2
甲基黄	2.9~4.0	红~黄	3.3	1 g·L^{-1}的 90%乙醇溶液	1
溴酚蓝	3.0~4.6	黄~紫	4.1	1 g·L^{-1}的 20%乙醇溶液或其钠盐水溶液	1
甲基橙	3.1~4.4	红~黄	3.4	0.5 g·L^{-1}的水溶液	1
溴甲酚绿	4.0~5.6	黄~蓝	4.9	1 g·L^{-1}的 20%乙醇溶液或其钠盐水溶液	1~3
甲基红	4.4~6.2	红~黄	5.0	1 g·L^{-1}的 60%乙醇溶液或其钠盐水溶液	1
溴百里酚蓝	6.2~7.6	黄~蓝	7.3	1 g·L^{-1}的 20%乙醇溶液或其钠盐水溶液	1

续表

指示剂	变色范围(pH 值)	颜色变化	$pK(HIn)$	浓度	用量(滴/10 mL 试液)
中性红	6.8~8.0	红~黄橙	7.4	1 g·L^{-1}的 60%乙醇溶液	1
苯酚红	6.8~8.4	黄~红	8.0	1 g·L^{-1}的 60%乙醇溶液或其钠盐水溶液	1
百里酚蓝	8.0~9.6	黄~蓝	8.9	1 g·L^{-1}的 20%乙醇溶液	1~4
酚酞	8.0~10.0	无~红	9.1	5 g·L^{-1}的 90%乙醇溶液	1~3
百里酚酞	9.4~10.6	无~蓝	10.0	1 g·L^{-1}的 90%乙醇溶液	1~2

从表 4-3 中可以清楚地看出，不同的酸碱指示剂具有不同的变色范围：有的在酸性溶液中变色，如甲基橙、甲基红等；有的在中性溶液附近变色，如中性红、苯酚红等；有的则在碱性溶液中变色，如酚酞、百里酚酞等。

指示剂之所以具有变色范围，可由指示剂在溶液中的平衡移动过程来加以解释。现以 HIn 表示弱酸型指示剂，它在溶液中的平衡移动过程可以简单地用下式表示：

$$\underset{\text{酸式}}{HIn} \rightleftharpoons H^+ + \underset{\text{碱式}}{In^-}$$

达到平衡时，它的平衡常数为

$$\frac{[H^+][In^-]}{[HIn]} = K(HIn)$$

K_{HIn}称为指示剂常数，它在一定温度下为一常数。若将上式改变一下形式，可得

$$\frac{[In^-]}{[HIn]} = \frac{K(HIn)}{[H^+]}$$

式中，$[In^-]$代表碱式颜色的浓度；$[HIn]$代表酸式颜色的浓度，而二者的比值决定了指示剂的颜色。

从上式可知，该比值与两个因素有关，一个是 $K(HIn)$，另一个是溶液的$[H^+]$。$K(HIn)$是由指示剂的本质决定的，对于某种指示剂，它是一个常数，因此该指示剂的颜色就完全由溶液中的$[H^+]$来决定。当溶液中的$[H^+]$等于 K_{HIn} 的数值时，$[In^-]$等于$[HIn]$，此时溶液的颜色应该是酸色和碱色的中间颜色(又称指示剂的理论变色点)。如果此时的酸度以 pH 来表示，则

$$pH = pK(HIn)$$

各种指示剂由于其指示剂常数 $K(HIn)$不同，呈中间颜色时的 pH 值也各不相同。

当溶液中$[H^+]$发生改变时，$[In^-]$和$[HIn]$的比值也发生改变，溶液的颜色也逐渐改变。一般来讲，当$[In^-]$是$[HIn]$的 1/10 时，人眼能勉强辨认出碱色；如 $[In^-]/[HIn]$小于 1/10，则人眼就看不出碱色了，即

$$\frac{[In^-]}{[HIn]} = \frac{K(HIn)}{[H^+]} = \frac{1}{10} \qquad [H^+] = 10K(HIn)$$

因此变色范围的一边为

$$pH_1 = pK(HIn) - 1$$

而当$[In^-]/[HIn] = 10/1$ 时，人眼能勉强辨认出酸色，同理也可求得，变色范围的另一边为

$$pH_2 = pK(HIn) + 1$$

上述两种情况可综合表示为

$$\frac{[In^-]}{[HIn]} < \frac{1}{10} = \frac{1}{10} \sim 1 \sim \frac{10}{1} > \frac{10}{1}$$

酸色　略带　中间　略带　碱色

碱色　颜色　酸色

酸色　|←变色范围→|　碱色

$pH_1 = pK(HIn) - 1$　　　　$pH_2 = pK(HIn) + 1$

由上可知,当溶液的 pH 由 pH_1 逐渐上升到 pH_2 时,溶液的颜色也由酸色逐渐变为碱色,理论上变色范围 pH_1 与 pH_2 相差 2 个 pH 单位,但由于实际的变色范围是依靠人眼的观察测定得到的,而人眼对于各种颜色的敏感程度不同,所以表 4-3 所列大多数指示剂实际的变色范围都小于 2 个 pH 单位。例如,甲基橙的 pK(HIn)为 3.4,按照推算,变色范围似应为 2.4~4.4,但由于浅黄色在红色中不明显,只有当黄色所占比重较大时才能被观察到,因此甲基橙实际的变色范围为 3.1~4.4。

综上所述,关于酸碱指示剂的性质,可以得出如下的结论:

①指示剂的变色范围不一定恰好位于 pH=7 的左右,而是随各种指示剂常数 K_{HIn} 的不同而不同;②指示剂的颜色在变色范围内显示出逐渐变化的过程;③各种指示剂的变色范围的幅度各不相同,但一般来说,不大于 2 个 pH 单位,也不小于 1 个 pH 单位。

使用指示剂时还应注意,滴定溶液中指示剂加入量的多少也会影响变色的敏锐程度,一般而言,指示剂适当少用,变色反而会明显些。而且指示剂本身也是弱酸或弱碱,它也要消耗滴定剂溶液,指示剂加得过多,将引入误差。另外,指示剂的变色范围还受温度的影响。

由于指示剂具有一定的变色范围,因此只有当溶液中 pH 值改变超过一定数值,指示剂才能从一种颜色变为另一种颜色。在酸碱滴定中,为达到准确度要求,滴定终点要在化学计量点前后 0.1%的范围内,有时这样的范围较为狭窄,这时指示剂变色就难以完成,终点确定就有困难,因此有必要设法使指示剂的变色范围变窄,使指示剂的颜色变化更敏锐些。为此,可使用另一类指示剂——混合指示剂。常用的混合指示剂见表 4-4。

表 4-4　几种常用的混合指示剂

混合指示剂溶液的组成	变色时 pH 值	颜色		备注
		酸色	碱色	
1 份 1 g·L⁻¹甲基黄乙醇溶液 1 份 1 g·L⁻¹亚甲基蓝乙醇溶液	3.25	蓝紫	绿	pH=3.2,蓝紫色 pH=3.4,绿色
1 份 1 g·L⁻¹甲基橙水溶液 1 份 2.5 g·L⁻¹靛蓝二磺酸钠水溶液	4.1	紫	黄绿	pH=4.1,灰色
1 份 1 g·L⁻¹溴甲酚绿钠盐水溶液 1 份 2 g·L⁻¹甲基橙水溶液	4.3	橙	蓝绿	pH=3.5,黄色 pH=4.05,绿色 pH=4.3,浅绿色
3 份 1 g·L⁻¹溴甲酚绿乙醇溶液 1 份 2 g·L⁻¹甲基红乙醇溶液	5.1	酒红	绿	pH=5.1,灰色

续表

混合指示剂溶液的组成	变色时 pH 值	颜色		备注
		酸色	碱色	
1 份 1 g·L^{-1}溴甲溴绿钠盐水溶液 1 份 1 g·L^{-1}氯酚红钠盐水溶液	6.1	黄绿	蓝绿	pH=5.4,蓝绿色 pH=5.8,蓝色 pH=6.0,蓝带紫 pH=6.2,蓝紫
1 份 1 g·L^{-1}中性红乙醇溶液 1 份 1 g·L^{-1}亚甲基蓝乙醇溶液	7.0	紫蓝	绿	pH=7.0,紫蓝色
1 份 1 g·L^{-1}甲酚红钠盐水溶液 3 份 1 g·L^{-1}百里酚蓝钠盐水溶液	8.3	黄	紫	pH=8.2,玫瑰红 pH=8.4,清晰的紫色
1 份 1 g·L^{-1}里酚蓝 50%乙醇溶液 3 份 1 g·L^{-1}酚酞 50%乙醇溶液	9.0	黄	紫	从黄到绿,再到紫色
1 份 1 g·L^{-1}酚酞乙醇溶液 1 份 1 g·L^{-1}百里酚酞乙醇溶液	9.9	无色	紫	pH=9.6,玫瑰红色 pH=10,紫色
2 份 1 g·L^{-1}百里酚酞乙醇溶液 1 份 1 g·L^{-1}茜素黄 R 乙醇溶液	10.2	黄	紫	—

混合指示剂是利用颜色之间的互补作用,使变色范围变窄,达到颜色变化敏锐的效果。混合指示剂有两种配制方法,一种是由两种或两种以上的指示剂混合而成。如溴甲酚绿($pK(HIn)=4.9$)和甲基红($pK(HIn)=5.0$),前者当 pH<4.0 时呈黄色(酸色),pH>5.6 时呈蓝色(碱色);后者当 pH<4.4 时呈红色,pH>6.2 时呈浅黄色(碱色)。它们按一定配比混合后,两种颜色叠加在一起,酸色为酒红色(红稍带黄),碱色为绿色。当 pH=5.1 时,甲基红呈橙色而溴甲酚绿呈绿色,两者互为补色而呈现浅灰色,这时颜色发生突变,变色十分敏锐。

另一种混合指示剂是在某种指示剂中加入一种惰性染料。例如,中性红与染料亚甲基蓝混合配成的混合指示剂,在 pH=7.0 时呈紫蓝色,变色范围只有 0.2 个 pH 单位左右,比单独的中性红的变色范围窄得多。如果把甲基红、溴百里酚蓝、百里酚蓝、酚酞按一定比例混合,溶于乙醇,配成混合指示剂,该指示剂可随 pH 值的不同而逐渐变色。实验室中常用的 pH 试纸,就是基于混合指示剂的原理制成的。

4.2.3.5　酸碱滴定曲线

为了正确地运用酸碱滴定法进行分析测定,必须了解酸碱滴定过程中 H^+ 浓度的变化规律,才有可能选择合适的指示剂,或者以电位滴定法准确地确定滴定终点。滴定过程中用来描述随着标准溶液的不断加入,待测酸碱溶液 pH 值不断变化的曲线称为酸碱滴定曲线(titration curve)。由于各种不同类型的酸碱滴定过程中 H^+ 浓度的变化规律各不相同,因此下面分别予以讨论。

1. 一元强碱(酸)滴定强酸(碱)

在强碱(酸)滴定强酸(碱)过程中,反应的实质是

$$H^+ + OH^- \rightleftharpoons H_2O$$

下面以 0.1000 mol·L^{-1}的 NaOH 标准溶液滴定 20.00 mL 0.1000 mol·L^{-1}的 HCl 溶液为例,来说明滴定过程中 pH 的变化与滴定曲线的形状。该滴定过程可分为四个阶段:

(1)滴定开始前。溶液中仅有 HCl 存在,所以溶液的 pH 取决于 HCl 溶液的原始浓度,即

$$[H^+]=0.1000\ \text{mol}\cdot\text{L}^{-1} \qquad \text{pH}=1.00$$

(2)滴定开始至化学计量点前。由于加入了 NaOH,部分 HCl 被中和,所以溶液的 pH 值由剩余的 HCl 量计算。例如,加入 18.00 mL NaOH 溶液时,还剩余 2.00 mL HCl 溶液未被中和,这时溶液中的 H^+浓度应为

$$[H^+]=\frac{0.1000\times2.00}{20.00+18.00}=5.3\times10^{-3}\ \text{mol}\cdot\text{L}^{-1}$$

$$\text{pH}=2.28$$

从滴定开始直到化学计量点前的各点都按上述方式计算。

(3)化学计量点时。当加入 20.00 mL NaOH 溶液时,HCl 被 NaOH 全部中和,生成 NaCl 溶液,这时

$$[H^+]=[OH^-]=1.0\times10^{-7}\ \text{mol}\cdot\text{L}^{-1}$$

$$\text{pH}=7$$

(4)化学计量点后。过了化学计量点,再加入 NaOH 溶液,溶液的 pH 取决于过量的 NaOH。例如,加入 20.02 mL NaOH 溶液时,NaOH 溶液过量 0.02 mL,根据过量的 NaOH,可以算出

$$[OH^-]=\frac{0.1000\times(20.02-20.00)}{20.00+20.02}=5.0\times10^{-5}\ \text{mol}\cdot\text{L}^{-1}$$

$$\text{pOH}=4.30 \qquad \text{pH}=9.70$$

化学计量点后都这样计算。

按此逐一计算,并把结果列于表 4-5 中。如果以 NaOH 溶液的加入量为横坐标,对应的溶液 pH 值为纵坐标,绘制关系曲线,则得如图 4-4 所示的滴定曲线。

表 4-5 用 0.1000 mol·L^{-1}的 NaOH 溶液滴定 20.00 mL 0.1000 mol·L^{-1}的 HCl 溶液

加入 NaOH 溶液体积/mL	滴定分数/%	剩余 HCl 溶液体积/mL	过量 NaOH 溶液体积/mL	pH 值
		20.00		1.00
18.00	90.0	2.00		2.28
19.80	99.0	0.20		3.30
19.98	99.9	0.02		4.3/A 滴定
20.00	100.0	0.00		7.00
20.02	100.1		0.02	9.70B 突跃
20.20	101.0		0.20	10.70
22.00	110.0		2.00	11.70
40.00	200.0		20.00	12.50

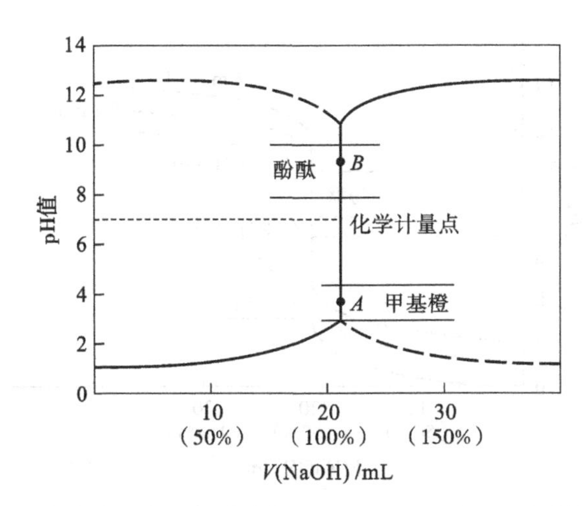

图 4－4　0.1000 mol·L^{-1}的 NaOH 溶液滴定 20.00 mL 0.1000 mol·L^{-1}的 HCl 溶液的滴定曲线

以上采用分段计算滴定曲线上各点 pH 值的方法，所用算式简单，运算也不复杂，但须手工逐点求算，似较费时。作为改进，可以根据溶液电中性条件推导出滴定曲线方程，利用计算机求出标准溶液加入量(体积)与相应 pH 值的一组数据，然后绘制滴定曲线。

从图 4－4 和表 4－5 可以看出，在滴定开始时，溶液中还存在着较多的 HCl，因此 pH 值升高十分缓慢。随着滴定的不断进行，溶液中 HCl 含量的减少，pH 值的升高逐渐增快。尤其是当滴定接近化学计量点时，溶液中剩余的 HCl 已极少，pH 值升高极快。图 4－4 中，曲线上的 A 点为加入 NaOH 溶液 19.98 mL，比化学计量点时应加入的 NaOH 溶液体积少 0.02 mL(相当于－0.1%)，曲线上的 B 点是超过化学计量点 0.02 mL(相当于＋0.1%)，A 与 B 之间仅差 NaOH 溶液 0.04 mL，不过 1 滴左右，但溶液的 pH 值却从 4.31 急增至 9.70，增幅达约 5.4 个 pH 单位，溶液也由酸性突变到碱性，溶液的性质由量变引起了质变。

从图 4－4 也可看到，在化学计量点前后 0.1%，此时曲线呈现几乎竖直的一段，表明溶液的 pH 值有一个突然的改变，这种 pH 值的突然改变称为滴定突跃(titration jump)，而突跃所在的 pH 范围称为滴定突跃范围。此后，再继续滴加 NaOH 溶液，则溶液的 pH 值变化便越来越小，曲线又趋平坦。

如果用 0.1000 mol·L^{-1}的 HCl 标准溶液滴定 20.00 mL 0.1000 mol·L^{-1}NaOH 溶液，其滴定曲线如图 4－4 中的虚线所示。显然滴定曲线形状与 NaOH 溶液滴定 HCl 溶液相似，但 pH 值是随着 HCl 标准溶液的加入而逐渐减小。

需要注意的是，滴定突跃的大小与被滴定物质及标准溶液的浓度有关。图 4－5 绘出 NaOH 溶液浓度分别为 1 mol·L^{-1}、0.1 mol·L^{-1}及 0.01 mol·L^{-1}滴定相应浓度的 HCl 溶液时的三条滴定曲线。从图中可以看出，虽然浓度改变，但化学计量点时溶液的 pH 值依然是 7，只是滴定突跃的大小各不相同，酸碱溶液越浓，滴定突跃越大，使用 1 mol·L^{-1}溶液的情况下滴定突跃在 pH＝3.3～10.7，与 0.1 mol·L^{-1}的 HCl 溶液的滴定曲线相比，增加了 2 个 pH 单位；而当用 0.01 mol·L^{-1}的 NaOH 溶液滴定 0.01 mol·L^{-1}的 HCl 溶液时，滴定突跃在 pH＝5.3～8.7。相比于 0.1 mol·L^{-1}HCl 溶液的滴定曲线，减少了 2 个 pH 单位。

滴定突跃具有非常重要的意义，它是选择指示剂的依据。指示剂应在滴定突跃范围内变色，由此可以说明滴定的完成。当用 0.1000 mol·L^{-1}的 NaOH 溶液滴定 0.1000 mol·L^{-1}

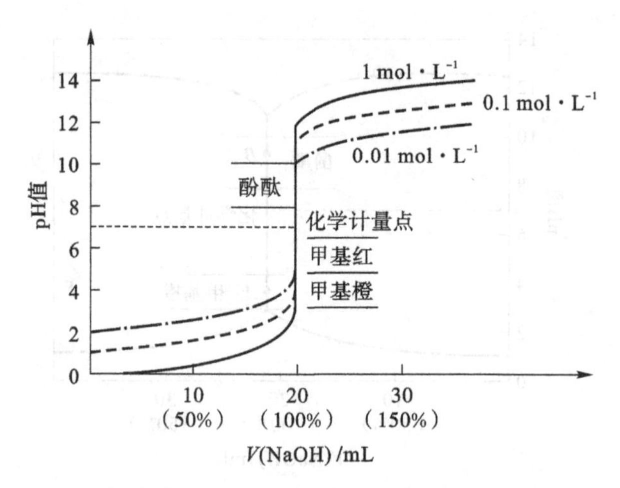

图 4-5 以不同浓度 NaOH 溶液滴定不同浓度 HCl 溶液的滴定曲线

的 HCl 溶液,其滴定突跃的 pH=4.31～9.70,则可以选择甲基红、甲基橙与酚酞等作指示剂。如果选择甲基橙作指示剂,当溶液颜色由红色变为黄色时,溶液的 pH 值约为 4.4,这时离开化学计量点已不到半滴,滴定误差小于 0.1%,符合滴定分析要求;如果用酚酞作为指示剂,当酚酞颜色由无色变为微红色时,pH 值略大于 8.0,此时超过化学计量点也不到半滴,终点误差也不超过 0.1%,同样符合滴定分析要求。实际分析时,为了便于人眼对颜色的辨别,通常选用酚酞作指示剂,其终点颜色由无色变成微红色。

总之,在酸碱滴定中,如果用指示剂指示终点,则应根据化学计量点附近的滴定突跃来选择指示剂,应使指示剂的变色范围全部或部分处于滴定突跃范围内。选择指示剂的原则是本章学习中的重点之一,务必请读者深入领会。

2. 一元强碱(酸)滴定弱酸(碱)

在日常的质量检验中,需要测定弱酸含量的分析任务还是比较多的,例如,作为食品添加剂的冰乙酸就是利用 NaOH 滴定该商品的乙酸含量。现以 NaOH 溶液滴定乙酸(HOAc)溶液为例来进行讨论。

NaOH 滴定 HOAc 的滴定反应可表示为

$$HOAc + OH^- = OAc^- + H_2O$$

以 0.1000 mol·L^{-1}的 NaOH 标准溶液滴定 20.00 mL 0.1000 mol·L^{-1}的 HOAc 为例,说明这类滴定过程中溶液 pH 变化与滴定曲线。与讨论强酸强碱滴定曲线方法相似,讨论也分为四个阶段:

(1)滴定开始前。此时溶液的 pH 值由 0.1000 mol·L^{-1}的 HOAc 溶液的酸度决定。根据弱酸 pH 值计算的最简式(见表 4-1):$[H^+]=\sqrt{cK_a}$

$$[H^+]=\sqrt{0.1000\times1.8\times10^{-5}}=1.34\times10^{-3}\ \text{mol}\cdot L^{-1}$$

$$pH=2.87$$

(2)滴定开始至化学计量点前。这一阶段的溶液由未反应的 HOAc 与反应产物 NaOAc 组成,其 pH 值由 HOAc-NaOAc 缓冲体系来决定。

例如,当滴入 NaOH 溶液 19.98 mL(剩余 HOAc 溶液 0.02 mL)时

$$[HOAc]=\frac{0.1000\times0.02}{20.00+19.98}=5.0\times10^{-5}\ mol\cdot L^{-1}$$

$$[OAc^-]=\frac{0.1000\times19.98}{20.00+19.98}=5.0\times10^{-2}\ mol\cdot L^{-1}$$

$$[H^+]=1.8\times10^{-5}\times\frac{5.0\times10^{-5}}{5.0\times10^{-2}}=1.8\times10^{-8}\ mol\cdot L^{-1}$$

$$pH=7.74$$

(3)化学计量点时。此时溶液的 pH 值由体系产物的解离决定。化学计量点时体系产物是 NaOAc 与 H_2O,OAc^- 是一种弱碱。因此

$$[OH^-]=\sqrt{cK_b(OAc^-)}$$

$$K(b(OAc^-))=\frac{K_w}{K_a(HOAc)}=\frac{1.0\times10^{-14}}{1.8\times10^{-5}}=5.56\times10^{-10}$$

$$c=[OAc^-]=0.1000\times\frac{20.00}{20.00+20.00}=5.0\times10^{-2}\ mol\cdot L^{-1}$$

$$[OH^-]=\sqrt{5.0\times10^{-2}\times5.56\times10^{-10}}=5.27\times10^{-6}\ mol\cdot L^{-1}$$

$$pOH=5.28\qquad pH=8.72$$

(4)化学计量点后。此时溶液的组成是过量 NaOH 和滴定产物 NaOAc。由于过量 NaOH 的存在抑制了 OAc^- 的水解,因此,溶液的 pH 由过量 NaOH 中 $[OH^-]$ 来决定。

例如,滴入 20.02 mL NaOH 溶液(过量的 NaOH 为 0.02 mL),则

$$[OH^-]=\frac{0.1000\times0.02}{20.00+20.02}=5.0\times10^{-5}\ mol\cdot L^{-1}$$

$$pOH=4.30\qquad pH=9.70$$

按上述方法,依次计算出滴定过程中溶液的 pH 值,其计算结果列于表 4-6,并根据计算结果绘制滴定曲线,得到如图 4-6 中的曲线Ⅰ。图中的虚线为强碱滴定强酸的曲线。

表 4-6　用 0.1000 $mol\cdot L^{-1}$ 的 NaOH 溶液滴定 20.00 mL 0.1000 $mol\cdot L^{-1}$ 的 HOAc 溶液

加入 NaOH 溶液的体积/mL	滴定分数/%	剩余 HOAc 溶液的体积/mL	过量 NaOH 溶液的体积/mL	pH 值
0.00	0	20.00		2.87
10.00	50.0	10.00		4.74
18.00	90.00	2.00		5.70
19.80	99.0	0.20		6.74
19.98	99.9	0.02		7.74A 滴定
20.00	100.0	0.00		8.72 ↓
20.02	100.1		0.02	9.70B 突跃
20.20	101.0		0.20	10.70
22.00	110.0		2.20	11.70
40.00	200.0		20.00	12.50

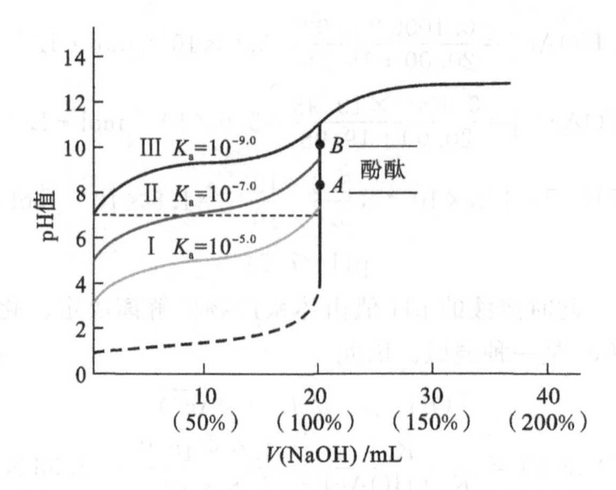

图 4-6　以 NaOH 溶液滴定不同弱酸溶液的滴定曲线

将图 4-6 中的曲线Ⅰ与虚线进行比较可以看出，由于 HOAc 是弱酸，滴定开始前溶液中$[H^+]$就较低，pH 值较 NaOH 滴定 HCl 时高。滴定开始后 pH 值逐渐升高，随着 NaOH 溶液的不断加入，NaOAc 不断生成，在溶液中形成弱酸及其共轭碱($HOAc-OAc^-$)的缓冲体系，pH 值增加较慢，使这一段曲线较为平坦。当滴定接近化学计量点时，由于溶液中剩余的 HOAc 已很少，溶液的缓冲能力已逐渐减弱，于是随着 NaOH 溶液的不断滴入，溶液的 pH 值变化逐渐加快，到达化学计量点时，在其附近出现一个较为短小的滴定突跃。突跃的 pH＝7.74～9.70，处于碱性范围内，这是由于化学计量点时溶液中存在着大量的 OAc^-，它是弱碱，使溶液显微碱性。

根据化学计量点附近的滴定突跃范围，用酚酞或百里酚蓝指示终点是合适的，也可以用百里酚酞指示终点。请读者思考，若此时选用在酸性溶液中变色的指示剂如甲基橙、溴酚蓝，将对滴定结果产生什么影响？

比较 0.1000 $mol \cdot L^{-1}$的 NaOH 溶液滴定 0.1000 $mol \cdot L^{-1}$的 HCl 溶液和 0.1000 $mol \cdot L^{-1}$的 NaOH 溶液滴定 0.1000 $mol \cdot L^{-1}$的 HOAc 溶液可知，滴定的突跃范围从 4.3～9.7 变为 7.7～9.7，已明显减小，若用 NaOH 滴定更弱的酸(如解离常数为 10^{-7}左右的弱酸)，则滴定到达化学计量点时溶液 pH 值较高，化学计量点附近的滴定突跃范围更小(见图 4-6 中的曲线Ⅱ)。在这种滴定中用酚酞指示终点已不合适，应选用变色范围 pH 值更高些的指示剂，如百里酚酞(变色范围 pH＝9.4～10.6)。

如果被滴定的酸更弱(如 H_3BO_3，其解离常数为 10^{-9}左右)，则滴定到达化学计量点时，溶液的 pH 值更高，图 4-6 的曲线Ⅲ上已看不出滴定突跃。对于这类极弱酸，在水溶液中就无法用一般的酸碱指示剂来指示滴定终点，但是可以设法使弱酸的酸性增强后再测定，也可以用非水滴定等方法测定，这些将在后文分别讨论。

由上述情况可知，强碱滴定一元弱酸的突跃范围与弱酸的浓度及其解离常数有关。酸的解离常数越小(即酸的酸性越弱)，浓度越低，则滴定突跃范围也就越小。一般来讲，只有滴定突跃大于 0.3 个 pH 单位，这时人眼能够辨别指示剂颜色的改变，滴定才可以直接进行。因此，在 $\Delta pH \geqslant 0.3$，终点误差为±0.1%，弱酸溶液的浓度 c 和弱酸解离常数 K_a 的乘积 $cK_a \geqslant 10^{-8}$时，可认为该酸溶液可被强碱直接准确滴定。

目视直接滴定的条件：$cK_a \geqslant 10^{-8}$是本节的重要结论，是本章的学习重点之一。

应该指出，上述判别能否目视直接滴定的条件 $cK_a \geqslant 10^{-8}$ 的导出，还与滴定反应的完全程度、终点检测的灵敏度，以及对滴定分析的准确度要求等诸因素有关。若其他因素不变，而把允许的误差放宽至可大于±0.1%时，目视直接滴定对 cK_a 乘积的要求也可相应降低。

极弱碱的共轭酸是较强的弱酸，例如苯胺（$C_6H_5NH_2$），其 $pK_b = 9.34$，属极弱的碱，但是它的共轭酸 $C_6H_5NH_2H^+$（$pK_a = 4.66$）是较强的弱酸，显然能满足 $cK_a \geqslant 10^{-8}$ 的要求，因此可以用碱标准溶液直接滴定盐酸苯胺。

对于稍强碱的共轭酸，如 NH_4Cl，由于 NH_4^+ 的 $pK_a = 9.26$，不能满足 $cK_a \geqslant 10^{-8}$ 的要求，所以不能用标准碱溶液直接滴定，但是可以间接测定 NH_4^+ 的含量。

3. 多元酸的滴定

现以 NaOH 溶液滴定 H_3PO_4 溶液为例进行讨论。

H_3PO_4 是三元酸，其三级解离如下：

$$H_3PO_4 \rightleftharpoons H^+ + H_2PO_4^- \qquad pK_{a1} = 2.16$$

$$H_2PO_4^- \rightleftharpoons H^+ + HPO_4^{2-} \qquad pK_{a2} = 7.21$$

$$HPO_4^{2-} \rightleftharpoons H^+ + PO_4^{3-} \qquad pK_{a3} = 12.32$$

用 NaOH 溶液滴定 H_3PO_4 溶液时，中和反应可以写成：

$$H_3PO_4 + NaOH \rightleftharpoons NaH_2PO_4 + H_2O \tag{1}$$

$$NaH_2PO_4 + NaOH \rightleftharpoons NaH_2PO_4 + H_2O \tag{2}$$

首先，H_3PO_4 被滴定到 $H_2PO_4^-$，出现第一个滴定突跃；继续滴定，生成 HPO_4^{2-}，出现第二个滴定突跃。由于 HPO_4^{2-} 的 K_{a3} 无法满足 $cK_{a3} \geqslant 10^{-8}$ 的要求，所以不能直接滴定。

H_3PO_4 作为三元酸，只能出现两个滴定突跃。图 4-7 为 NaOH 溶液滴定 H_3PO_4 溶液的滴定曲线。要准确地计算 H_3PO_4 的滴定曲线的各点 pH 值是个比较复杂的问题，这里不作介绍。

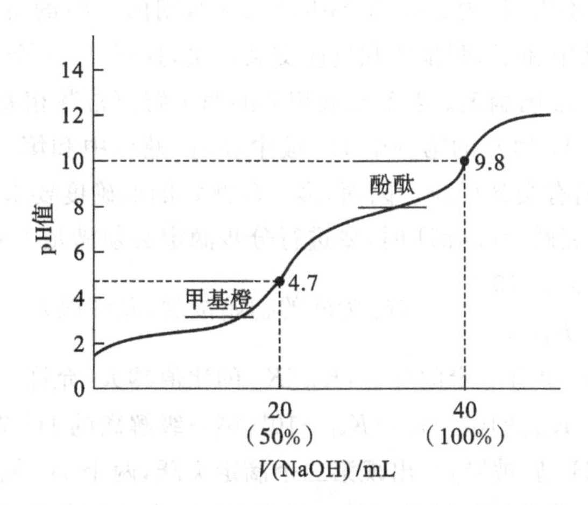

图 4-7　NaOH 溶液滴定 H_3PO_4 溶液的滴定曲线

通过计算可以求得化学计量点的 pH 值。如以 0.10 $mol \cdot L^{-1}$ 的 NaOH 溶液滴定 0.10 $mol \cdot L^{-1}$ 的 H_3PO_4 溶液，则第一化学计量点时，NaH_2PO_4 的浓度为 0.05 $mol \cdot L^{-1}$，第二化学计量点时，Na_2HPO_4 的浓度为 $3.33 \times 10^{-2} mol \cdot L^{-1}$（溶液体积已增加了两倍）。但是对于多元酸滴定的化学计量点计算，由于反应交叉进行，无法达到较高的滴定准确度，因此用最简式计算化学计量点的 pH 值也是允许的。

第一化学计量点：

$$[H^+]_1 = \sqrt{K_{a1}K_{a2}} = \sqrt{10^{-2.16} \times 10^{-7.21}} = 10^{-4.69}\ mol \cdot L^{-1}$$

第二化学计量点：

$$[H^+]_2 = \sqrt{K_{a2}K_{a3}} = \sqrt{10^{-7.21} \times 10^{-12.32}} = 10^{-9.77}\ mol \cdot L^{-1}$$

$$pH=9.76$$

从 H_3PO_4 的滴定曲线可以看出，化学计量点附近的曲线倾斜，滴定突跃较为短小，其主要原因是 H_3PO_4 被滴定的两步反应有交叉进行的情况。从图 4-3 可知，当 pH＝4.7 时，$H_2PO_4^-$ 的分布系数为 99.4%，而同时存在的另外两种形式 H_3PO_4 和 HPO_4^{2-} 各约占 0.3%，这说明当 0.3%左右的 H_3PO_4 尚未被中和时，已经有 0.3%左右的 $H_2PO_4^-$ 进一步被中和成 HPO_4^{2-} 了。因此，两步中和反应稍有交叉地进行。同样，当 pH＝9.8 时，HPO_4^{2-} 占 99.5%，两步中和反应也是稍有交叉地进行，因此，对于多元酸的滴定不能要求过高的准确度。

H_3PO_4 的两步滴定由于突跃较短且倾斜，则指示剂选择时，若选用甲基橙、酚酞指示终点，则变色不明显，滴定终点很难判断，使得终点误差很大。如果分别改用溴甲酚绿和甲基橙(变色时 pH＝4.3)、酚酞和百里酚酞(变色时 pH＝9.9)混合指示剂(参阅表 4-4)，则终点时变色明显，若再采用较浓的试液和标准溶液，就可以获得符合分析要求的结果。

多元酸的滴定要考虑能否被准确滴定、能否被分步滴定几个方面。由于多元酸在水溶液中分步解离，逐级被碱中和，因此多元酸滴定中不一定每个 H^+ 都能被准确滴定而产生突跃。多元酸能否被准确滴定的条件之一是哪一级解离的 H^+ 能满足此条件，就有被准确滴定的可能性，不能满足此条件，则不能被准确滴定。如 H_3PO_4 第三级解离的 H^+ 就不能被准确滴定。但若要使相邻的两个 H^+ 能被分别滴定，还需要考虑它们各自解离常数的大小。若多元酸相邻的两个解离常数相差不大，如丙二酸的 $\Delta pK_a=2.63$，则丙二酸的第一个 H^+ 还未被完全中和，第二个 H^+ 就已被碱中和了，两步中和反应交叉严重，这样，第一个化学计量点附近就没有明显的 pH 值突跃，无法准确滴定。当多元酸相邻的两个解离常数相差较大，如 H_3PO_4 的 K_{a1} 和 K_{a2}，$\Delta pK_a=5.05$，则 H_3PO_4 的第一个 H^+ 被中和后，碱再中和第二个 H^+ 可以分步滴定，但根据分布系数，还是稍有交叉反应。因而，多元酸测定的准确度要求不能太高。一般在允许 ±1%的终点误差，滴定突跃≥0.4pH 时，要进行分步滴定必须满足下列要求：

$$\begin{cases} c_0K_{a1} \geqslant 10^{-9} \\ K_{a1}/K_{a2} > 10^4 \end{cases} \quad (c_0\ 为酸的初始浓度，允许误差\pm 1\%)$$

此外，分步滴定对 c_0 也有一定的要求：K_{a1}/K_{a2} 的比值越大，允许 c_0 越低。

(1)若 $cK_{a1} \geqslant 10^{-9}$、$cK_{a2} \geqslant 10^{-9}$、$K_{a1}/K_{a2} > 10^4$，第一级解离的 H^+ 先被滴定，出现第一个滴定突跃，第二级解离的 H^+ 后被滴定，出现第二个滴定突跃，两个 H^+ 能被分步滴定。

(2)若 $cK_{a1} \geqslant 10^{-9}$、$cK_{a2} \geqslant 10^{-9}$、$K_{a1}/K_{a2} < 10^4$，滴定时两个滴定突跃将混在一起，这时只出现一个滴定突跃，两个 H^+ 不能被分步滴定。

(3)若 $cK_{a1} \geqslant 10^{-9}$、$cK_{a2} < 10^{-9}$、$K_{a1}/K_{a2} > 10^4$，第一级解离的 H^+ 能被滴定，第二级解离的 H^+ 不能被滴定。

(4)若 $cK_{a1} \geqslant 10^{-9}$、$cK_{a2} < 10^{-9}$、$K_{a1}/K_{a2} < 10^4$，由于第二级解离的影响，两个 H^+ 都不能被滴定。

4. 混合酸的滴定

混合酸有两种情况，可以是两种弱酸混合，也可以是强酸与弱酸混合。

1）两种弱酸（HA＋HB）混合

这种情况与多元酸相似，但是在确定能否分别滴定的条件时，除了比较两种酸的强度（$Ka(HA)/Ka(HB)$）之外，还应考虑浓度（$c(HA)$和 $c(HB)$）的因素。因此，在允许 ±1%的误差和滴定突跃大于等于 0.4pH 时，若进行分别滴定，测定其中较强的一种弱酸（如 HA），需要满足下列条件：

$$\begin{cases} c(HA)K(HA) \geqslant 10^{-9} \\ c(HA)K(HA)/c(HB)K(HB) > 10^{4} \end{cases} \quad (\text{允许误差 } \pm 1\%)$$

参照多元酸的滴定情况，读者可自行考虑若还需测定 HB 的含量，或者仅需测定 HA＋HB 的总量，各需满足哪些条件。

2）强酸（HX）与弱酸（HA）混合

这种情况下，应将弱酸的强度 $K(HA)$、各酸的浓度 $c(HX)$和 $c(HA)$及其比值 $c(HX)/c(HA)$和对测定准确度的要求等因素综合加以考虑，判断分别滴定和测定总量的可行性，其影响的情况比较复杂，本书不作详细讨论。

5. 多元碱的滴定

多元碱的滴定与多元酸的滴定相类似，有关多元酸分步滴定的结论也适于强酸滴定多元碱的情况，只是需将 K_a 换成 K_b。

标定 HCl 溶液浓度时，常用 Na_2CO_3 作基准物质，Na_2CO_3 为多元碱。现以 HCl 溶液滴定 Na_2CO_3 为例讨论如下。

Na_2CO_3 是二元碱，在水溶液中存在如下解离平衡：

$$CO_3^{2-} + H_2O \rightleftharpoons HCO_3^- + OH^- \qquad pK_{b1} = 3.67$$

按照滴定条件判断，Na_2CO_3 是能够进行分步滴定的。若以 0.1000 mol·L^{-1}的 HCl 标准溶液滴定 20.00 mL 0.1000 mol·L^{-1}的 Na_2CO_3 溶液，则第一化学计量点时，反应生成 $NaHCO_3$。$NaHCO_3$ 为两性物质，其浓度为 0.050 mol·L^{-1}，根据 OH^- 浓度计算的最简式，则

$$[OH^-] = \sqrt{K_{b1}K_{b2}} = \sqrt{10^{-3.67} \times 10^{-7.65}} = 10^{-5.66}\ \text{mol} \cdot \text{L}^{-1}$$

$$pOH = 5.66 \qquad pH_1 = 8.34$$

$$HCO_3^- + H_2O \rightleftharpoons H_2CO_3 + OH^- \qquad pK_{b2} = 7.65$$

$$H_2CO_3 \longrightarrow CO_2 + H_2O$$

第二化学计量点时，反应生成 H_2CO_3（$H_2O + CO_2$），其在水溶液中 H_2CO_3 的饱和浓度约为 0.1/3＝0.033 mol·L^{-1}，因此，按计算二元弱酸 pH 值的最简公式计算，则

$$[H^+]_2 = \sqrt{cK_{a1}} = \sqrt{c\frac{K_w}{K_{b2}}} = \sqrt{0.033 \times \frac{10^{-14}}{10^{-7.65}}} = 1.2 \times 10^{-4}\ \text{mol} \cdot \text{L}^{-1}$$

$$pH_2 = 3.74$$

HCl 溶液滴定 Na_2CO_3 溶液的滴定曲线一般也采用电位滴定法 K_{b1}来绘制，如图 4－8 所示。从图中可看到，在 pH＝8.34 附近，滴定突跃不是很明显，其原因是 K_{b1}与 K_{b2}之比接近于 10^4，两步中和反应稍有交叉，此时选用酚酞（pH＝9.0）为指示剂，终点误差较大，滴定准确度不高。若采用甲酚红与百里酚蓝混合指示剂（变色时 pH 值为 8.3），则终点变色会明显一些。

在 pH=3.92 附近有一较明显的滴定突跃。若选择甲基橙(pH=3.4)为指示剂,终点变化不敏锐。为提高滴定准确度,可采用为 CO_2 所饱和并含有相同浓度 NaCl 和指示剂的溶液作对比。也有选择以甲基红(pH=5.0)为指示剂,在滴定时加热除去 CO_2 等方法,使滴定终点敏锐,准确度提高。

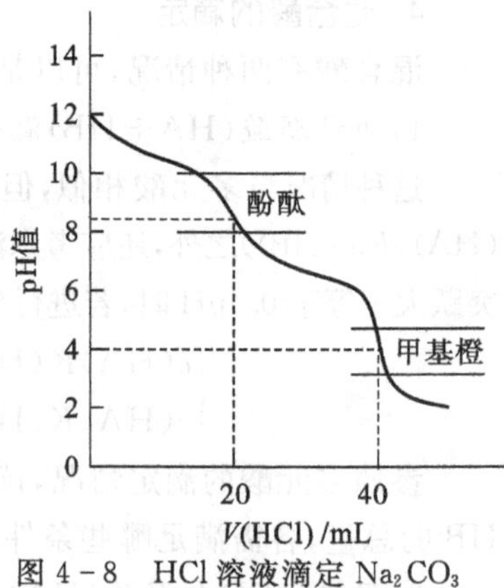

图 4-8　HCl 溶液滴定 Na_2CO_3 溶液的滴定曲线

4.2.3.6　酸碱滴定法应用示例

从本章前述各节中可以看出,许多无机和有机的酸、碱物质都可用酸碱滴定法直接测定,对于极弱酸或极弱碱,有的可在非水溶液中测定,或用线性滴定法测定,而更多的物质,包括非酸(碱)物质,还可用间接的酸碱滴定法测定,因此酸碱滴定法的应用范围相当广泛。

在我国的国家标准和有关的部颁标准中,如化学试剂、化工产品、食品添加剂、水质标准、石油产品等凡涉及酸度、碱度项目的,多数都采用简便易行的酸碱滴定法。

1. 混合碱的测定

混合碱的组分主要有 NaOH、Na_2CO_3 和 $NaHCO_3$。由于在水溶液中 NaOH 与 $NaHCO_3$ 不可能共存,因此混合碱的组成或者为三种组分中任一种,或者为两种组分即 NaOH+Na_2CO_3 或 Na_2CO_3+$NaHCO_3$ 的混合物。若是单一组分的化合物,用 HCl 标准溶液直接滴定即可;若是两种组分的混合物,则一般可用双指示剂法进行测定。

用双指示剂法测定混合碱时,无论其组成如何,滴定方法均是相同的。其具体操作如下:准确称取一定量试样,溶解后先以酚酞为指示剂,用 HCl 标准溶液滴定至溶液粉红色消失,记下 HCl 标准溶液所消耗的体积 V_1。此时,若存在 NaOH 则全部被中和,若存在 Na_2CO_3 则被中和为 $NaHCO_3$,然后在溶液中加入甲基橙指示剂,继续用 HCl 标准溶液滴定至溶液由黄色变为橙红色,记下又用去的 HCl 标准溶液的体积 V_2。显然,V_2 是滴定溶液中 $NaHCO_3$(包括溶液中原本存在的 $NaHCO_3$ 与 Na_2CO_3)被中和所生成的 $NaHCO_3$ 所消耗的体积。由于 Na_2CO_3 被中和到 $NaHCO_3$ 与 H_2CO_3 所消耗的 HCl 标准滴定溶液的体积是相等的,因此,有如下判别式:

(1) $V_1 = V_2$,这表明溶液中只有 Na_2CO_3 存在;

(2) $V_1 \neq 0, V_2 = 0$,这表明溶液中只有 NaOH 存在;

(3) $V_1 = 0, V_2 \neq 0$,这表明溶液中只有 $NaHCO_3$ 存在;

(4) $V_1 > V_2$,这表明溶液中有 NaOH 与 Na_2CO_3 存在;

(5) $V_1 < V_2$,这表明溶液中有 Na_2CO_3 与 $NaHCO_3$ 存在。

2. 硼酸的测定

H_3BO_3 的 $pK_a = 9.24$,不能用碱标准溶液直接滴定。但是 H_3BO_3 可与某些多羟基化合,如乙二醇、丙三醇、甘露醇等反应,生成配合酸,反应式如下:

$$2\begin{array}{c}\mathrm{H}\\|\\\mathrm{R-C-OH}\\|\\\mathrm{R-C-OH}\\|\\\mathrm{H}\end{array} + H_3BO_3 \rightleftharpoons \mathrm{H}\left[\begin{array}{ccccc}\mathrm{H} & & & & \mathrm{H}\\| & & & & |\\\mathrm{R-C-O} & \diagdown & & \diagup & \mathrm{O-C-R}\\| & & \mathrm{B} & & |\\\mathrm{R-C-O} & \diagup & & \diagdown & \mathrm{O-C-R}\\| & & & & |\\\mathrm{H} & & & & \mathrm{H}\end{array}\right] + 3H_2O$$

这种配合酸的解离常数在 10^{-6} 左右，因而使弱酸得到强化，用 NaOH 标准溶液滴定时化学计量点的 pH≈9，可用酚酞或百里酚酞指示终点。

钢铁及合金中硼含量的测定也是采用本法，在去除干扰元素后的溶液中加甘露醇，以 NaOH 滴定。

3. 铵盐的测定

$(NH_4)_2SO_4$、NH_4Cl 都是常见的铵盐，由于 NH_4^+ 的 $pK_a=9.26$，能用碱标准溶液直接滴定，所以测定铵盐可采用下列几种方法。

(1)蒸馏法。置铵盐试样于蒸馏瓶中，加入过量 NaOH 溶液后加热煮沸，蒸馏出的 NH_3 被吸收在过量的 H_2SO_4 或 HCl 标准溶液中，剩余过量的酸用 NaOH 标准溶液回滴，用甲基红和亚甲基蓝混合指示剂指示终点，测定过程的反应式如下：

$$NH_4^+ + OH^- \xlongequal{\triangle} NH_3 + H_2O$$

$$NH_3 + HCl \overset{\triangle}{\rightleftharpoons} NH_4^+ + Cl^-$$

$$NaOH + HCl \xlongequal{} NaCl + H_2O$$

也可用硼酸溶液吸收蒸馏出的 NH_3，生成的 $H_2BO_3^-$ 是较强的碱，用 H_2SO_4 或 HCl 标准溶液滴定，用甲基红和溴甲酚绿混合指示剂指示终点。使用以硼酸代替 H_2SO_4 吸收 NH_3 的改进方法时，所用的硼酸吸收液的浓度及用量都不要求精确，而且仅需配制一种酸标准溶液。测定过程的反应式如下：

$$NH_3 + H_3BO_3 \xlongequal{} NH_4^+ + H_2BO_3^-$$

$$HCl + H_2BO_3^- \xlongequal{} H_3BO_3 + Cl^-$$

蒸馏法测定 NH_4^+ 比较准确，但较费时。

(2)甲醛法。甲醛与 NH_4^+ 有如下反应：

$$4NH_4^+ + 6HCHO \xlongequal{} (CH_2)_6N_4H^+ + 3H^+ + 6H_2O$$

按化学计量关系生成的酸(包括 H^+ 和质子化的六亚甲基四胺)用碱标准溶液滴定。计算结果时应注意反应中 4 个 NH_4^+ 反应生成 4 个可与碱作用的 H^+，因此当用 NaOH 滴定时，NH_4^+ 与 NaOH 的化学计量关系为 1∶1。由于反应产物六亚甲基四胺是一种有机弱碱，可用酚酞指示终点。

(3)克氏(Kjeldahl)定氮法。对于含氮的有机物质(如面粉、谷物、肥料、生物碱、肉类中的蛋白质、土壤、饲料、合成药等)，常通过克氏定氮法测定氮含量，以确定其氨基态氮(NH_2-N)或蛋白质的含量。

测定时将试样与浓 H_2SO_4 共煮，进行消化分解，并加入 K_2SO_4，提高沸点，以促进分解过程，使有机物转化成 CO_2 和 H_2O，所含的氮在 $CuSO_4$ 或汞盐催化下成为 NH_4^+。溶液以过量 NaOH 碱化后，再以蒸馏法测定 NH_4^+。

4. SiO_2 的测定

硅酸盐试样中 SiO_2 含量常用重量法测定。重量法准确度较高但太费时，因此生产实际中多采用氟硅酸钾滴定法，这也是一种酸碱滴定法。硅酸盐试样一般难溶于酸，可用 KOH 或 NaOH 熔融，使之转化为可溶性硅酸盐，例如 K_2SiO_3。在强酸溶液中，过量 KCl、KF 存在下，生成难溶的氟硅酸钾沉淀，反应如下式所示：

$$2K^+ + SiO_3^{2-} + 6F^- + 6H^+ \xlongequal{} K_2SiF_6 + 3H_2O$$

将生成的 K_2SiF_6 沉淀过滤。为防止 K_2SiF_6 的溶解损失，用 KCl 乙醇溶液洗涤沉淀，并用

NaOH 溶液中和未洗净的游离酸至酚酞变红，然后加入沸水使 K_2SiF_6 水解，生成的 HF($pK_a=3.46$)可用碱标准溶液滴定，从而计算出试样中 SiO_2 的含量。

由于整个反应过程中有 HF 参加或生成，而 HF 对玻璃容器有腐蚀作用，因此操作必须在塑料容器中进行。

4.2.3.7 酸碱标准溶液的配制和标定

1. 酸标准溶液

酸标准溶液一般用 HCl 溶液配制，常用的浓度为 $0.1\ mol\cdot L^{-1}$，但有时也需用到浓度高达 $1\ mol\cdot L^{-1}$和低到 $0.01\ mol\cdot L^{-1}$的。HCl 标准溶液一般用间接法配制，然后用基准物质标定，常用的基准物质是无水 Na_2CO_3 和硼砂。

(1)无水 Na_2CO_3。其优点是容易获得纯品，一般可用市售的“基准物”级试剂 Na_2CO_3 作基准物质。但由于 Na_2CO_3 易吸收空气中的水分，因此使用前应在 270 ℃左右干燥，然后密封于瓶内，保存于干燥器中备用。称量时动作要快，以免因吸收空气中的水分而引入误差。

用 Na_2CO_3 标定 HCl 溶液，利用下述反应，用甲基橙指示终点：

$$Na_2CO_3+2HCl = 2NaCl+H_2CO_3$$

$$H_2CO_3 \rightarrow CO_2\uparrow+H_2O$$

Na_2CO_3 基准物质的缺点是容易吸水，由于称量而造成的误差也稍大。此外，其在终点时变色也不甚敏锐。

(2)硼砂($Na_2B_4O_7\cdot 10H_2O$)。其优点是容易制得纯品，不易吸水，由于称量而造成的误差较小。但当空气中相对湿度小于 39%时，容易失去结晶水，因此应将其保存在相对湿度为 60%的恒湿器中。

硼砂是由 NaH_2BO_3 和 H_3BO_3 按 1∶1 结合，并脱去水分而组成的，可以看作 H_3BO_3 被 NaOH 中和了一半的产物。硼砂溶于水，发生下列反应：

$$B_4O_7^{2-}+5H_2O \rightleftharpoons 2H_2BO_3^-+2H_3BO_3$$

根据质子理论，所得的产物之一 $H_2BO_3^-$ 是弱酸 H_3BO_3 的共轭碱，反应为

$$H_3BO_3 \rightleftharpoons H_2BO_3^-+H^+$$

已知 H_2BO_3 的 $pK_a=9.24$，它的共轭碱 HBO_3^- 的 $pK_b=4.76$，因此 HBO_3^- 的碱性已不太弱。

硼砂基准物质的标定反应为

$$Na_2B_4O_7+2HCl+5H_2O \rightleftharpoons 4H_3BO_3+2NaCl$$

以甲基红指示终点，变色明显。

2. 碱标准溶液

碱标准溶液一般用 NaOH 配制，最常用的浓度为 $0.1\ mol\cdot L^{-1}$，但有时也需用到浓度高达 $1\ mol\cdot L^{-1}$和低到 $0.01\ mol\cdot L^{-1}$的。NaOH 易吸潮，也易吸收空气中的 CO_2，以致常含有 Na_2CO_3，而且 NaOH 还可能含有硫酸盐、硅酸盐、氯化物等杂质，因此应采用间接法配制 CO_2 标准溶液，然后加以标定。

含有 Na_2CO_3 的碱标准溶液在用甲基橙作指示剂滴定强酸时，不会因 Na_2CO_3 的存在而引入误差；如用来滴定弱酸，用酚酞作指示剂，滴到酚酞出现浅红色时，Na_2CO_3 仅交换 1 个质子，即作用到生成 $NaHCO_3$，于是就会引起一定的误差。因此应配制和使用不含 CO_3^{2-} 的碱标准溶液。

可用不同方法配制不含 CO_3^{2-} 的碱标准溶液。最常用的方法是取一份纯净 NaOH，加入

一份水，搅拌，使之溶解，配成50%的浓溶液。在这种浓溶液中 Na_2CO_3 的溶解度很小，待 Na_2CO_3 沉降后，吸取上层澄清液，稀释至所需浓度。

由于NaOH固体一般只在其表面形成一薄层 Na_2CO_3，因此亦可称取较多的NaOH固体于烧杯中，以蒸馏水洗涤两三次，每次用水少许，以洗去表面的 Na_2CO_3，倾去洗涤液，留下固体NaOH，配成所需浓度的碱溶液。为了配制不含 CO_3^{2-} 的碱溶液，所用蒸馏水亦应不含 CO_2。

为了标定NaOH溶液，可选用多种基准物质，如 $H_2C_2O_4 \cdot 2H_2O$、KHC_2O_4、苯甲酸和邻苯二甲酸氢钾等，其中邻苯二甲酸氢钾容易用重结晶法制得纯品，不含结晶水，不吸潮，容易保存，标定时，由于称量而造成的误差也较小，因而是一种经常选用的基准物质。

其标定反应为

$$C_6H_4(COOH)_2 + NaOH = C_6H_4(COOH)(COONa) + H_2O$$

由于邻苯二甲酸的 $pK_{a2}=5.54$，因此采用酚酞指示终点时，变色相当敏锐。

4.2.4 重点难点

1. 本章的重点

(1)利用分布分数和质子平衡式处理酸碱平衡；

(2)不同类型溶液pH值的计算(弱酸弱碱、两性物质、缓冲溶液等)；

(3)酸碱滴定过程pH值的计算；

(4)滴定曲线的绘制以及酸碱指示剂的选择。

2. 本章的难点

(1)如何利用PBE式推导[H^+]的计算公式。用PBE式及相关的解离平衡方程式整理得到的是[H^+]的精确计算式，在实际中，精确计算式用得很少，而近似式和最简式用得最多。

(2)利用双指示剂法确定混合碱的组成。

4.3 例题解析

1. 填空题

(1)在酸碱滴定中，指示剂的选择是以________为依据的。

(2)指示剂的变色范围越______越好，甲基橙的 $pK_{HIn}=3.4$，其理论变色范围的pH值应为________。

(3)在酸碱滴定中，选择指示剂是根据________和________来确定的。

(4)根据酸碱质子理论，________是酸，________是碱，共轭酸碱对的 K_a 和 K_b 关系是________。

(5)组成上相差一个质子的每一对酸碱，称为________，其 K_a 和 K_b 的关系是________。

(6)用吸收了 CO_2 的NaOH标准溶液滴定HAc至酚酞变色，将导致结果______(偏低、偏高、不变)；用它滴定HCl至甲基橙变色，将导致结果______(偏低、偏高、不变)。

(7)某混合碱试样，用HCl标准溶液滴定至酚酞终点用量为 V_1，继续用HCl滴至甲基橙

终点用量为 V_2,若 $V_2<V_1$,则混合碱的组成为________。

(8)有一碱液,可能是 NaOH、Na_2CO_3、$NaHCO_3$,也可能是它们的混合物。今用 HCl 标准溶液滴定,酚酞终点时消耗 HCl V_1,若取同样量碱液用甲基橙为指示剂滴定,终点时用去 HCl V_2。试由 V_1 与 V_2 的关系判断碱液组成:

①$V_1=V_2$ 时,组成为________;

②$V_2=2V_1$ 时,组成为________;

③$V_1<V_2<2V_1$ 时,组成为________;

④$V_2>2V_1$ 时,组成为________;

⑤$V_1=0$、$V_2>0$ 时,组成为________。

(9)用吸收了 CO_2 的标准 NaOH 溶液测定工业 HAc 的含量时,会使分析结果________;如以甲基橙为指示剂,用此 NaOH 溶液测定工业 HCl 的含量时,对分析结果________。

(10)用 0.100 mol·L^{-1}的 HCl 滴定同浓度 NaOH 的 pH 值的突跃范围为 9.7～4.3。若 HCl 和 NaOH 的浓度均减小 10 倍,则 pH 突跃范围是________。

2. 单项选择题

(1)以下四种滴定反应,突跃范围最大的是(　　)。

A. 0.1 mol·L^{-1}的 NaOH 溶液滴定 0.1 mol·L^{-1} HCl

B. 1.0 mol·L^{-1}的 NaOH 溶液滴定 1.0 mol·L^{-1} HCl

C. 0.1 mol·L^{-1}的 NaOH 溶液滴定 0.1 mol·L^{-1} HAc

D. 0.1mol·L^{-1}的 NaOH 溶液滴定 0.1 mol·L^{-1} HCOOH

(2)0.1000 mol·L^{-1}的 NaOH 标准溶液滴定 20.00 mL 0.1000 mol·L^{-1}的 HAc,滴定突跃为 7.74～9.70,可用于这类滴定的指示剂是(　　)。

A. 甲基橙(3.1～4.4)　　B. 溴酚蓝(3.0～4.6)

C. 甲基红(4.0～6.2)　　D. 酚酞(8.0～9.6)

(3)已知 0.10 mol·L^{-1}一元弱酸溶液的 pH=3.0,则 0.10 mol·L^{-1}的共轭碱 NaB 溶液的 pH 值是(　　)。

A. 11.0　　B. 9.0　　C. 8.5　　D. 9.5

(4)在酸碱滴定法中,选择指示剂时,可以不考虑(　　)。

A. 滴定的突跃范围　　B. 指示剂分子量的大小

C. 指示剂的变色范围　　D. 指示剂用量

(5)NaOH 溶液的标签浓度为 0.3000 mol·L^{-1},该溶液在放置中吸收了空气中的 CO_2。现以酚酞为指示剂,用 HCl 标准溶液标定,其标定结果比标签浓度(　　)。

A. 高　　B. 低　　C. 无影响　　D. 不确定

(6)人体血液的 pH 值总是为 7.35～7.45,这是由于(　　)。

A. 人体内含有大量的水分

B. 血液中含有一定的 O_2

C. 血液中的 HCO_3^- 和 H_2CO_3 起缓冲作用

D. 新陈代谢出的酸碱物质是以等物质的量溶解在血液中

(7)在 H_3PO_4 溶液中,组分 HPO_4^{2-} 的分布系数达最大时,所对应的 pH 值为(　　)。

A. $1/2(pK_{a1}+pK_{a2})$　　B. $1/2(pK_{a1}+pK_{a3})$

C. $1/2(pK_{a2}+pK_{a3})$　　D. $1/3(pK_{a1}+pK_{a3})$

(8)中性溶液严格的说，是指(　　)。

A. pH=7.00 的溶液　　B. pOH=7.00 的溶液

C. pH+pOH=14.00 的溶液　　D. $[H^+]=[OH^-]$的溶液

(9)标定 HCl 和 NaOH 溶液常用的基准物质是(　　)。

A. 硼砂和 EDTA　　B. 草酸和 $K_2Cr_2O_7$

C. $CaCO_3$ 和草酸　　D. 硼砂和邻苯二甲酸氢钾

(10)CO_2 对酸碱滴定的影响，在(　　)时可忽略。

A. 选甲基橙作指示剂　　B. 以甲基红作指示剂

C. 选酚酞作指示剂　　D. 以百里酚蓝作指示剂

(11)用 0.1000 mol・L^{-1}的 NaOH 滴定 0.1000 mol・L^{-1}的 HAc(pK_a=4.7)时，pH 突跃范围为 7.7～9.7，由此可推断用 0.1000 mol・L^{-1}的 NaOH 滴定 pK_a=3.7 的 0.1000 mol・L^{-1}的某一元酸，其 pH 值突跃范围为(　　)。

A. 6.8～8.7　　B. 6.7～9.7　　C. 6.7～10.7　　D. 7.7～9.7

(12)由于弱酸弱碱的相互滴定不会出现突跃，也就不能用指示剂确定终点，因此在酸碱滴定法中，配制标准溶液必须用(　　)。

A. 强碱或强酸　　B. 弱碱或弱酸　　C. 强碱弱酸盐　　D. 强酸弱碱盐

(13)下列弱酸或弱碱能用酸碱滴定法直接准确滴定的是(　　)。

A. 0.1 mol・L^{-1}苯酚，$K_a=1.1\times10^{-10}$　　B. 0.1 mol・L^{-1} H_3BO_3，$K_a=7.3\times10^{-10}$

C. 0.1 mol・L^{-1}羟胺，$K_b=1.07\times10^{-8}$　　D. 0.1 mol・L^{-1} HF，$K_a=3.5\times10^{-4}$

(14)用强碱滴定一元弱酸时，应符合 $cK_a\geqslant10^{-8}$的条件，这是因为 $cK_a<10^{-8}$时(　　)。

A. 滴定突跃范围窄　　B. 无法确定化学计量关系

C. 指示剂不发生颜色变化　　D. 反应不能进行

(15)下列物质中，(　　)是两性离子。

A. CO_3^{2-}　　B. SO_4^{2-}　　C. HPO_4^{2-}　　D. PO_4^{3-}

3. 名词解释

(1)共轭酸碱对。

(2)平衡浓度。

(3)分布曲线。

(4)质子条件式。

(5)缓冲容量。

答案解析：

(1)酸(HA)给出质子后所余的部分即是该酸的共轭碱(A^-)，碱(A^-)接受质子后即形成该碱的共轭酸(HA)，HA 和 A^- 称为共轭酸碱对。

(2)从酸(或碱)解离反应式可知，当共轭酸碱对处于平衡状态时，溶液中存在着 H^+ 和不同的酸碱形式。这时它们的浓度称为平衡浓度。

(3)分布系数 δ 与溶液 pH 值的关系曲线称为分布曲线。

(4)能够准确反映整个平衡体系中质子转移的严格的数量关系式称为质子条件式。

(5)使 1 L 缓冲溶液的 pH 值增加 dpH 单位所需强碱的量 db(mol)，或是 1 L 混充溶液的

pH 值降低 dpH 单位所需强酸的量 da(mol)。

4. 简答题

(1)缓冲溶液的 pH 值决定于哪些因素?

(2)酸碱指示剂为什么能变色?什么叫指示剂的变色范围?

(3)滴定曲线说明什么问题?什么叫 pH 突跃范围?在各种不同类型的滴定中为什么突跃范围不同?

(4)为什么烧碱中常含有 Na_2CO_3?怎样才能分别测出 Na_2CO_3 和 NaOH 的含量?

(5)用基准 Na_2CO_3 标定 HCl 溶液时,为什么不选用酚酞指示剂而用甲基橙作指示剂?为什么要在近终点时加热赶去 CO_2?

答案解析:

(1)缓冲溶液的 pH 值由 K_a(或 K_b)、弱酸及弱酸盐(或弱碱积弱碱盐)的浓度比决定。

(2)酸碱指示剂大多是结构复杂的有机弱酸和弱碱,其酸式和碱式结构不同,颜色也不同。当溶液的 pH 值改变时,指示剂由酸式结构变为碱式结构,或由碱式结构变为酸式结构,从而引起溶液的颜色发生变化。指示剂的变色范围:$pH=pK_{HIn}\pm1$ 就是指示剂变色的 pH 值范围。

(3)①说明在滴定的化学计量点附近,溶液的 pH 值存在突变。

②在化学计量点附近形成的滴定曲线中的"突跃"部分的 pH 值变化范围称为 pH 值突跃范围。

③突跃范围的大小是由被滴定的酸或碱的浓度和强弱决定的,被滴定的酸或碱的浓度和强弱不同,突跃范围就不同。

(4)①因为烧碱易和空气中的 CO_2 作用,所以烧碱中常含有 Na_2CO_3。

②可用双指示剂法测定。称取一定质量的烧碱,加适量蒸馏水溶解,用 HCl 标准溶液滴至酚酞褪色,记下消耗 HCl 标准溶液的体积 V_1;然后加两滴甲基橙指示剂,继续用 HCl 标准溶液滴至甲基橙由黄色变为橙色,记下消耗 HCl 标准溶液的体积 V_2。根据 V_1、V_2 以及 HCl 的浓度即可计算出 Na_2CO_3 和 NaOH 的含量。

(5)①Na_2CO_3 与 HCl 的反应分两步进行:$CO_3^{2-}+H^+ \xlongequal{} HCO_3^-$,$HCO_3^-+H^+ \xlongequal{} CO_2+H_2O$。第一化学计量点时 pH 值为 8.3,可选用酚酞做指示剂,但 $K_{a1}/K_{a2}=10^4$,又有 HCO_3^- 的缓冲作用,突跃不明显,误差较大,所以一般选用第二计量点为终点,第二计量点 pH 值为 3.9,选用甲基橙为指示剂。

②为防止溶液中 CO_2 过多,酸度过大,致使终点出现过早,所以,近终点时要加热赶去 CO_2。

5. 计算题

(1)某试样含 Na_2CO_3 和 $NaHCO_3$,称取 0.3010 g 试样,用酚酞作指示剂,以 0.1060 $mol\cdot L^{-1}$ 的 HCl 溶液滴定到终点,消耗 20.10 mL,然后以甲基橙作指示剂,继续用 HCl 滴定,终点时共消耗 HCl 溶液 47.70 mL。计算试样中 Na_2CO_3 和 $NaHCO_3$ 的质量分数。

答案解析:

第一步以酚酞作指示剂,被滴定的是 Na_2CO_3。滴定反应为

$$Na_2CO_3+HCl \xlongequal{} NaHCO_3+NaCl$$

$$w(Na_2CO_3)=\frac{c(HCl)V(HCl)M(Na_2CO_3)}{m_s}\times100\%$$

$$=\frac{0.1060\times20.10\times10^{-3}\times105.99}{0.3010}\times100\%$$

$$=75.02\%$$

第二步以甲基橙作指示剂，被滴定的是原有的 $NaHCO_3$ 及第一步滴定生成的 $NaHCO_3$。滴定反应为

$$NaHCO_3 + HCl = NaCl + H_2O + CO_2$$

第二步消耗盐酸的体积为：$V' = 47.70 - 20.10 = 27.60$ mL

$$w(NaHCO_3) = \frac{c(HCl)(V'(HCl) - V(HCl))M(NaHCO_3)}{m_s} \times 100\%$$

$$= \frac{0.1060 \times (27.60 - 20.10) \times 10^{-3} \times 84.01}{0.3010} \times 100\%$$

$$= 22.19\%$$

(2)计算 pH 值＝4.00 时，0.10 mol · L^{-1}的 HAc 溶液中的[HAc]和[Ac^-]。

(已知：pH 值＝4；$c_{HAc} = 0.10$ mol · L^{-1}；$K_{a(HAc)} = 1.8 \times 10^{-5}$。)

答案解析：

根据分布系数计算公式计算：

$$[HAc] = \delta(HAc) \cdot c(HAc) = \frac{[H^+]}{[H^+] + K_a} \cdot c(HAc)$$

$$= \frac{10^{-4}}{10^{-4} + 1.8 \times 10^{-5}} \times 0.10$$

$$= 0.085 \text{ mol} \cdot L^{-1}$$

$$[Ac^-] = \delta(Ac^-) \cdot c(HAc) = \frac{[K_a]}{[H^+] + K_a} \cdot c(HAc)$$

$$= \frac{1.8 \times 10^{-5}}{10^{-4} + 1.8 \times 10^{-5}} \times 0.10$$

$$= 0.015 \text{ mol} \cdot L^{-1}$$

(3)某一元弱酸(HA)试样 1.250 g，用水溶解稀释到 50 mL，可用 41.20 mL 0.0900 mol · L^{-1} 的 NaOH 溶液滴定至化学计量点；当加入 8.24 mL NaOH 溶液时 pH＝4.30。求：

①求弱酸的解离常数；

②化学计量点的 pH 值；

③滴定应选用何种指示剂(指示剂 pH 值变色范围：甲基橙 3.1～4.4；甲基红 4.4～6.2；酚酞 8.0～9.6)。

答案解析：

①加入 8.24 mL 的 NaOH 溶液后构成缓冲体系，$pH = pK_a + \lg\frac{[A^-]}{[HA]}$，设此时溶液体积为 V，$[A^-] \approx c(NaA) = \frac{8.24 \times 0.09000}{V}$ mol · L^{-1}

$$[HA] \approx c(HA) = \frac{(41.20 - 8.24) \times 0.09000}{V} \text{ mol} \cdot L^{-1}$$

$$4.3 = pK_a + \lg\frac{8.24}{32.96}$$

$$pK_a = 4.90 \quad K_a = 1.26 \times 10^{-5}$$

②计量点时

$$c(NaA) = \frac{41.20 \times 0.09000}{41.2 + 50} = 0.041 \text{ mol} \cdot L^{-1}$$

$$K_b = \frac{K_w}{K_a} = 7.94 \times 10^{-10}$$

$\frac{c}{K_b} > 400$,$cK_b > 20K_w$,则

$$[OH^-] = \sqrt{CK_b} = \sqrt{0.041 \times 7.94 \times 10^{-10}} = 5.7 \times 10^{-6}\ mol \cdot L^{-1}$$

$$pOH = 5.24 \qquad pH = 8.76$$

③应选用酚酞作指示剂。

(4)某弱酸的$pK_a = 9.21$,现有其共轭碱NaA溶液20.00 mL,浓度为0.1000 mol·L^{-1},当用0.1000 mol·L^{-1}的HCl溶液滴定时,问:

①化学计量点(sp)的pH值为多少?

②化学计量点(sp)附近的滴定突跃为多少?

③应选用何种指示剂来指示终点?

答案解析:

①$pK_a = 9.21 \Rightarrow K_a = 6.2 \times 10^{-10}$

所以

$$K_b = K_w/K_a = 1.6 \times 10^{-5}, \quad cK_b = 1.6 \times 10^{-6} > 10^{-8}$$

能滴定。

sp生成HA,因为

$$cK_a > 20K_w, \quad c/K_a > 400$$

所以

$$[H^+] = \sqrt{cK_a} = \sqrt{0.05 \times 6.2 \times 10^{-10}} = 5.7 \times 10^{-6}\ mol \cdot L^{-1}$$

$$pH = 5.24$$

②sp前HA-NaA溶液

$$c(HA) = \frac{19.98 \times 0.1000}{19.98 + 20.00} \qquad c(NaA) = \frac{0.02 \times 0.1000}{19.98 + 20.00}$$

$$pH = pK_a + \lg\frac{c(NaA)}{c(HA)} = 9.21 - 3.0 = 6.21$$

sp后HA-HCl溶液

$$[H^+] = \frac{0.02 \times 0.1000}{20.02 + 20.00} = 4.99 \times 10^{-5}\ mol \cdot L^{-1}, \quad pH = 4.30$$

所以突跃范围为6.21~4.30。

③应选甲基红作指示剂。

(5)含有某混合碱试样1.100 g,水溶解后用甲基橙为指示剂,滴至终点时用去HCl标准溶液31.40 mL,同样质量的试样改用酚酞作指示剂,用HCl标准溶液滴定至终点时用去13.30 mL。计算试样中不与酸反应的杂质的质量分数。[已知$c(HCl) = 0.5000$ mol·L^{-1}]

答案解析:

①酚酞作指示剂,滴至$NaHCO_3$,用去HCl的体积$V_1 = 13.30$ mL

②甲基橙作指示剂,滴至H_2CO_3,用去HCl的体积$V_2 = 31.40 - 13.30 = 18.10$ mL

因为$V_1 < V_2$,所以混合碱为$NaHCO_3$和Na_2CO_3

$$m(Na_2CO_3) = c(HCl)V_1M(Na_2CO_3)$$

$$= 0.5000 \times 13.30 \times 10^{-3} \times 106 = 0.7049\ \text{g}$$

$$m(NaHCO_3) = c(HCl)(V_2 - V_1)M(NaHCO_3)$$

$$= 0.5000 \times (18.10 - 13.30) \times 10^{-3} \times 84 = 0.2016\ \text{g}$$

$$w_{杂质} = \frac{1.100 - 0.7049 - 0.2016}{1.100} \times 100\% = 17.59\%$$

(6)已知 HAc 的 $pK_a=4.74$，$NH_3 \cdot H_2O$ 的 $pK_b=4.74$。计算下列各溶液的 pH 值：

①0.10 $mol \cdot L^{-1}$的 HAc；

②0.10 $mol \cdot L^{-1}$的 $NH_3 \cdot H_2O$；

③0.15 $mol \cdot L^{-1}$的 NH_4Cl；

④0.15 $mol \cdot L^{-1}$的 NaAc。

答案解析：

①0.10 $mol \cdot L^{-1}$的 HAc。

已知：$K_a=1.8\times10^{-5}$，$c(HAc)=0.10\ mol \cdot L^{-1}$，$cK_a>20K_w$，$c/K_a>500$，所以用最简式计算，求得

$$[H^+] = \sqrt{cK_a} = \sqrt{10^{-1} \times 10^{-4.74}} = 10^{-2.87}\ mol \cdot L^{-1}$$

$$pH=2.87$$

②0.10 $mol \cdot L^{-1}$的 $NH_3 \cdot H_2O$。

已知：$K_b=1.8\times10^{-5}$，$c(NH_3 \cdot H_2O)=0.10\ mol \cdot L^{-1}$，$cK_b>20K_w$，$c/K_b>500$，所以用最简式计算，求得

$$[OH^-] = \sqrt{cK_b} = \sqrt{10^{-1} \times 10^{-4.74}} = 10^{-2.87}\ mol \cdot L^{-1}$$

$$pOH=2.87,\quad pH=11.13$$

③0.15 $mol \cdot L^{-1}$ NH_4Cl。

已知：NH_4^+ 为酸，故 $pK_a=14-4.74=9.26$，$K_a=5.6\times10^{-10}$，$c(NH_4^+)=0.15\ mol \cdot L^{-1}$，$cK_a>20K_w$，$c/K_a>500$，所以用最简式计算，求得

$$[H^+] = \sqrt{cK_a} = \sqrt{0.15 \times 5.6 \times 10^{-10}} = 9.17 \times 10^{-6}\ mol \cdot L^{-1}$$

$$pH=5.04$$

④0.15 $mol \cdot L^{-1}$ NaAc。

已知：Ac^- 为碱，故 $pK_b=14-4.74=9.26$，$K_b=5.6\times10^{-10}$，$c(Ac^-)=0.15\ mol \cdot L^{-1}$，$cK_b>20K_w$，$c/K_b>500$，所以用最简式计算，求得

$$[OH^-] = \sqrt{cK_b} = \sqrt{0.15 \times 5.6 \times 10^{-10}} = 9.17 \times 10^{-6}\ mol \cdot L^{-1}$$

$$pOH=5.04,\quad pH=8.96$$

(7)分别用最简式计算分析浓度均为 0.10 $mol \cdot L^{-1}$的 NaH_2PO_4 和 Na_2HPO_4 水溶液的 pH 值。(已知 H_3PO_4 的 pK_{a1}、pK_{a2}、pK_{a3}分别是 2.12、7.20、12.36)

答案解析：

解　①$H_2PO_4^-$ 为两性物质，根据离解平衡

$$H_3PO_4 \xrightleftharpoons{-H^+\ K_{a1}} H_2PO_4^- \xrightleftharpoons{-H^+\ K_{a2}} HPO_4^{2-} \xrightleftharpoons{-H^+\ K_{a3}} PO_4^{3-}$$

$$[H^+] = \sqrt{K_{a1}K_{a2}} = \sqrt{10^{-2.12-7.20}} = 10^{-4.66}\ mol \cdot L^{-1}$$

$$pH=4.66$$

② HPO_4^{2-} 为两性物质，根据离解平衡，有

$$[H^+] = \sqrt{K_{a2}K_{a3}} = \sqrt{10^{-7.20-12.36}} = 10^{-9.78}\ mol \cdot L^{-1}$$

$$pH = 9.78$$

(8)将 0.12 $mol \cdot L^{-1}$的 HCl 与 0.10 $mol \cdot L^{-1}$的 $ClCH_2COONa$ 等体积混合,试计算该溶液的 pH 值。(已知:$ClCH_2COOH$ 的 $K_a = 1.4 \times 10^{-3}$)

答案解析:

将 $ClCH_2COOH$ 简写作 HA,混合后形成 HCl+HA 溶液

$$c(HA) = \frac{0.10}{2} = 0.050\ mol \cdot L^{-1},\quad c(HCl) = \frac{0.12-0.10}{2} = 0.010\ mol \cdot L^{-1}$$

PBE:

$$[H^+] = [A] + c(HCl) = \frac{K_a}{[H^+]+K_a} \cdot c(HA) + c(HCl)$$

$$= \frac{1.4 \times 10^{-3}}{[H^+]+1.4 \times 10^{-3}} \times 0.05 + 0.01$$

解得

$$[H^+] = 0.029\ mol \cdot L^{-1} \quad pH = 1.54$$

(9)在 450 mL 水中加入 6.2 g NH_4Cl(忽略其体积变化)和 50 mL 1.0 $mol \cdot L^{-1}$的 NaOH 溶液,则此混合溶液的 pH 是多少?[已知 $M_r(NH_4Cl) = 53.5$,NH_3 的 $pK_b = 4.74$]

答案解析:

总体积 $V = 500$ mL

$$c(NH_3) = \frac{1.0 \times 50}{500} = 0.10\ mol \cdot L^{-1}$$

$$c(NH_4^+) = \frac{\frac{6.2 \times 1000}{53.5} - 1.0 \times 50}{500} = 0.13\ mol \cdot L^{-1}$$

根据缓冲溶液$[H^+]$的计算公式,有

$$pH = pK_a + \lg\frac{c(NH_3)}{c(NH_4^+)} = 9.26 + \lg\frac{0.10}{0.13} = 9.15$$

(10)今有浓度均为 0.1000 $mol \cdot L^{-1}$的盐酸羟胺($NH_3^+OH \cdot Cl^-$)和 NH_4Cl 的混合溶液,能否用 0.1000 $mol \cdot L^{-1}$的 NaOH 溶液滴定混合溶液中的盐酸羟胺(允许误差 1%)?说明判断根据。[已知:羟胺 $K_b(NH_2OH) = 9.1 \times 10^{-9}$,$NH_3$ 的 $K_b = 1.8 \times 10^{-5}$]

答案解析:

第一步:先判断能否准确滴定盐酸羟胺。

由于盐酸羟胺的 $K_a = \frac{K_w}{K_b} = \frac{10^{-14}}{9.1 \times 10^{-9}} = 1.1 \times 10^{-6}$,$cK_a > 10^{-8}$,故盐酸羟胺可用 NaOH 直接滴定。

由于 NH_4Cl 的 $K_a = \frac{K_w}{K_b} = \frac{10^{-14}}{1.8 \times 10^{-5}} = 5.6 \times 10^{-10}$,$cK_a < 10^{-8}$,故 NH_4Cl 不能 NaOH 直接滴定。

又由于 $\frac{c_1K_{a1}}{c_2K_{a2}} = \frac{0.1 \times 1.1 \times 10^{-5}}{0.1 \times 5.6 \times 10^{-10}} = 2.0 \times 10^4 > 10^4$,故能准确滴定盐酸羟胺。

4.4　习题详解

1. 填空题

(1)已知 H_2CO_3 的 $pK_{a1}=6.38$，$pK_{a2}=10.25$，则 Na_2CO_3 的 $K_{b1}=$________,$K_{b2}=$________。

(2)H_3PO_4 的 $pK_{a1}=2.12$，$pK_{a2}=7.20$，$pK_{a3}=12.36$,则 PO_4^{3-} 的 $pK_{b1}=$________,$pK_{b2}=$________,$pK_{b3}=$________。

(3)Na_2CO_3 水溶液的质子条件式为________________。

(4)$H_2C_2O_4$ 溶液中 $H_2C_2O_4$ 的分布分数定义式为_______________,计算公式为________________________________。

(5)$0.10\ mol\cdot L^{-1}$的 $NaHCO_3$ 溶液的 pH 值为________(H_2CO_3 的 $K_{a1}=4.2\times10^{-7}$,$K_{a2}=5.6\times10^{-11}$)。

(6)用同浓度强碱滴定弱酸,突跃范围的大小与________和________有关;若要能准确滴定($E_t<0.2\%$),则要求满足________条件。

(7)为标定浓度约为 $0.1\ mol\cdot L^{-1}$的溶液欲耗 HCl 约 30 mL,应称取 Na_2CO_3 ______g,若用硼砂则应称取______g。[已知 $M_r(Na_2CO_3)=106.0\ g\cdot mol^{-1}$，$M_r(Na_2B_4O_7\cdot10H_2O)=381.4\ g\cdot mol^{-1}$]

(8)现有浓度为 $0.1125\ mol\cdot L^{-1}$的 HCl 溶液,用移液管移取此溶液 100 mL,需加入________mL 蒸馏水,方能使其浓度为 $0.1000\ mol\cdot L^{-1}$。

(9)称取 0.4210 g 硼砂以标定 H_2SO_4 溶液，计耗去 H_2SO_4 溶液 20.43 mL，则此 H_2SO_4 溶液浓度为________$mol\cdot L^{-1}$。[已知 $M_r(Na_2B_4O_7\cdot10H_2O)=381.4\ g\cdot mol^{-1}$]

(10)用同体积的 As_2O_3 和 $H_2C_2O_4$ 标液分别标定同一 $KMnO_4$ 溶液,消耗相同体积的 $KMnO_4$ 溶液，则此 As_2O_3 标液的浓度为 $H_2C_2O_4$ 标液浓度的________倍。

2. 单项选择题

(1)欲配制 pH=9.0 的缓冲溶液,应选用的物质为(　　)。

A. HAc - NaAc [$K_a(HAc)=1.8\times10^{-5}$]

B. NH_4Cl - NH_3[$K_b(NH_3)=1.8\times10^{-5}$]

C. 六次甲基四胺 [$K_b((CH_2)_6N_4)=1.4\times10^{-9}$]

D. 甲酸 [$K_a=1.0\times10^{-4}$]及其盐

(2)以下属于共轭酸碱对的物质是(　　)。

A. $H_2C_2O_4 - C_2O_4^{2-}$　　B. $NH_3 - NH_4^+$

C. $H_3PO_4 - HPO_4^{2-}$　　D. $H_2S - S^{2-}$

(3)水溶液中共轭酸碱对 K_a 与 K_b 的关系是(　　)。

A. $K_a \cdot K_b=1$　　B. $K_a \cdot K_b=K_w$

C. $K_a/K_b=K_w$　　D. $K_b/K_a=K_w$

(4)$c(NaCl)=0.2\ mol \cdot L^{-1}$ 的 NaCl 水溶液的质子平衡式是(　　)。

A. $[Na^+]=[Cl^-]=0.2\ mol \cdot L^{-1}$

B. $[Na^+]+[Cl^-]=0.2\ mol \cdot L^{-1}$

C. $[H^+]=[OH^-]$

D. $[H^+]+[Na^+]=[OH^-]+[Cl^-]$

(5)浓度相同的下列物质水溶液的 pH 值最高的是(　　)。

A. NaCl　　B. NH_4Cl

C. $NaHCO_3$　　D. Na_2CO_3

(6)Na_2HPO_4 溶液的质子条件式是(　　)。

A. $[H^+]+[H_3PO_4]=[OH^-]+[HPO_4^{2-}]+[PO_4^{3-}]$

B. $[H^+]+[H_3PO_4]=[OH^-]+[HPO_4^{2-}]+2[PO_4^{3-}]$

C. $[H^+]+2[H_3PO_4]+[H_2PO_4^-]=[OH^-]+[PO_4^{3-}]$

D. $[H^+]+[Na^+]=[OH^-]+[H_2PO_4^-]+2[HPO_4^{2-}]+3[PO_4^{3-}]$

(7)醋酸溶液中所含醋酸的物质的量浓度，叫作该醋酸溶液的(　　)。

A. 酸度　　B. 分析浓度

C. 碱度　　D. 平衡浓度

(8)在磷酸盐溶液中，$H_2PO_4^-$ 浓度最大时的 pH 是(　　)。(已知 H_3PO_4 的解离常数 $pK_{a1}=2.12, pK_{a2}=7.20, pK_{a3}=12.36$)

A. 4.66　　B. 7.20

C. 9.78　　D. 12.36

(9)今有一磷酸盐溶液的 pH=9.78，则其主要存在形式是(　　)。(已知 H_3PO_4 的解离常数 $pK_{a1}=2.12, pK_{a2}=7.20, pK_{a3}=12.36$)

A. HPO_4^{2-}　　B. $H_2PO_4^-$

C. $HPO_4^{2-}+H_2PO_4$　　D. $H_2PO_4^-+H_3PO_4$

(10)酸碱滴定中选择指示剂的原则是(　　)。

A. 指示剂的变色范围与化学计量点完全相符

B. 指示剂应在 pH=7.00 变色

C. 指示剂变色范围应该全部落在 pH 值突跃范围内

D. 指示剂变色范围应该全部或者部分落在 pH 值突跃范围内

(11)欲配制 pH＝9 的缓冲溶液,应选用(　　)。

A. NH_2OH(羟氨) ($pK_b=8.04$)

B. $NH_3 \cdot H_2O$ ($pK_b=4.74$)

C. CH_3COOH ($pK_a=4.74$)

D. HCOOH ($pK_a=3.74$)

(12)用 0.1000 mol・L^{-1}的 NaOH 滴定 0.1000 mol・L^{-1}的 HAC 溶液,指示剂应选择(　　)。

A. 甲基橙　　B. 甲基红

C. 酚酞　　D. 铬黑 T

(13)用 0.1 mol・L^{-1}的 NaOH 滴定 0.1 mol・L^{-1}的 HAC($pK_a=4.7$)时的 pH 突跃范围为 7.7～9.7。由此可以推断用 0.1 mol・L^{-1}的 NaOH 滴定 pK_a 为 3.7 的 0.1 mol・L^{-1}某一元弱酸的 pH 值突跃范围是(　　)。

A. 6.7～6.8　　B. 6.7～9.7

C. 6.7～10.7　　D. 7.7～9.7

(14)$(NH_4)_2CO_3$ 溶液的质子平衡方程(PBE)为(　　)。

A. $[H^+]+[NH_4^+]=[HCO_3^-]+2[CO_3^{2-}]+[OH^-]$

B. $[H^+]+[HCO_3^-]+[H_2CO_3]=[NH_3]+[OH^-]$

C. $[H^+]+[HCO_3^-]+2[H_2CO_3]=[NH_3]+[OH^-]$

D. $[H^+]+[HCO_3^-]+2[H_2CO_3]=2[NH_3]+[OH^-]$

(15)已知 H_3PO_4 的 $K_{a1}=7.6\times10^{-3}$,$K_{a2}=6.3\times10^{-8}$,$K_{a3}=4.4\times10^{-13}$,若以 NaOH 滴定 H_3PO_4,则第二化学计量点的 pH 值约为(　　)。

A. 10.7　　B. 9.7

C. 7.7　　D. 4.9

3. 名词解释

(1)离子活度。

(2)碱度。

(3)标准缓冲溶液。

4. 简答题

(1)如何配制不含 Na_2CO_3 的 NaOH 标准溶液?

(2)标定 NaOH 标准溶液的基准物有哪些?各有什么优缺点?

(3)是否存在 NaOH 和 $NaHCO_3$ 的混合碱?为什么?

(4)双指示剂法测定混合碱的方法中,用酚酞指示剂滴定至终点和用甲基橙指示剂滴定至终点,NaOH、Na_2CO_3、$NaHCO_3$ 消耗 HCl 标准溶液的体积各有何特点?

(5)在混合碱的测定中,加入酚酞指示液后即为无色,这是为什么?

5. 计算题

(1)已知琥珀酸$(CH_2COOH)_2$(以H_2A表示)的$pK_{a1}=4.19$,$pK_{a2}=5.57$。试计算在pH=4.88和5.0时H_2A、HA^-和A^{2-}的分布系数δ_2、δ_1和δ_0。若该酸的总浓度为$0.01\ mol\cdot L^{-1}$,求pH=4.88时的三种形式的平衡浓度。

(2)下列三种缓冲溶液的pH值各为多少?如分别加入1 mL 6 $mol\cdot L^{-1}$的HCl溶液,它们的pH值各变为多少?

①100 mL 1.0 $mol\cdot L^{-1}$的HAc和1.0 $mol\cdot L^{-1}$的NaAc溶液;

②100 mL 0.050 $mol\cdot L^{-1}$的HAc和1.0 $mol\cdot L^{-1}$的NaAc溶液;

③100 mL 0.070 $mol\cdot L^{-1}$的HAc和0.070 $mol\cdot L^{-1}$的NaAc溶液。

(3)欲配制500 mL pH=5.0的缓冲溶液,用了6 $mol\cdot L^{-1}$的HAc 34 mL,需加$NaAc\cdot 3H_2O$多少克?

(4)需配制pH=5.2的溶液,应在1 L 0.01 $mol\cdot L^{-1}$的苯甲酸中加入多少克苯甲酸钠?

(5)以硼砂为基准物,用甲基红指示终点,标定HCl溶液。称取硼砂0.9854 g。用去HCl溶液23.76 mL,求HCl溶液的浓度。($Na_2B_4O_7\cdot 10H_2O+2HCl\longrightarrow 4H_3BO_3+10H_2O+2NaCl$)

(6)称取纯的四草酸氢钾($KHC_2O_4\cdot H_2C_2O_4\cdot 2H_2O$)0.6174 g,用NaOH标准溶液滴定时,用去26.35 mL。求NaOH溶液的浓度。($2KHC_2O_4\cdot H_2C_2O_4\cdot 2H_2O+6NaOH\longrightarrow 3Na_2C_2O_4+K_2C_2O_4+8H_2O$)

(7)有一Na_2CO_3与$NaHCO_3$的混合物0.3729 g,以0.1348 $mol\cdot L^{-1}$的HCl溶液滴定,用酚酞指示终点时耗去21.36 mL,试求当以甲基橙指示终点时,将需要多少毫升的HCl溶液。

(8)称取混合碱试样0.9476 g,加酚酞指示剂,用0.2785 $mol\cdot L^{-1}$的HCl溶液滴定至终点,计耗去酸溶液34.12 mL,再加甲基橙指示剂,滴定至终点,又耗去酸23.66 mL。求试样中各组分的质量分数。

(9)称取混合碱试样0.6524 g,以酚酞为指示剂,用0.1992 $mol\cdot L^{-1}$的HCl标准溶液滴定至终点,用去酸溶液21.76 mL。再加甲基橙指示剂,滴定至终点,又耗去酸溶液27.15 mL。求试样中各组分的质量分数。

(10)有一 Na_3PO_4 试样，其中含有 Na_2HPO_4。称取 0.9974 g，以酚酞为指示剂，用 0.2648 mol·L^{-1}的 HCl 溶液滴定至终点，用去 16.97 mL，再加入甲基橙指示剂，继续用 0.2648 mol·L^{-1}的 HCl 溶液滴定至终点时，又用去 23.36 mL。求试样中 Na_3PO_4、Na_2HPO_4 的质量分数。

4.5　讨论专区

称取苯酚试样 0.4184 g，用 NaOH 溶液溶解后，用水稀释至 250 mL 容量瓶中，移取 25.00 mL 于碘量瓶中，加溴液($KBrO_3$+KBr)25.00 mL、盐酸、KI。定量析出的 I_2，用$Na_2S_2O_3$标准溶液(0.1100 mol· L^{-1})滴定，用去 20.02 mL。另取溴液 25.00 mL 做空白实验，用去 $Na_2S_2O_3$ 标准溶液 40.20 mL。计算试样中苯酚的质量分数。[M(苯酚)=94.11 g·mol^{-1}]

4.6　单元测试卷

第 5 章　配位滴定法

【化学趣识】

点石成金

秦始皇幻想帝位永在，龙体长存，日思长生药，夜做金银梦。于是各路仙家大炼金丹，深居简出于山野之中，过着超脱尘世的神仙般生活。炼丹家以丹砂（硫化汞）、雄黄（硫化砷）等为原料，开炉熔炼，企图制得仙丹，再点石成金，服用仙丹或以金银为皿，均使人永不老死。西方人也仿效于暗室或洞穴，单身寡居致力于炼金术。一两千年过去了，死于仙丹不乏其人，点石成金终成泡影。

中外古代炼金术士毕生从事化学实验，为何终一事无成？乃因其违背科学规律。他们梦想用升华等简单方法改变金属的性质，把铅、铜、铁、汞变成贵重的金银，殊不知用一般化学方法是不能改变元素性质的。化学元素是具有相同核电荷数的同种原子的总称，而原子是化学变化中的最小微粒。在化学反应里分子可以分成原子，原子却不能再分。随着科学的发展，今天“点石成金”已经实现。1919 年，英国卢瑟福用 α 粒子轰击氮元素使氮变成了氧；1941 年，科学家用原子加速器把汞变成了黄金——人造黄金镄（第 100 号元素）；1980 年美国科学家又用氖和碳原子高速轰击铋金属靶，得到了针尖大的微量金。

5.1 思维导图

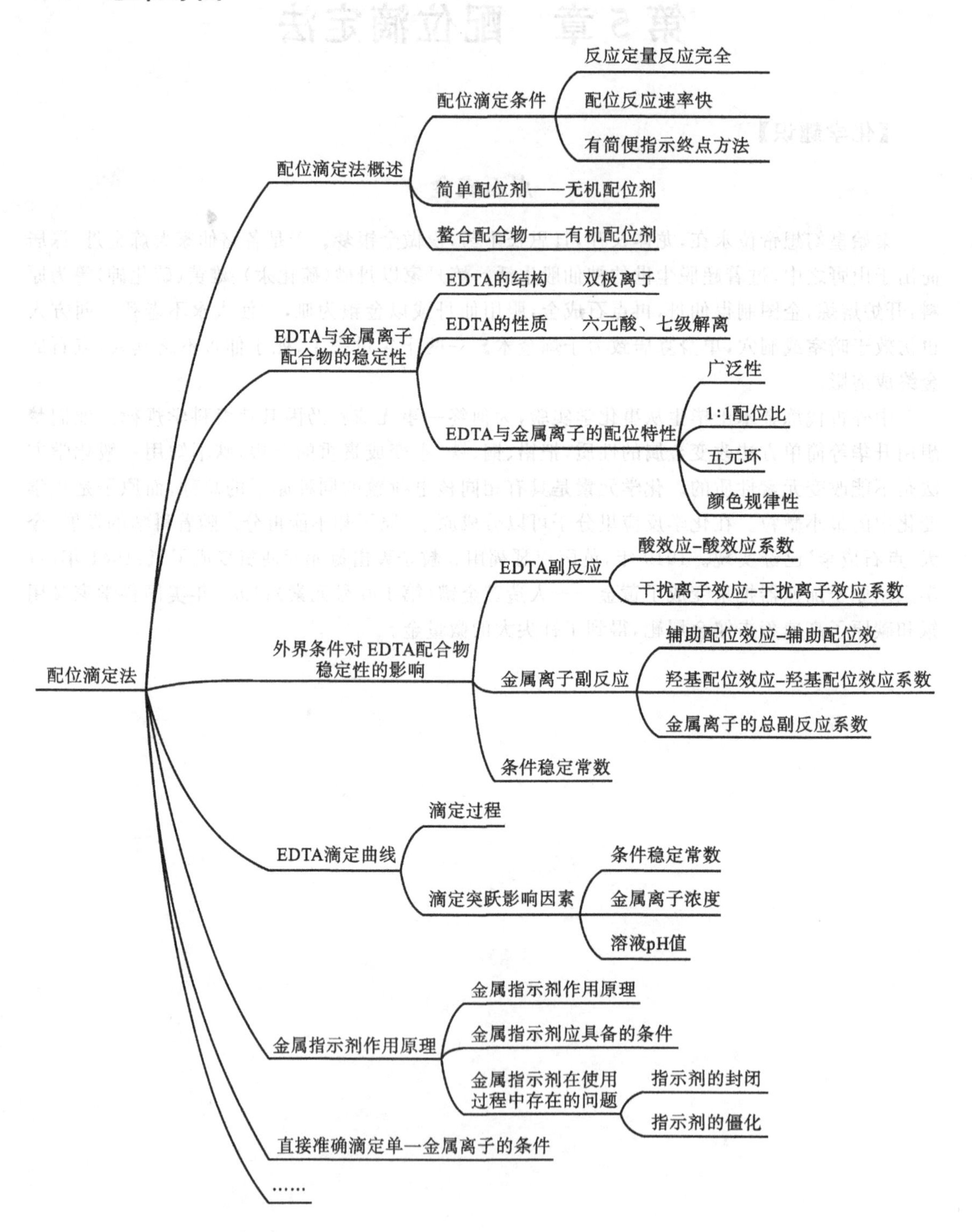

配位滴定法
配位滴定法概述
配位滴定条件
反应定量反应完全
配位反应速率快
有简便指示终点方法
简单配位剂——无机配位剂
螯合配合物——有机配位剂
EDTA与金属离子配合物的稳定性
EDTA的结构 双极离子
EDTA的性质 六元酸、七级解离
EDTA与金属离子的配位特性
广泛性
1:1配位比
五元环
颜色规律性
外界条件对EDTA配合物稳定性的影响
EDTA副反应
酸效应-酸效应系数
干扰离子效应-干扰离子效应系数
金属离子副反应
辅助配位效应-辅助配位效
羟基配位效应-羟基配位效应系数
金属离子的总副反应系数
条件稳定常数
EDTA滴定曲线
滴定过程
滴定突跃影响因素
条件稳定常数
金属离子浓度
溶液pH值
金属指示剂作用原理
金属指示剂作用原理
金属指示剂应具备的条件
金属指示剂在使用过程中存在的问题
指示剂的封闭
指示剂的僵化
直接准确滴定单一金属离子的条件
……

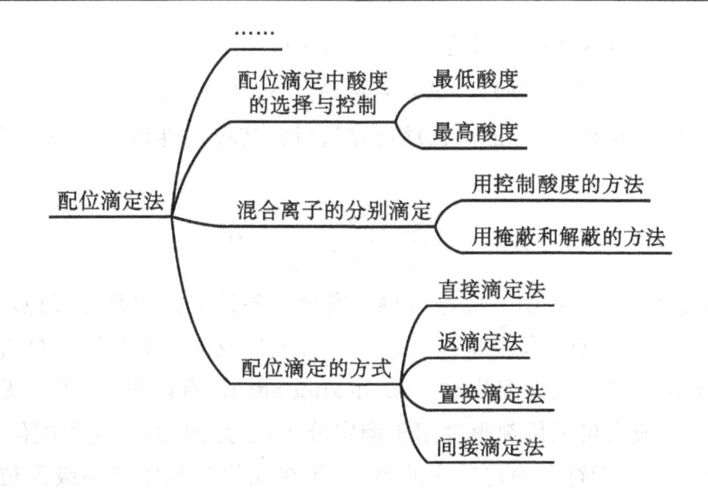

5.2　内容要点

5.2.1　教学要求

(1)理解配合物的基本概念,理解配位平衡的基本原理。

(2)熟练掌握配位平衡中的副反应系数和条件稳定常数的计算。

(3)掌握配位滴定法的基本原理,了解金属指示剂的作用原理。

(4)掌握提高配位滴定的选择性的方法。

(5)熟悉配位滴定的结果计算。

5.2.2　重要概念

(1)简单配合物:有中心离子和单基配位体所形成的配合物。

(2)螯合物:具有环状结构,由中心离子和两个或多个配位体(多齿配位体)所形成的配合物。

(3)配合物的稳定常数:指配合平衡的平衡常数 K,K 越大越稳定。

(4)逐级稳定常数:配合物形成为逐级形成的,每一级的稳定常数 K_i 为逐级稳定常数。

(5)累积稳定常数:配合物的稳定性常用累积稳定常数表示,用 β_i 表示第 i 级稳定常数。

(6)副反应系数:表示副反应对主反应的影响程度,由副反应系数的大小反应其影响程度。

(7)条件稳定常数:在一定条件下,考虑了各种副反应后,生成配位化合物 KY 的实际稳定常数。

5.2.3　主要内容

5.2.3.1　概述

配位滴定法是以配位反应为基础的一种滴定分析方法。早期,用 $AgNO_3$ 标准溶液滴定 CN^-,发生如下反应形成配合物:

$$Ag^+ + 2CN^- \rightleftharpoons Ag[(CN)_2]^-$$

滴定到达化学计量点时,多加一滴 $AgNO_3$ 溶液,Ag^+ 就与 $[Ag(CN)_2]^-$ 反应生成白色的

$Ag[Ag(CN)_2]$沉淀，以指示终点的到达，终点时的反应为

$$Ag(CN)_2^- + Ag^+ \rightleftharpoons Ag[Ag(CN)_2]\downarrow$$

配位化合物(coordination compound)简称配合物，其稳定性以配合物稳定常数 $K_{稳}$ 表示，如上例中：

$$K_{稳}=\frac{[Ag(CN)_2^-]}{[Ag^+][CN^-]^2}=10^{21.1}$$

$[Ag(CN)_2]^-$ 的 $K_{稳}=10^{21.1}$，说明反应进行得很安全。各种配合物都有其稳定常数，从配合物稳定常数 K 的大小可以判断配位反应进行的完全程度以及能否满足滴定分析的要求。

配位滴定中常用的滴定剂即配位剂(complexing agent)有两类：一类是无机配位剂，另一类是有机配位剂。一般无机配位剂很少用于滴定分析，这是因为：①这类配位剂和金属离子形成的配合物不够稳定，不能符合滴定反应的要求；②在配位过程中有逐级配位现象，而且各级配合物的稳定常数相差较小，故溶液中常常同时存在多种形式的配离子，使滴定过程中突跃不明显，终点难以判断，而且也无恒定的化学计量关系。例如，Cd^{2+} 与 CN^- 的配位反应分四级进行，存在下列四种形式：

$$Cd^{2+}+CN^- \rightleftharpoons [Cd(CN)]^+ \rightleftharpoons Cd(CN)_2 \rightleftharpoons [Cd(CN)_3] \rightleftharpoons [Cd(CN)_4]^{2-}$$

$$K_{稳} \quad 3.02\times10^5 \quad 1.35\times10^5 \quad 3.63\times10^5 \quad 3.80\times10^5$$

因为各级稳定常数相差很小，因而滴定时产物的组成不定，化学计量关系也就不确定，所以无机配位剂在分析化学中的应用受到一定的限制。大多数有机配位剂与金属离子的配位反应并不存在上述的缺陷，故配位滴定中常用有机配位剂，其中最常用的是氨羧类配位剂。

氨羧配位剂大部分是以氨基二乙酸基团$[-N(CH_2COOH)_2]$为基体的有机配位剂(或称螯合剂(chelant))，这类配位剂中含有配位能力很强的氨氮($\ddot{N}$)和羧基($-\overset{O}{\overset{\|}{C}}-OH$)这两种配位原子，它们能与多种金属离子形成稳定的可溶性配合物。氨氮配位剂的种类很多，常见的有以下几种：

①乙二胺四乙酸，简称 EDTA：

$$\begin{matrix}HOOCH_2C & & & & & & CH_2COOH\\ & \diagdown & & & & \diagup & \\ & & N-CH_2-CH_2-N & & & & \\ & \diagup & & & & \diagdown & \\ HOOCH_2C & & & & & & CH_2COOH\end{matrix}$$

②环已烷二胺四乙酸，简称 CyDTA：

$$\begin{matrix} & CH_2 & & & CH_2COOH \\ CH_2 & & CH-N & \diagup & \\ | & & | & \diagdown & CH_2COOH \\ | & & | & & CH_2COOH \\ CH_2 & & CH-N & \diagup & \\ & CH_2 & & \diagdown & CH_2COOH \end{matrix}$$

③乙二醇二乙醚二胺四乙酸，简称 EGTA：

$$\begin{array}{l} CH_2-O-CH_2-CH_2-N\begin{cases}CH_2COOH\\CH_2COOH\end{cases} \\ | \\ CH_2-O-CH_2-CH_2-N\begin{cases}CH_2COOH\\CH_2COOH\end{cases} \end{array}$$

④乙二胺四丙酸，简称 EDTP：

$$\begin{array}{l} CH_2-N\begin{cases}CH_2CH_2COOH\\CH_2CH_2COOH\end{cases} \\ | \\ CH_2-N\begin{cases}CH_2CH_2COOH\\CH_2CH_2COOH\end{cases} \end{array}$$

氨酸配位剂中应用最为广泛的是 EDTA，它可以直接或间接滴定几十种金属离子。本章主要讨论以 EDTA 为配位剂滴定金属离子的配位滴定法。

5.2.3.2　EDTA 与金属离子的配合物及其稳定性

1. EDTA 的性质

乙二胺四乙酸(ethylene diamine tetraacetic acid，EDTA 或 EDTA 酸)，它是一种多元酸，可用 H_4Y 表示。EDTA 在水中的溶解度较小(22 ℃时，每 100 mL 水中仅能溶解 0.02 g)，也难溶于酸和一般的有机溶剂，但易溶于氨溶液和苛性碱溶液中，生成相应的盐，故实际使用时，常用其二钠盐，即乙二胺四乙酸二钠($Na_2H_2Y\cdot 2H_2O$，相对分子质量 372.24)，一般也简称 EDTA。它在水溶液中的溶解度较大，22 ℃时，每 100 mL 水中能溶解 11.1，浓度约为 $0.3\ mol\cdot L^{-1}$，pH 值约为 4.5。

在 EDTA 的结构中，两个羧基上的 H^+ 可转移到 N 原子上，形成双偶极离子：

$$\begin{array}{c} ^{-}OOCH_2C \\ HOOCH_2C \end{array}\!\!>\overset{H}{\underset{+}{N}}-CH_2-CH_2-\overset{+}{\underset{H}{N}}<\!\!\begin{array}{c} CH_2COOH \\ CH_2COO^{-} \end{array}$$

若 EDTA 溶于酸度很高的溶液，它的两个羧基可以再接受 H^+ 离子而形成 H_6Y^{2+}，相当于形成一个六元酸，EDTA 在水溶液中的六级解离平衡为

$$H_6Y^{2+} \rightleftharpoons H^+ + H_5Y^+ \qquad \frac{[H^+][H_5Y^+]}{[H_6Y^{2+}]}=K_{a1}=10^{-0.9}$$

$$H_5Y^+ \rightleftharpoons H^+ + H_4Y \qquad \frac{[H^+][H_4Y]}{[H_5Y^+]}=K_{a2}=10^{-1.6}$$

$$H_4Y \rightleftharpoons H^+ + H_3Y^- \qquad \frac{[H^+][H_3Y^-]}{[H_4Y]}=K_{a3}=10^{-2.0}$$

$$H_3Y^- \rightleftharpoons H^+ + H_2Y^{2-} \qquad \frac{[H^+][H_2Y^{2-}]}{[H_3Y^-]}=K_{a4}=10^{-2.67}$$

$$H_2Y^{2-} \rightleftharpoons H^+ + HY^{3-} \qquad \frac{[H^+][HY^{3-}]}{[H_2Y^{2-}]}=K_{a5}=10^{-6.16}$$

$$HY^{3-} \rightleftharpoons H^+ + Y^{4-} \qquad \frac{[H^+][Y^{4-}]}{[HY^{3-}]} = K_{a6} = 10^{-10.26}$$

联系六级解离关系，存在下列平衡：

$$H_6Y^{2+} \underset{+H^+}{\overset{-H^+}{\rightleftharpoons}} H_5Y^+ \underset{+H^+}{\overset{-H^+}{\rightleftharpoons}} H_4Y \underset{+H^+}{\overset{-H^+}{\rightleftharpoons}} H_3Y^- \underset{+H^+}{\overset{-H^+}{\rightleftharpoons}} H_2Y^{2-} \underset{+H^+}{\overset{-H^+}{\rightleftharpoons}} HY^{3-} \underset{+H^+}{\overset{-H^+}{\rightleftharpoons}} Y^{4-} \tag{5-1}$$

由于分步解离，已质子化了的 EDTA 在水溶液中总是以 H_6Y^{2+}、H_5Y^+、H_4Y、H_3Y^-、H_2Y^{2-}、HY^{3-} 和 Y^{4-} 等七种形式存在。从式(5-1)可以看出，EDTA 中各种存在形式间的浓度比例取决于溶液的 pH 值。若溶液酸度增大，pH 值减小，上述平衡向左移动；反之，若溶液酸度减小，pH 值增大，则上述平衡右移。EDTA 各种存在形式的分配情况与 pH 值之间的分布曲线如图 5-1 所示。

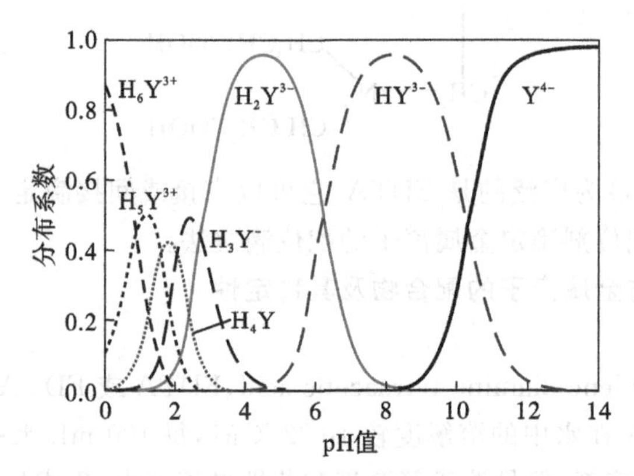

图 5-1　EDTA 各种存在形式在不同 pH 值时的分布曲线

图 5-1 可以清楚地看出不同 pH 值时 EDTA 各种存在形式的分配情况。在 pH<1 的强酸性溶液中，EDTA 主要以 H_6Y^{2+} 形式存在；在 pH=1～1.6 的溶液中，主要以 H_5Y^+ 形式存在；在 pH=1.6～2.0 的溶液中，主要以 H_4Y 形式存在；在 pH=2.0～2.67 的溶液中，主要以 H_3Y^- 形式存在；在 pH=2.67～6.16 的溶液中，主要以 H_2Y^{2-} 形式存在；在 pH=6.16～10.26 的溶液中，主要以 HY^{3-} 形式存在，在 pH 值很大(>12)时，才几乎完全以 Y^{4-} 形式存在。

2. EDTA 与金属离子的配合物

在 EDTA 分子的结构中，具有 6 个可与金属离子形成配位键的原子(两个氨基氮和四个羧基氧，它们都有孤对电子，能与金属离子形成配位键)，因而，EDTA 可以与金属离子形成配位数为 4 或 6 的稳定的配合物。EDTA 与金属离子的配位反应具有以下几方面的特点：

(1)EDTA 与许多金属离子可形成配位比为 1∶1 的稳定配合物，例如：

$$Ca^{2+} + Y^{4-} \rightleftharpoons CaY^{2-}$$

$$Fe^{3+} + Y^{4-} \rightleftharpoons FeY^-$$

反应中无逐级配位现象，反应的定量关系明确。只有极少数金属离子(如 Zr(Ⅳ)和 Mo(Ⅵ)等)例外。

(2)EDTA 与多数金属离子形成的配合物具有相当的稳定性。从 EDTA 与 Ca^{2+}、Fe^{3+} 的配合物的结构图(如图 5-2 所示)可以看出，EDTA 与金属离子配位时形成五个五元环(其中四个是 OC—CN 五元环，一个 N—C—CN 五元环），具有这种环状结构的配合物称为螯合物（chelate）。从配合物的研究可知，具有五元环或六元环的螯合物很稳定，而且所形成的环愈多，螯合物愈稳定。因而 EDTA 与大多数金属离子形成的螯合物具有较大的稳定性。

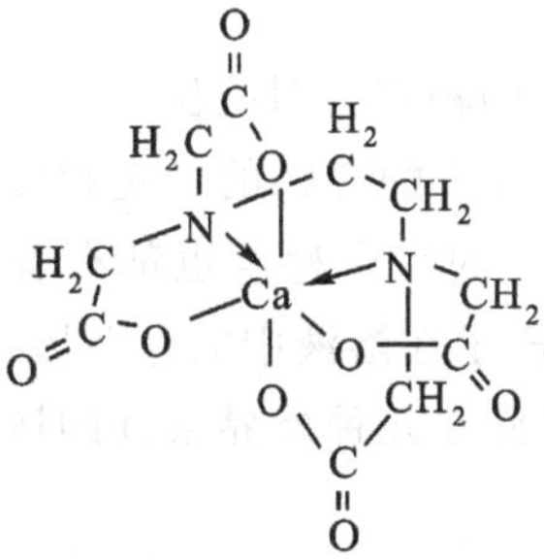

图 5-2　EDTA 与 Ca^{2+} 的配合物的结构示意图

（3）EDTA 与金属离子的配合物大多带电荷，水溶性好，反应速率较快，而且无色的金属离子与 EDTA 生成的配合物仍为无色，有利于用指示剂确定滴定终点；但有色的金属离子与 EDTA 形成配合物其颜色将加深。例如：CuY^{2-} 为深蓝色，FeY^{-} 为黄色，NiY^{2-} 为蓝色。滴定时，如遇有色的金属离子，则试液的浓度不宜过大，否则将影响指示剂的终点显示。

上述特点说明 EDTA 和金属离子的配位反应能够符合滴定分析对反应的要求。

金属离子与 EDTA（简单表示成 Y）的配位反应，略去电荷，可简写成

$$M + Y \rightleftharpoons MY$$

其稳定常数 $K(MY)$ 为

$$K(MY) = \frac{[MY]}{[M][Y]} \tag{5-2}$$

一些常见金属离子与 EDTA 配合物的稳定常数参见表 5-1。

表 5-1　EDTA 与一些常见金属离子的配合物的稳定常数（溶液离子强度 I=0.1 mol·L^{-1}，温度 293 K）

阳离子	lg$K$(MY)	阳离子	lg$K$(MY)	阳离子	lg$K$(MY)
Na^{+}	1.66	Ce^{3+}	15.98	Cu^{2+}	18.80
Li^{+}	2.79	Al^{3+}	16.3	Ga^{3+}	20.3
Ag^{+}	7.32	Co^{2+}	16.31	Ti^{3+}	21.3
Ba^{2+}	7.86	Pt^{2+}	16.31	Hg^{2+}	21.8
Mg^{2+}	8.69	Cd^{2+}	16.46	Sn^{2+}	22.1
Sr^{2+}	8.73	Zn^{2+}	16.50	Th^{4+}	23.2
Be^{2+}	9.20	Pd^{2+}	18.04	Cr^{3+}	23.4
Ca^{2+}	10.69	Y^{3+}	18.09	Fe^{3+}	25.1
Mn^{2+}	13.87	VO_2^{+}	18.1	U^{4+}	25.8
Fe^{2+}	14.33	Ni^{2+}	18.60	Bi^{3+}	27.94
La^{3+}	15.50	VO^{2+}	18.8	Co^{3+}	36.0

由表 5-1 可见,金属离子与 EDTA 形成配合物的稳定性主要决定于金属离子的电荷、离子半径和电子层结构等因素。碱金属离子的配合物最不稳定;碱土金属离子的配合物 $\lg K(MY)=8\sim11$;过渡元素、稀土元素、Al^{3+} 的配合物 $\lg K(MY)=15\sim19$;其他三价、四价金属离子和 Hg^{2+} 的配合物 $\lg K(MY)>20$。

EDTA 与金属离子形成配合物的稳定性对配位滴定反应的完全程度有着重要的影响,可以用 $\lg K_{MY}$ 衡量在不发生副反应情况下配合物的稳定程度。但外界条件如溶液的酸度、其他配位剂、干扰离子等对配位滴定反应的完全程度也都有着较大的影响,尤其是溶液的酸度对 EDTA 在溶液中的存在形式、金属离子在溶液中的存在形式和 EDTA 与金属离子形成的配合物的稳定性均产生显著的影响。因此在几种外界条件的影响中,酸度的影响常常是配位滴定中首先应考虑的问题。

5.2.3.3 外界条件对 EDTA 与金属离子配合物稳定性的影响

在 EDTA 滴定中,被测金属离子 M 与 EDTA 配位,生成配合物 MY,此为主反应。反应物 M、Y 及反应产物 MY 都可能同溶液中其他组分发生副反应,使配合物的稳定性受到影响,如下式所示:

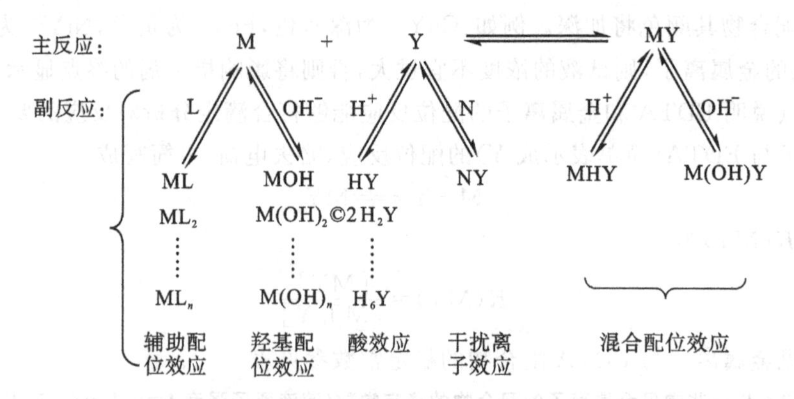

式中:L 为辅助配位剂,N 为干扰离子。

金属离子与 OH^- 离子或辅助配位剂 L 发生的副反应,EDTA 与 H^+ 离子或干扰离子发生副反应,都不利于主反应的进行。而反应产物 MY 发生的副反不同应,在酸度较高情况下,生成酸式配合物 MHY;在碱度较高时,生成 M(OH)Y、$M(OH)_2Y$ 等碱式配合物,这些副反应称为混合配位效应。混合配位效应使 EDTA 对金属离子总配位能力增强,故有利于主反应的进行,但其产物大多数不太稳定,其影响可以忽略不计。下面着重对酸效应、配位效应分别加以讨论。

1. EDTA 的酸效应及酸效应系数

EDTA 与金属离子的反应本质上是 Y^{4-} 离子与金属离子的反应。由 EDTA 的解离平衡可知,Y^{4-} 离子只是 EDTA 各种存在形式中的一种,只有当 pH≥12 时,EDTA 才全部以 Y^{4-} 离子形式存在。溶液 pH 值减小,将使式(5-1)所示的平衡向左移动,产生 HY^{3-}、H_2Y^{2-}……,Y^{4-} 离子减小,因而使 EDTA 与金属离子的反应能力降低。这种由于 H^+ 离子与 Y^{4-} 离子作用而使 Y^{4-} 离子参与主反应能力下降的现象称为 EDTA 的酸效应(acidic effect)。酸效应的大小用酸效应系数 $\alpha(Y(H))$ 来衡量。酸效应系数表示在一定 pH 值下 EDTA 的各种存在形式的总浓度[Y′]与能 Y^{4-} 的平衡浓度之比,即

$$\alpha(Y(H)) = \frac{[Y']}{[Y^{4-}]} \quad (5-3)$$

式中：$[Y']=[Y^{4-}]+[HY^{3-}]+[H_2Y^{2-}]+[H_3Y^-]+[H_4Y]+[H_5Y^+]+[H_6Y^{2+}]$

$$\alpha(Y(H)) = \frac{[Y^{4-}]+[HY^{3-}]+[H_2Y^{2-}]+[H_3Y^-]+[H_4Y]+[H_5Y^+]+[H_6Y^{2+}]}{[Y^{4-}]}$$

$$= 1+\frac{[H^+]}{K_{a6}}+\frac{[H^+]^2}{K_{a6}K_{a5}}+\frac{[H^+]^3}{K_{a6}K_{a5}K_{a4}}+\frac{[H^+]^4}{K_{a6}K_{a5}K_{a4}K_{a3}}+\frac{[H^+]^5}{K_{a6}K_{a5}K_{a4}K_{a3}K_{a2}}$$

$$+\frac{[H^+]^6}{K_{a6}K_{a5}K_{a_4}K_{a_3}K_{a_2}K_{a_1}}$$

$$\alpha(Y(H)) = 1+\beta_1[H^+]+\beta_2[H^+]^2+\beta_3[H^+]^3+\beta_4[H^+]^4+\beta_5[H^+]^5+\beta_6[H^+]^6 \quad (5-4)$$

式中，β 为累积稳定常数，其中：$\beta_1=1/K_{a6}$，$\beta_2=1/(K_{a6}K_{a5})$，$\beta_3=1/(K_{a6}K_{a5}K_{a4})$，…

由上述计算关系可见，酸效应系数与 EDTA 的各级解离常数和溶液的酸度有关。在一定温度下，解离常数为定值，因而 $\alpha(Y(H))$ 仅随着溶液酸度而变。溶液酸度越大，$\alpha(Y(H))$ 值越大，表示酸效应引起的副反应越严重。如果氢离子与 Y^{4-} 之间没有发生副反应，即未参加配位反应的 EDTA 全部以 Y^{4-} 形式存在，则 $\alpha(Y(H))=1$。

不同 pH 值时的 $\alpha(Y(H))$ 列于表 5－2。

表 5－2　不同 pH 值时的 $\lg\alpha(Y(H))$

pH 值	$\lg\alpha(Y(H))$	pH 值	$\lg\alpha(Y(H))$	pH 值	$\lg\alpha(Y(H))$
0.0	23.64	3.8	8.85	7.5	2.78
0.4	21.32	4.0	8.44	8.0	2.27
0.8	19.08	4.4	7.64	8.5	1.77
1.0	18.01	4.8	6.84	9.0	1.28
1.4	16.02	5.0	6.45	9.5	0.83
1.8	14.27	5.4	5.69	10.0	0.45
2.0	13.51	5.8	4.98	10.6	0.16
2.4	12.19	6.0	4.65	11.0	0.07
2.8	11.09	6.4	4.06	11.6	0.02
3.0	10.60	6.8	3.55	12.0	0.01
3.4	9.70	7.0	3.32	13.0	0.00

2. 金属离子的配位效应及其副反应系数

在配位滴定中，金属离子常发生两类副反应：一类是金属离子在水中和 OH^- 生成各种羟基配离子，例如 Fe^{3+} 在水溶液中能生成 $Fe(OH)^{2+}$、$Fe(OH)_2{}^+$ 等，使金属离子参与主反应的能力下降，这种现象称为金属离子的羟基配位效应，也称金属离子的水解效应。金属离子的羟基配位效应可用副反应系数 $\alpha(M(OH))$ 表示（参阅附录 4）。

$$\alpha(M(OH)) = \frac{[M]+[MOH]+[M(OH)_2]+\cdots+[M(OH)_n]}{[M]} \tag{5-5}$$

$$=1+\beta_1[OH^-]+\beta_2[OH^-]^2+\cdots+\beta_n[OH^-]^n$$

金属离子的另一类副反应是金属离子与辅助配位剂的作用,有时为了防止金属离子在滴定条件下生成沉淀或掩蔽干扰离子等原因,在试液中须加入某些辅助配位剂,使金属离子与辅助配位剂发生作用,产生金属离子的辅助配位效应。例如,在 pH=10 时滴定 Zn^{2+},加入$NH_3 \cdot H_2O-H_4Cl$缓冲溶液,这是为了控制滴定所需要的 pH,同时又使 Zn^{2+} 与 NH_3 配位形成$[Zn(NH_3)_4]^{2+}$,从而防止 $Zn(OH)_2$ 沉淀析出。辅助配位效应可用副反应系数 $\alpha[M(L)]$表示。

$$\alpha(M(L)) = \frac{[M]+[ML]+[ML_2]+\cdots+[ML_n]}{[M]} \tag{5-6}$$

$$=1+\beta_1[L]+\beta_2[L]^2+\cdots+\beta_n[L]^n$$

综合上述两种情况,金属离子的总的副反应系数可用 $\alpha(M)$表示:

$$\alpha(M) = \frac{[M']}{[M]} \tag{5-7}$$

式中:[M]为游离金属离子浓度;

$[M']=[M]+[MOH]+[M(OH)_2]+\cdots+[M(OH)_n]+[ML]+[ML_2]+\cdots+[ML_n]$。

对含辅助配位剂 L 的溶液,经推导可得

$$\alpha(M)=\alpha(M(L)) + \alpha(M(OH)) - 1 \tag{5-8}$$

3. 条件稳定常数

由于实际反应中存在诸多副反应,它们对 EDTA 与金属离子的主反应有着不同程度的影响,因此,必须对式(5-2)表示的配合物的稳定常数进行修正。现仅考虑 EDTA 的酸效应的影响,则从式(5-3)可得

$$[Y^{4-}] = \frac{[Y']}{\alpha(Y(H))} \tag{5-9}$$

将式(5-9)代入式(5-2),则得

$$\frac{[MY]}{[M][Y']} = \frac{K(MY)}{\alpha(Y(H))} = K'(MY)$$

取对数得

$$\lg K'(MY) = \lg K(MY) - \lg\alpha(Y(H)) \tag{5-10}$$

上式中 $K'(MY)$是考虑了酸效应后 EDTA 与金属离子配合物的稳定常数,称其为条件稳定常数,即在一定酸度条件下用 EDTA 溶液总浓度表示的稳定常数。它的大小说明溶液的酸度对配合物实际稳定性的影响。pH 值越大,$\lg\alpha(Y(H))$值越小,条件稳定常数越大,配位反应越完全,对滴定越有利;反之,pH 值降低,条件稳定常数将减小,不利于滴定。

若综合考虑 EDTA 的酸效应和金属离子的配位效应,则应同时考虑 $\alpha(Y(H))$ 和 $\alpha(M)$,此时的条件稳定常数为

$$\frac{[MY]}{[M'][Y']} = \frac{K(MY)}{\alpha(M)\alpha(Y(H))} = K'(MY)$$

取对数得

$$\lg K'(MY) = \lg K(MY) - \lg\alpha(M) - \lg\alpha(Y(H)) \tag{5-11}$$

此时的条件稳定常数 K'(MY)是以 EDTA 总浓度和金属离子总浓度表示的稳定常数，其大小说明溶液酸碱度和辅助配位效应对配合物实际稳定程度的影响。采用 K'(MY)能更正确地判断金属离子和 EDTA 的配位反应进行的程度。

影响配位滴定主反应完全程度的因素很多，但一般情况下若系统中无共存离子干扰、也不存在辅助配位剂时，影响主反应的是 EDTA 的酸效应和金属离子的羟基配位效应；当金属离子不会形成羟基配合物时，影响主反应的因素就是 EDTA 的酸效应。因此，欲使配位滴定反应完全，须控制适宜的 pH 条件。

4. 配位滴定中适宜 pH 条件的控制

配位滴定中适宜 pH 条件的控制由 EDTA 的酸效应和金属离子的羟基配位效应决定。根据酸效应可确定滴定时允许的最低 pH 值，根据羟基配位效应可大致估计滴定允许的最高 pH，从而得出滴定的适宜 pH 值范围。

滴定时允许的最低 pH 取决于滴定允许的误差和检测终点的准确度。配位滴定的目测终点与化学计量点 pM 的差值 ΔpM 一般为±(0.2～0.5)，即至有着少为±0.2。若允许相对误差为±0.1%，金属离子的分析浓度为 c，根据终点误差公式可得

$$\lg[cK'(\mathrm{MY})]\geqslant 6 \tag{5-12}$$

通常将式(5-12)作为能否用配位滴定法测定单一金属离子的条件。若能满足该条件，则可得到相对误差小于或等于 0.1%的分析结果。

将式(5-11)和式(5-12)结合可得

$$\lg c+\lg K(\mathrm{MY})-\lg\alpha(\mathrm{Y(H)})\geqslant 6$$

即

$$\lg\alpha[\mathrm{Y(H)}]\leqslant \lg c+\lg K(\mathrm{MY})-6 \tag{5-13}$$

由式(5-13)可算出 lgα(Y(H))，再查表 5-2，用内插法可求得配位滴定允许的最低 pH (pH_{min})值。

由式(5-13)可知，由于不同金属离子的 lg$K$(MY)不同，所以滴定时允许的最低 pH 值也不相同。将各种金属离子的 lg$K$(MY)与其最低 pH 值(或对应的 lgα(Y(H))的与最低 pH 值)绘成曲线，称为 EDTA 的酸效应曲线或林邦(Ringbom)曲线，如图 5-3 所示。图中金属离子位置所对应的 pH 值，就是滴定该金属离子时所允许的最低 pH 值。

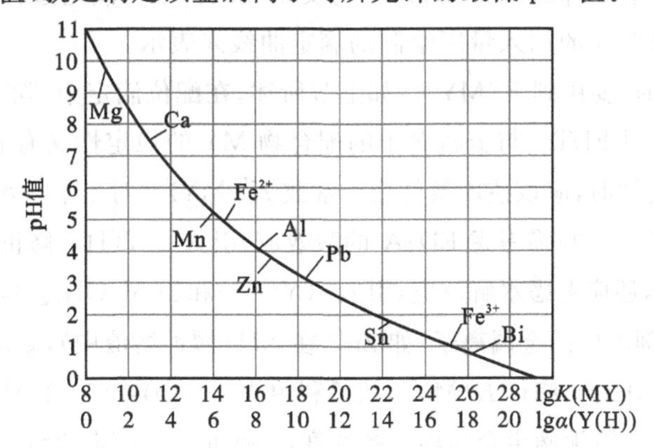

图 5-3　EDTA 的酸效应曲线

从图 5-3 可以查出单独滴定某种金属离子时允许的最低 pH 值,例如:FeY^- 配合物很稳定[$\lg K(FeY^-)=25.1$],查图 5-3 得 pH>1,即可在强酸性溶液中滴定;而 ZnY^{2-} 配合物的稳定性[$\lg K(ZnY^{2-})=16.5$]比 FeY^- 的稍差些,须在弱酸溶液(pH≥4.0)中滴定;CaY^{2-} 配合物的稳定性更差一些[$\lg K(CaY^{2-})=10.69$],须在 pH≥7.6 的碱性溶液中滴定。

在满足滴定允许的最低 pH 值的条件下,溶液的 pH 值升高,则 $\lg K'(MY)$ 增大,配位反应的完全程度也增大。但若溶液的 pH 值太高,则某些金属离子会形成羟基配合物,致使羟基配位效应增大,最终反而影响滴定的主反应。因此,配位滴定还应考虑不使金属离子发生羟基化反应的 pH 值条件,这个允许的最高 pH 值通常由金属离子氢氧化物的溶度积常数估计求得。

例 5-1 试计算用 EDTA 滴定 0.01 mol·L^{-1} 的 Ca^{2+} 溶液允许的最低 pH[$\lg K(CaY)=10.69$]值。

解 已知 $c=0.01$ mol·L^{-1},$\lg K(CaY)=10.69$,由式(5-13)可得

$$\lg \alpha(Y(H)) \leqslant \lg c + \lg K(MY) - 6$$
$$= \lg 0.01 + 10.69 - 6 = 2.69$$

查表 5-2,用内插法求得 $pH_{min}>7.6$。所以,用 EDTA 滴定 0.01 mol·L^{-1} 的 Ca^{2+} 溶液允许的最低 pH 值为 7.6。

除了上述从 EDTA 酸效应和羟基配位效应来考虑配位滴定的适宜 pH 值范围以外,还需要考虑指示剂的颜色变化对 pH 值的要求。滴定时实际应用的 pH 值比理论上允许的最低 pH 值要大一些,这样,其他非主要影响因素也考虑在内了。但也应该指出,不同的情况下,矛盾的主要方面不同。如果加入的辅助配位剂的浓度过大,辅助配位效应就可能变成主要影响;若加入的辅助配位剂与金属离子形成的配合物比 EDTA 形成的配合物更稳定,则将掩蔽欲测定的金属离子,而使滴定无法进行。

从本节讨论中,可以看出滴定时溶液的酸度多方面地影响滴定反应的进行及终点检测,因此,配位滴定中适宜 pH 值的选择是本章学习的重点之一,请读者注意体会。

5.2.3.4 滴定曲线

配位滴定中,随着配位剂的不断加入,被滴定的金属离子的[M]不断减少,与酸碱滴定情况类似,在化学计量点附近 pM(=-lg[M])将发生突跃。配位滴定过程中 pM 的变化规律可以用 pM 对配位剂 EDTA 的加入量所绘制的滴定曲线来表示。

在计算滴定曲线时,要用到 $K(MY)$。如上节所述,在配位滴定中,除了主反应外,还有不同的副反应存在,而后者对 EDTA 与金属离子的配合物 MY 的稳定性又有着较为显著的影响,因此,在表征 MY 的稳定性时,应该使用条件稳定常数 $K'(MY)$。对于不易水解或不与其他配位剂配位的金属离子(如 Ca^{2+}),只需考虑 EDTA 的酸效应,引入 $\alpha(Y(H))$ 修正 $K(MY)$;对于易水解的金属离子(如 Al^{3+}),还应考虑水解效应,引入 $\alpha(Y(H))$ 和 $\alpha(Al(OH)_2)$ 修正 $K(MY)$;而对于易水解又易与辅助配位剂配位的金属离子(如 Zn^{2+} 在 NH_3 缓冲溶液中),则应考虑引入 $\alpha(Y(H))$、$\alpha(Zn(OH)_2)$ 和 $\alpha(Zn(NH_3)_2)$ 修正 $K(MY)$,然后利用式(5-10)或(5-11)即可计算出不同 pH 值溶液中,在滴定的不同阶段被滴定金属离子的浓度,并据此绘制滴定曲线。

图 5-4 和图 5-5 分别为 EDTA 滴定 Ca^{2+} 和在 $NH_3-NH_4^+$ 缓冲溶液中滴定 Ni^{2+} 的滴

定曲线。

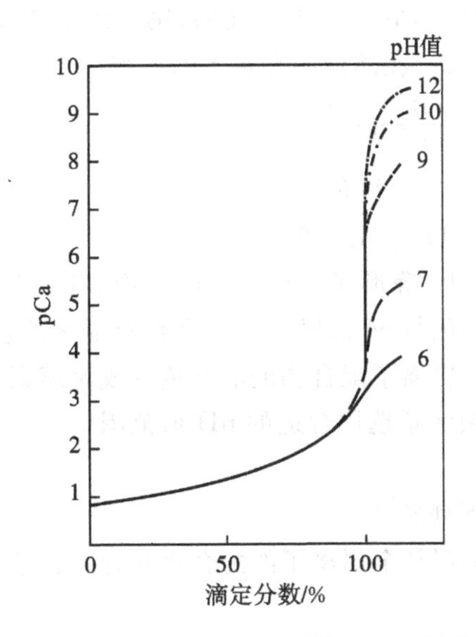

图 5-4 0.0100 mol·L^{-1}的 EDTA 滴定 0.0100 mol·L^{-1}的 Ca^{2+} 的滴定曲线

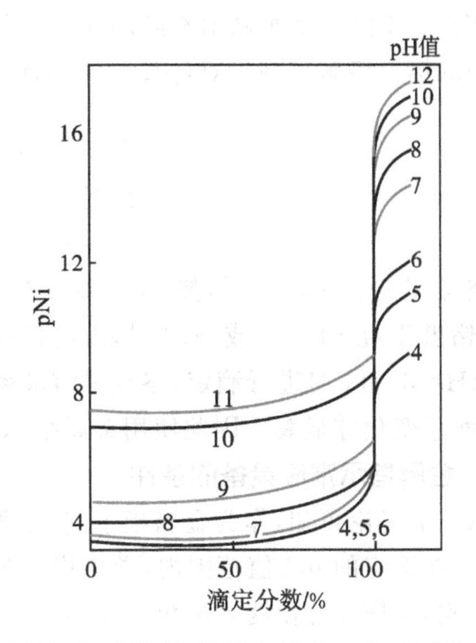

图 5-5 EDTA 滴定 0.0100 mol·L^{-1}的 Ni^{2+} 溶液的滴定曲线

(溶液中[NH_3]+[NH_4^+]=0.1 mol·L^{-1})

应该指出，前一章述及的酸碱滴定，其滴定曲线除说明 pH 值在滴定过程中的变化规律外，还具有选择酸碱指示剂的重要功能；配位滴定的滴定曲线仅能说明不同 pH 值条件下，金属离子浓度(pM)在滴定过程中的变化情况，而用于选择配位滴定指示剂的实用意义不大，目前选用的金属指示剂都是通过实验确定的。

5.2.3.5 金属指示剂确定滴定终点的方法

配位滴定与其他滴定一样，判断滴定终点的方法有多种，除了使用金属指示剂之外，还可以运用电位滴定、光度测定等仪器分析技术确定滴定终点，但最常用的还是以金属指示剂判断滴定终点的方法。

1. 金属指示剂的性质和作用原理

金属指示剂是一些有机配位剂，可与金属离子形成有色配合物，其颜色与游离指示剂的颜色不同，因而能指示滴定过程中金属离子浓度的变化情况。现以铬黑 T 为例说明其作用原理。

铬黑 T 在 pH=8～11 时呈蓝色，它与 Ca^{2+}、Mg^{2+}、Zn^{2+} 等金属离子形成的配合物呈酒红色。如果用 EDTA 滴定这些金属离子，加入铬黑 T 指示剂，滴定前它与少量金属离子配位成酒红色，绝大部分金属离子处于游离状态。随着 EDTA 的滴入，游离金属离子逐步被配位而形成配合物 M-EDTA。等到游离金属离子几乎完全配位后，继续滴加 EDTA 时，由于EDTA 与金属离子配合物的条件稳定常数大于铬黑 T 与金属离子配合物(M-铬黑 T)的条件稳定常数，因此 EDTA 夺取 M 铬黑 T 中的金属离子，将指示剂游离出来，溶液的颜色由酒红色突变为游离铬黑 T 的蓝色，指示滴定终点的到达。反应式如下：

$$\underset{\text{酒红色}}{\text{M-铬黑 T}}+\text{EDTA} \rightleftharpoons \text{M-EDTA}+\underset{\text{蓝色}}{\text{铬黑 T}}$$

应该指出，许多金属指示剂不仅具有配位剂的性质，而且本身常是多元弱酸或多元弱碱，能随溶液 pH 值变化而显示不同的颜色。例如铬黑 T，它是一个三元酸，第一级解离极容易，第二级和第三级解离则较难($pK_{a2}=6.3$，$pK_{a3}=11.6$)，在溶液中存在下列平衡：

$$H_2In \underset{+H^+}{\overset{-H^+}{\rightleftharpoons}} HIn^{2-} \underset{+H^+}{\overset{-H^+}{\rightleftharpoons}} In^{3-}$$

红色　　　　蓝色　　　　橙色

pH<6　　pH=8～11　　pH>12

铬黑 T 与许多阳离子，如 Ca^{2+}、Mg^{2+}、Zn^{2+}、Cd^{2+} 等形成酒红色的配合物(M－铬黑 T)。显然，铬黑 T 在 pH<6 或>12 时，游离指示剂的颜色与 M 铬黑 T 的颜色没有显著的差别，只有在 pH=8～11 时进行滴定，终点时溶液颜色由金属离子配合物的酒红色变成游离指示剂的蓝色，颜色变化才显著。因此使用金属指示剂，必须注意选用合适的 pH 值范围。

2. 金属指示剂应具备的条件

从以上讨论可知，作为金属指示剂，必须具备下列条件：

(1)在滴定的 pH 值范围内，游离指示剂和指示剂与金属离子的配合物两者的颜色应有显著的差别，这样才能使终点颜色变化明显。

(2)指示剂与金属离子形成的有色配合物要有适当的稳定性。指示剂与金属离子配合物的稳定性必须小于 EDTA 与金属离子配合物的稳定性，这样在滴定到达化学计量点时，指示剂才能被 EDTA 置换出来，而显示终点的颜色变化。但如果指示剂与金属离子所形成的配合物太不稳定，则在化学计量点前指示剂颜色就开始游离出来，使终点变色不敏锐，并使终点提前出现而引入误差。

另一方面，如果指示剂与金属离子形成更稳定的配合物而不能被 EDTA 置换，则虽加入过量 EDTA 也达不到终点，这种现象称为指示剂的封闭。例如，铬黑 T 能被 Fe^{3+}、Al^{3+}、Cu^{2+} 和 Ni^{2+} 等离子封闭。为了消除封闭现象，可以加入适当的配位剂来掩蔽能封闭指示剂的离子(量多时要分离除去)。有时使用的蒸馏水不合要求，其中含有微量重金属离子，也能引起指示剂封闭，所以配位滴定要求蒸馏水有一定的质量指标。

(3)指示剂与金属离子形成的配合物应易溶于水，如果生成胶体溶液或沉淀，在滴定时指示剂与 EDTA 的置换作用将进行缓慢而使终点拖长，这种现象称为指示剂的僵化。例如用 PAN 作指示剂，在温度较低时，易发生僵化。为了避免指示剂的僵化，可以加入有机溶剂或将溶液加热，以增大有关物质的溶解度。加热还可加快反应速率。在可能发生僵化情况下，接近终点时更要缓慢滴定，剧烈振摇。

金属指示剂多数是具有若干双键的有色有机化合物，易受日光、氧化剂、空气等作用而分解，有些在水溶液中不稳定，有些日久会变质。为了避免指示剂变质，有些指示剂可以用中性盐(如 NaCl 固体等)稀释后配成固体指示剂使用，有时可在指示剂溶液中加入可以防止指示剂变质的试剂，如在铬黑 T 溶液中加三乙醇胺等。一般指示剂都不宜久放，最好是用时新配。

3. 常用的金属指示剂

一些常用金属指示剂的主要使用情况列于表 5－3。

表 5-3　常见的金属指示剂

指示剂	pH 值范围	颜色变化		直接滴定离子	配制	注意事项
		In	MIn			
铬黑 T(eriochrome black T，简称 BT 或者 EBT)	8～10	蓝	红	pH＝10，Mg^{2+}、Zn^{2+}、Cd^{2+}、Pb^{2+}、Mn^{2+}、稀土元素离子	1∶100 NaCl（固体）	Fe^{3+}、Al^{3+}、Cu^{2+}、Ni^{2+} 等离子封闭
酸性铬蓝 K(acid chrome blue K)	8～13	蓝	红	pH＝10，Mg^{2+}、Zn^{2+}、Mn^{2+} pH＝13，Ca^{2+}	1∶100 NaCl（固体）	
二甲酚橙(xylenol orange，简称 XO)	＜6	黄	红	pH＜1，ZrO^{2+} pH＝1～3.5，Bi^{3+}、Th^{4+} pH＝5～6，Ti^{3+}、Zn^{2+}、Pb^{2+}、Cd^{2+}、Hg^{2+} 稀土元素离子	5 g·L^{-1} 水溶液	Fe^{3+}、Al^{3+}、Ni^{2+}、Ti^{IV} 等离子封闭
磺基水杨酸(sulfosalicylic acid，简称 Ssal)	1.5～2.5	无	紫红	pH＝1.5～2.5，Fe^{3+}	50 g·L^{-1} 水溶液	Ssal 本身无色，FeY^{-} 呈黄色
钙指示剂(calconcarboxylic acid，简称 NN)	12～13	蓝	红	pH＝12～13，Ca^{2+}	1∶100 NaCl（固体）	Ti^{IV}、Fe^{3+}、Al^{3+}、Cu^{2+}、Ni^{2+}、Co^{2+}、Mn^{2+} 等离子封闭
1-(2-吡啶偶氮)-2-萘酚(PAN)	2～12	黄	红	pH＝2～3，Th^{4+}、Bi^{3+} pH＝4～5，Cu^{2+}、Ni^{2+}、Zn^{2+}、Pb^{2+}、Cd^{2+}、Mn^{2+}、Fe^{2+}	1 g·L^{-1} 乙醇溶液	Min 在水中溶解度很小，为防止 PAN 僵化，滴定时需加热

除表 5-3 中所列指示剂外，还有一种 Cu-PAN 指示剂，它是 CuY 与少量 PAN 的混合溶液。用此指示剂可以滴定许多金属离子，包括一些与 PAN 配位不够稳定或不显色的离子。将此指示剂加到含有被测金属离子 M 的试液中时，发生如下置换反应：

$$\underset{\text{蓝}}{CuY}+\underset{\text{黄}}{PANH}+M \rightleftharpoons MY+\underset{\text{紫红}}{Cu-PAN}$$

溶液呈现紫红色。用 EDTA 滴定时，EDTA 先与游离的金属离子 M 配位，当加入的EDTA定量配位 M 后，EDTA 将夺取 Cu-PAN 中的 Cu^{2+} 而使 PAN 游离出来：

$$\underset{\text{紫红}}{Cu-PAN}+Y \rightleftharpoons \underset{\text{蓝}}{CuY}+\underset{\text{黄}}{PAN}$$

溶液由紫红变为 CuY 及 PAN 混合而成的绿色，即到达终点。因滴定前加入的 CuY 与最后生成的 CuY 是相等的，故加入的 CuY 不影响测定结果。

Cu-PAN 指示剂可在很宽的 pH 值范围(pH＝2～12)内使用，该指示剂能被 Ni^{2+} 封闭。此外，使用此指示剂时不可同时加入能与 Cu^{2+} 生成更稳定配合物的其他掩蔽剂。

5.2.3.6　分别滴定的判别式

由于 EDTA 能和许多金属离子形成稳定的配合物，实际的分析对象又常常比较复杂，在被测定溶液中可能存在多种金属离子,在滴定时很可能相互干扰,因此,在混合离子中如何滴定某一种离子或分别滴定某几种离子是配位滴定中要解决的重要问题。

1. 分别滴定的判别式

前已述及,当滴定单独一种金属离子时,只要满足 $\lg(c(M)K'(MY))\geqslant 6$ 的条件,就可以准确地进行滴定,相对误差 $\leqslant \pm 0.1\%$。但当溶液中有两种或两种以上的金属离子共存时,情况就比较复杂。若溶液中含有金属离子 M 和 N,它们均可与 EDTA 形成配合物,此时欲测定 M 的含量,共存的 N 是否对 M 的测定产生干扰,则需考虑干扰离子 N 的副反应。设该副反应系数为 $\alpha(Y(N))$,当 $K(MY)>K(NY)$,且 $\alpha(Y(N))\gg\alpha(Y(H))$ 情况下,可推导出下式:

$$\lg[c(M)K'(MY)]\approx \lg K(MY)-\lg K(MY)+\lg(c(M)/c(N)) \quad (5-14)$$
$$\approx \Delta\lg K+\lg(c(M)/c(N))$$

即两种金属离子配合物的稳定常数差值 $\Delta\lg K$ 越大,被测离子浓度 $c(M)$ 越大,干扰离子浓度 $c(N)$ 越小,则在 N 存在下准确滴定 M 的可能性就越大。至于 $\Delta\lg K$ 应满足怎样的数值,才能进行分别滴定,需根据所要求的测定准确度、浓度比($c(M)/c(N)$)及在终点和化学计量点之间 pM 的差值 ΔpM 等因素来决定。对于有干扰离子存在时的配位滴定,一般允许有 $\leqslant\pm 0.5\%$ 的相对误差,当用指示剂检测终点 $\Delta pM\approx 0.3$,由误差图[①]查得需 $\lg(c(M)K'(MY))=5$。当 $c(M)=c(N)$ 时,则

$$\Delta\lg K=5 \quad (5-15)$$

故一般常以 $\Delta\lg K=5$ 作为判断能否利用控制酸度进行分别滴定的条件。

例如,若需考虑当溶液中 Bi^{3+}、Pb^{2+} 浓度皆为 0.01 $mol\cdot L^{-1}$ 时,用 EDTA 滴定 Bi^{3+} 有无可能?查表 5-1 可知,$\lg K(BiY)=27.94$,$\lg K(PbY)=18.04$,则 $\Delta\lg K=27.94-18.04=9.9$,符合式(5-15)的要求,故可以选择滴定 Bi^{3+} 而 Pb^{2+} 不干扰。由酸效应曲线可查得滴定 Bi^{3+} 的最低 pH 值约为 0.7,但滴定时 pH 值不能太大,在 pH≈2 时,Bi^{3+} 将开始水解析出沉淀。因此滴定 Bi^{3+} 的适宜 pH 值范围为 0.7~2。通常选取 pH=1 时进行滴定,以保证滴定时不会析出 Bi^{3+} 的水解产物,Pb^{2+} 也不会干扰 Bi^{3+} 与 EDTA 的反应。

当溶液中有两种以上金属离子共存时,能否分别滴定应首先判断各组分在测定时有无相互干扰。若 $\Delta\lg K$ 足够大则相互无干扰,这时可通过控制酸度依次测出各组分的含量。若有干扰,则需采用掩蔽等方法去除干扰。

2. 用控制溶液酸度的方法进行分别滴定

如前所述,当用分别滴定的判别式判别若干组分在测定时无相互干扰后,可通过控制溶液酸度的方法依次测出各组分的含量。具体步骤如下:

(1)比较混合物中各组分离子与 EDTA 形成配合物的稳定常数大小,得出首先被滴定的应是 $K(MY)$ 最大的那种离子。

(2)用式(5-15)判断稳定常数最大的金属离子和与其相邻的另一金属离子之间有无干扰:

①若无干扰,则可通过计算确定稳定常数最大的金属离子测定的 pH 值范围,选择指示剂,按照与单组分测定相同的方式进行测定,其他离子依此类推;

②若有干扰,则不能直接测定,需采取掩蔽解蔽或分离等方式去除干扰后再测定。

例 5-2 溶液中含有 Fe^{3+}、Al^{3+}、Ca^{2+} 和 Mg^{2+},假定它们的浓度皆为 10^{-2} $mol\cdot L^{-1}$,能否借控制溶液酸度分别滴定 Fe^{3+} 和 Al^{3+}?[已知 $\lg K(FeY)=25.1$,$\lg K(AlY)=16.3$,$\lg K$

①林邦 A. 分析化学中的络合作用[M]. 戴明,译. 北京:高等教育出版社,1987:81.

(CaY)＝10.69，lgK(MgY)＝8.69。]

解　比较已知的稳定常数数值可知，$K(FeY)$最大，$K(AlY)$次之，所以滴定 Fe^{3+} 时，最可能发生干扰的是 Al^{3+}：

$$\Delta \lg K = \lg K(FeY) - \lg K(AlY) = 25.1 - 16.3 = 8.8 > 5$$

根据式(5－15)可知滴定 Fe^{3+} 时，共存的 Al^{3+} 没有干扰。

从图 5－3 查得测 Fe^{3+} 的 pH_{min} 约为 1，考虑到 Fe^{3+} 的水解效应，需 $pH<2.2$，因此测定 Fe^{3+} 的 pH 值应为 1～2.2。查表 5－3 可知，磺基水杨酸 pH＝1.5～2.0，与 Fe^{3+} 形成的配合物呈现紫红色，据此可选定 pH＝5～2.0，用 EDTA 直接滴定 Fe^{3+} 离子，终点时溶液颜色由紫红色变为黄色。Al^{3+}、Ca^{2+} 及 Mg^{2+} 不干扰。

滴定 Fe^{3+} 后的溶液，继续滴定 Al^{3+}，此时，应考虑 Ca^{2+}、Mg^{2+} 是否会干扰 Al^{3+} 的测定。由于

$$\Delta \lg K = \lg K(AlY) - \lg K(CaY) = 16.3 - 10.69 = 5.61 > 5$$

故 Ca^{2+}、Mg^{2+} 不会造成干扰。

与确定测 Fe^{3+} 的 pH 值范围步骤相似，可得出应在 pH＝4～6 测定 Al^{3+}。实验时，先调节 pH 值为 3，加入过量的 EDTA，煮沸，使大部分 Al^{3+} 与 EDTA 配位，再加亚甲基四胺缓冲溶液，控制 pH 值约为 4～6，使 Al^{3+} 与 EDTA 配位完全，然后用 PAN 作指示剂，用 Cu^{2+} 标准溶液回滴过量的 EDTA，即可测出 Al^{3+} 的含量。

控制溶液的 pH 值范围是在混合离子溶液中进行选择性滴定的途径之一，滴定的 pH 值范围是综合了滴定适宜的 pH 值、指示剂的变色，同时考虑共存离子的存在等情况后确定的，而且实际滴定时选取的 pH 值范围一般比上述求得的适宜 pH 值范围更要狭窄一些。通过控制溶液酸度对混合离子溶液进行分别滴定，是本章学习的另一重点，因此请读者仔细体会上述原则。

3. 用掩蔽的方法进行滴定

若被测金属离子的配合物与干扰离子的配合物的稳定常数相差不大（$\Delta \lg K<5$），就不能用控制酸度的方法进行分别滴定。此时可利用掩蔽剂(masking agent)来降低干扰离子的浓度以消除干扰。但须注意干扰离子存在的量不能太大，否则得不到满意的结果。

掩蔽(masking)方法按所用反应类型不同，可分为配位掩蔽法、沉淀掩蔽法和氧化还原掩蔽法等，其中用得最多的是配位掩蔽法。

1)配位掩蔽法

此方法是基于干扰离子与掩蔽剂形成稳定配合物以消除干扰。例如，GB 3286.11998 规定石灰石、白云石中 CaO 与 MgO 的含量测定，即以三乙醇胺掩蔽试样中的 Fe^{3+}、Al^{3+} 和 Mn^{2+}，使之生成更稳定的配合物，消除干扰。然后取一份试液在 pH＞12 时，以 EDTA 滴定 CaO 的含量，用钙指示剂指示终点；另取一份试液在 pH＝10 时，以 EDTA 滴定 CaO 和 MgO 的总量，用 KB 指示剂①确定终点。

又如，在 Al^{3+} 与 Zn^{2+} 两种离子共存时，可用 NH_4F 掩蔽 Al^{3+}，使其生成稳定的 AlF_6^{3-} 离子；再于 pH＝5～6 时，用 EDTA 滴定 Zn^{2+}。

常见的配位掩蔽剂见表 5－4。

---

①KB 指示剂是酸性铬蓝 K 和萘酚氯 B 以一定比例混合配制而成的指示剂，其终点敏锐性比单纯的酸性铬蓝 K 高。

表 5-4　一些常见的掩蔽剂

名称	pH 值范围	被掩蔽离子	备注
KCN	>8	Co^{2+}、Ni^{2+}、Cu^{2+}、Zn^{2+}、Hg^{2+}、Cd^{2+}、Ag^{+}及铂系元素	
NH_4F	4～6	Al^{3+}、Ti^{IV}、Sn^{IV}、W^{IV}等	NH_4F 比 NaF 好，加入后溶液 pH 值变化不大
	10	Al^{3+}、Mg^{2+}、Ca^{2+}、Sr^{2+}、Ba^{2+}及稀土元素	
邻二氮菲	5～6	Cu^{2+}、Co^{2+}、Ni^{2+}、Zn^{2+}、Hg^{2+}、Cd^{2+}、Mn^{2+}	
三乙醇胺(TEA)	10	Al^{3+}、Sn^{IV}、Ti^{IV}、Fe^{3+}	与 KCN 并用，可提高掩蔽效果
	11～12	Fe^{3+}、Al^{3+}及少量 Mn^{2+}	
二巯基丙醇	10	Hg^{2+}、Cd^{2+}、Zn^{2+}、Bi^{3+}、Pb^{2+}、Ag^{+}、As^{3+}、Sn^{IV}及少量 Cu^{2+}、Co^{2+}、Ni^{2+}、Fe^{3+}	
硫脲	弱酸性	Cu^{2+}、Hg^{2+}	
酒石酸	1.5～2	Sb^{3+}、Sn^{IV}	在抗坏血酸存在下
	5.5	Fe^{3+}、Al^{3+}、Sn^{IV}、Ca^{2+}	
	6～7.5	Mg^{2+}、Cu^{2+}、Fe^{3+}、Al^{3+}、Mo^{4+}	
	10	Al^{3+}、Sn^{IV}、Fe^{3+}	

使用掩蔽剂时需注意下列几点：

(1)干扰离子与掩蔽剂形成的配合物应远比与 EDTA 形成的配合物稳定，且形成的配合物应为无色或浅色的，不影响滴定终点的判断。

(2)掩蔽剂不与待测离子配位，即使形成配合物，其稳定性也应远小于待测离子与 EDTA 配合物的稳定性。

(3)使用掩蔽剂时应注意适用的 pH 值范围，如在 pH＝8～10 时测定 Zn^{2+}，用铬黑 T 作指示剂，则用 NH_4F 可掩蔽 Al^{3+}。但在测定含有 Ca^{2+}、Mg^{2+}、Al^{3+} 溶液中的 Ca^{2+}、Mg^{2+} 总量时，于 pH＝10 滴定，因为 F^- 与被测物 Ca^{2+} 要生成 CaF_2 沉淀，所以就不能用氟化物来掩蔽 Al^{3+}。此外，选用掩蔽剂还要注意它的性质和加入时的 pH 值的条件。例如 KCN 是剧毒物，只允许在碱性溶液中使用；若将它加入酸性溶液中，则产生剧毒的 HCN 呈气体逸出，对环境与人有严重危害；滴定后的溶液也应注意处理，以免造成污染。掩蔽 Fe^{3+}、Al^{3+} 等的三乙醇胺，必须在酸性溶液中加入，然后再碱化，否则 Fe^{3+} 将生成氢氧化物沉淀而不能进行配位掩蔽。

2)沉淀掩蔽法

此法系加入选择性沉淀剂作掩蔽剂，使干扰离子形成沉淀以降低其浓度。例如，欲测定 Ca^{2+}、Mg^{2+} 的含量，由于 $\lg K(CaY)=10.7$，$\lg K(MgY)=8.7$，它们的 $\Delta\lg K<5$，故不能利用控制酸度进行分别滴定。这时可根据 Ca^{2+}、Mg^{2+} 的氢氧化物溶解度的差异，加入 NaOH 溶液，使pH>12，则 Mg^{2+} 生成 $Mg(OH)_2$ 沉淀，用钙指示剂可以指示 EDTA 滴定 Ca^{2+} 的终点。

用于沉淀掩蔽法的沉淀反应必须具备下列条件：

(1)生成的沉淀溶解度要小，使反应完全；

(2)生成的沉淀应是无色或浅色致密的最好是晶形沉淀，其吸附能力很弱。

实际应用时,较难完全满足上述条件,故沉淀掩蔽法应用不广。常用的沉淀掩蔽剂见表5-5。

表 5-5　配位滴定中常用的沉淀掩蔽剂

名称	被掩蔽离子	待测定的离子	pH 值范围	指示剂
NH_4F	Mg^{2+}、Ca^{2+}、Sr^{2+}、Ba^{2+}、Ti^{IV}、Al^{3+} 及稀土	Zn^{2+}、Cd^{2+}、Mn^{2+}(有还原剂存在)	10	铬黑 T
		Cu^{2+}、Co^{2+}、Ni^{2+}	10	紫脲酸铵
K_2CrO_4	Ba^{2+}	Sr^{2+}	10	Mg-EDTA 铬黑 T
Na_2S 或铜试剂	Bi^{3+}、Cd^{2+}、Cu^{2+}、Hg^{2+}、Pb^{2+} 等	Mg^{2+}、Ca^{2+}	10	铬黑 T
H_2SO_4	Pb^{2+}	Bi^{3+}	1	二甲酚橙
$K_4[Fe(CN)_6]$	微量 Zn^{2+}	Pb^{2+}	5～6	二甲酚橙

3)氧化还原掩蔽法

此法系利用氧化还原反应,变更干扰离子价态,以消除其干扰。例如,用 EDTA 滴定 Bi^{3+}、Zr^{4+}、Th^{4+} 等离子时,溶液中如果存在 Fe^{3+},将有干扰。由于 Fe^{2+}-EDTA 配合物的稳定常数比 Fe^{3+}-EDTA 的小得多[$\lg K(FeY^-)=25.1$;$\lg K(FeY^{2-})=14.33$],因此可加入抗坏血酸或羟胺等,将 Fe^{3+} 还原成 Fe^{2+},以消除干扰。

常用的还原剂有抗坏血酸、羟胺、联胺、硫脲、半胱氨酸等,其中有些还原剂同时又是配位剂。

有时,有些干扰离子的高价态与 EDTA 的配合物的稳定常数比低价态与 EDTA 的配合物的小,则可以预先将低价干扰离子(如 Cr^{3+}、VO^{2+} 等离子)氧化成高价酸根(如 $Cr_2O_7^{2-}$、VO_3^- 等)来消除干扰。

4. 用解蔽的方法进行滴定

将一些离子掩蔽,对某种离子进行滴定后,使用另一种试剂破坏掩蔽所产生配合物,使被掩蔽的离子重新释放出来,这种作用称为解蔽(demasking),所用的试剂称为解蔽剂。

例如,铜合金中 Cu^{2+}、Zn^{2+}、Pb^{2+} 三种离子共存。欲测定其中 Zn^{2+} 和 Pb^{2+} 含量,可用氨水中和试液加 KCN 掩蔽 Cu^{2+} 和 Zn^{2+},在 pH=10 时,用铬黑 T 作指示剂,用 EDTA 滴定 Pb^{2+}。滴定后的溶液,加入甲醛或三氯乙醛作解蔽剂,破坏$[Zn(CN)_4]^{2-}$配离子:

$$[Zn(CN)_4]^{2-}+4HCHO+4H_2O \rightleftharpoons Zn^{2+}+4H_2\overset{\overset{\displaystyle OH}{|}}{C}\text{—}CN+4OH^-$$

(羟基乙腈)

释放出的 Zn^{2+},再用 EDTA 继续滴定。$[Cu(CN)_3]^{2-}$ 配离子比较稳定,不易被醛类解蔽,但要注意甲醛应分次滴加,用量也不宜过多。如甲醛过多,温度较高,可能使$[Cu(CN)_3]^{2-}$配离子部分破坏而影响 Zn^{2+} 的测定结果。

5.2.3.7　配位滴定的方式和应用

在配位滴定中,采用不同的滴定方式不仅可以扩大配位滴定的应用范围,而且可以提高配位滴定的选择性。

1)直接滴定

这种方法是在满足滴定条件的基础上,用 EDTA 标准溶液直接滴定待测离子。其操作简便,一般情况下引入的误差也较少,故在可能的范围内应尽可能采用直接滴定法。

在适宜的条件下,大多数金属离子都可以采用 EDTA 直接滴定。例如:

pH=1,滴定 Bi^{3+};

pH=1.5~2.5,滴定 Fe^{3+};

pH=2.5~3.5,滴定 Th^{4+};

pH=5~6,滴定 Zn^{2+}、Pb^{2+}、Cd^{2+} 及稀土;

pH=9~10,滴定 Zn^{2+}、Mn^{2+}、Cd^{2+} 和稀土;

pH=10,滴定 Mg^{2+};

pH=12~13,滴定 Ca^{2+}。

但在下列情况下,不宜采用直接滴定法,需采用其他滴定方式:

①待测离子(如 Al^{3+}、Cr^{3+} 等)与 EDTA 配位速率很慢,本身又易水解或封闭指示剂;

②待测离子(如 Ba^{2+}、Sr^{2+} 等)虽能与 EDTA 形成稳定的配合物,但缺少变色敏锐的指示剂;

③待测离子(如 SO_4^{2-}、PO_4^{3-} 等)不与 EDTA 形成配合物,或待测离子(如 Na^+ 等)与 EDTA 形成的配合物不稳定。

2)返滴定

上述①和②两种情况可采用返滴定法。这种方法是在试液中先加入已知过量的 EDTA 标准溶液,使待测离子与 EDTA 完全配位,再用其他金属离子的标准溶液滴定过量的 EDTA,从而求得被测物质的含量。

例如:在 Al^{3+} 的滴定中,Al^{3+} 与 EDTA 的反应速率缓慢,Al^{3+} 对二甲酚橙等指示剂也有封闭作用,而且 Al^{3+} 又易水解生成多核羟基配合物,如$[Al_2(H_2O)_6(OH_3)]^{3+}$、$[Al_3(H_2O)_6(OH)_6]^{3+}$ 等,因而配位比不恒定。为此,可先加入已知过量的 EDTA 标准溶液,在 pH≈3.5(防止 Al^{3+} 水解)时,煮沸溶液,使 Al^{3+} 与 EDTA 配位完全,然后调节溶液 pH 值至 5~6(此时 Al 稳定,也不会重新水解析出多核配合物),以二甲酚橙为指示剂,用 Zn^{2+} 或 Pb^{2+} 标准溶液返滴定过量的 EDTA 以测得铝的含量。

又如,测定 Ba^{2+} 时没有变色敏锐的指示剂,可加入过量 EDTA 溶液,与 Ba^{2+} 配位后,用铬黑 T 作指示剂,再用 Mg^{2+} 标准溶液返滴定过量的 EDTA。

值得注意的是,作为返滴定的金属离子,它与 EDTA 配合物的稳定性要适当;既要有足够的稳定性以保证滴定的准确度,又不宜比待测离子与 EDTA 的配合物更为稳定,否则在返滴定的过程中,它可能将被测离子从已生成的配合物中置换出来,造成测定误差。一般在 pH=4~6 时,Zn^{2+}、Cu^{2+} 是良好的返滴定剂;在 pH=10 时,宜选 Mg^{2+} 作返滴定剂。

3)置换滴定

上述①和②两种情况,除了采用返滴定法外,还可采用置换滴定法。此法是利用置换反应,置换出相应数量的金属离子或 EDTA,然后用 EDTA 或金属离子标准溶液滴定被置换出的金属离子或 EDTA。

(1)置换出金属离子。若被测离子 M 与 EDTA 反应不完全或所形成的配合物不够稳定,可用 M 置换出另一配合物(NL)中的 N,然后用 EDTA 滴定 N,即可间接求得 M 的含量。

$$M+NL = ML+N$$

例如 Ag^+ 与 EDTA 的配合物不稳定[$\lg K(AgY)=7.32$]，不能用 EDTA 直接滴定，但可使 Ag^+ 与 $Ni(CN)_4^{2-}$ 反应，则 Ni^{2+} 被置换出来：

$$2Ag^+ + Ni(CN)_4^{2-} = 2Ag(CN)_2^- + Ni^{2+}$$

在 pH＝10 的氨性溶液中，以紫脲酸胺作指示剂，用 EDTA 滴定被置换出来的 Ni^{2+}，即可间接求得 Ag^+ 的含量。

(2)置换出 EDTA。先将 EDTA 与被测离子 M 全部配位，再加入对被测离子 M 选择性高的配位剂 L，使生成 ML，并释放出 EDTA：

$$MY + L = ML + Y$$

待反应完全后，用另一金属离子标准溶液滴定释放出来的 EDTA，即可求得 M 的含量。

例如，铜及铜合金中的 Al(GB 5121.4－1996)和水处理剂 $AlCl_3$ 测定都是在试液中加入过量的 EDTA，使与 Al 配位完全，用 Zn^{2+} 溶液去除过量的 EDTA 后，加 NaF 或 KF，置换出与 Al 配位的 EDTA，再以 Zn^{2+} 标准溶液滴定之。

又如，测定锡合金中的 Sn 时，也是采用类似的方式，于试液中加入过量的 EDTA，将可能存在的如 Pb^{2+}、Zn^{2+}、Cd^{2+}、Bi^{3+} 等与 $Sn^{Ⅳ}$ 一起发生配位反应。用 Zn^{2+} 标准溶液除去过量的 EDTA。加入 NH_4F，使与 SnY 中的 $Sn^{Ⅳ}$ 发生配位反应，并将 EDTA 置换释放出来，再用 Zn^{2+} 标准溶液滴定释放出的 EDTA，即可求得 $Sn^{Ⅳ}$ 的含量。

置换滴定法是提高配位滴定选择性的途径之一，同时也扩大了配位滴定的应用范围。

再如，铬黑 T 与 Ca^{2+} 显色的灵敏度较差，但与 Mg^{2+} 显色却很灵敏，利用这一差异如在 pH＝10 的溶液中，用 EDTA 滴定 Ca^{2+} 时，常于溶液中先加入少量 MgY。由于 $\lg K(CaY)=10.69$，$\lg K(MgY)=8.69$，此时发生下列置换反应：

$$MgY + Ca^{2+} = CaY + Mg^{2+}$$

置换出的 Mg^{2+} 与铬黑 T 的配合物溶液呈现很深的红色滴定时，EDTA 先与 Ca^{2+} 配位(请读者思考一下，为什么?)，到滴定终点时，EDTA 夺取 Mg－铬黑 T 配合物中的 Mg^{2+}，游离出蓝色的指示剂，颜色变化很明显。此处，滴定前加入的少量 MgY 与最后生成的 MgY 的量相等，故加入的 MgY 不影响测定结果。这是通过置换滴定，提高指示剂指示终点敏锐性的例子。

用 CuY－PAN 作指示剂时，也是利用置换滴定法的原理。

4)间接滴定

对于不能形成配合物或者形成的配合物不稳定的情况可采用间接滴定。此法是加入过量的、能与 EDTA 形成稳定配合物的金属离子作沉淀剂，以沉淀待测离子，过量沉淀剂用 EDTA 滴定，或将沉淀分离、溶解后，再用 EDTA 滴定其中的金属离子。例如测定 PO_4^{3-}，可加一定量过量的 $Bi(NO_3)_3$，使之生成 $BiPO_4$ 沉淀，再用 EDTA 滴定剩余的 Bi^{3+}。又如测定 Na^+ 时，将 Na^+ 沉淀为醋酸铀酰锌钠 $NaOAc \cdot Zn(OAc)_2 \cdot 3UO_2(OAc)_2 \cdot 9H_2O$，分离沉淀，溶解后，用 EDTA 滴定 Zn^{2+}，从而求得 Na^+ 含量。

间接滴定方式操作较繁，当然，引入误差的机会也增多，因此并不是一种很好的分析测定的方法。

5.2.4　重点难点

1. 本章的重点

(1)副反应系数的计算，包括金属离子的副反应系数和 EDTA 的副反应系数。

(2)条件稳定常数的计算。

2. 本章的难点

(1)副反应系数的计算是本章的难点之一,重要的是搞清楚副反应系数的概念,搞清楚副反应系数与分布分数之间的关系。

(2)金属离子能否被准确滴定的条件以及混合离子的准确定的酸度控制。

(3)如何通过控制溶液的 pH 值进行混合离子的准确滴定。

5.3 例题解析

1. 填空题

(1)EDTA 在水溶液中的主要存在形式为________,其溶液的 pH 值约为________。

(2)EDTA 为六啮配位剂,所以无论金属离子的价数是多少,一般均按________配位,且生成的配合物是具有五圆环或六圆环的________,所以非常稳定。

(3)由于 H^+ 的存在使配位体参加主反应能力降低的现象称为________。H^+ 引起副反应时的副反应系数称为________,常以符号________表示。它与 EDTA 总浓度之间的关系是________。

(4)配位滴定突跃范围的大小主要决定于________和________两个因素。

(5)用 EDTA 准确滴定金属离子的条件是________,影响配合物条件稳定常数的内因是________,外因主要是________和________。

(6)为使 EDTA 配位滴定突跃增大,一般控制较高的 pH 值,但并非越高越好,还需同时考虑待测金属离子的________和________的配位作用。

(7)金属指示剂一般为有机弱酸或弱碱,具有________和________的性质。

(8)用 EDTA 滴定 Ca^{2+}、Mg^{2+} 总量时,以________为指示剂,溶液的 pH 值必须控制在________;滴定 Cu^{2+} 时,以________为指示剂,溶液的 pH 值则应控制在________以上。

(9)在 Fe^{3+}、Al^{3+}、Ca^{2+}、Mg^{2+} 的混合液中,用 EDTA 法测定 Fe^{3+}、Al^{3+},要消除 Ca^{2+}、Mg^{2+} 的干扰,最简便的方法是________。

(10)EDTA 与金属离子形成配合物的稳定性可用________来衡量。其数值越大,表示配合物的稳定性________。

2. 单项选择题

(1)在不同 pH 值溶液中,EDTA 的主要存在形式不同。在何种 pH 值下,EDTA 主要以 Y^{4-} 形式存在?( )

A. pH=10 B. pH=4 C. pH=6 D. pH=8

(2)EDTA 能与多种金属离子进行配位反应。在其多种存在形式中,以何种形式与金属离子形成的配合物最稳定?( )

A. H_2Y^{2-} B. H_3Y^- C. H_4Y D. Y^{4-}

(3)金属离子与 EDTA 形成稳定配合物的主要原因是( )。

A. 形成环状螯合物 B. 配位比简单

C. 配合物的溶解度大 D. 配合物的颜色较深

(4)影响 EDTA 配合物稳定性的因素之一是酸效应。酸效应是指( )。

A. 酸能使配位体配位能力降低的现象

B. 酸能使某些电解质溶解度增大或减小的现象

C. 酸能使金属离子配位能力降低的现象

D. 酸能抑制金属离子水解的现象

(5)浓度为 c mol·L^{-1}的 EDTA 溶液，在某酸度下 Y^{4-} 离子的酸效应系数为 α，则该离子在总浓度中所占的百分比等于(　　)。

A. $1/\alpha$　　B. α　　C. c/α　　D. $\alpha \cdot c$

(6)浓度为 c mol·L^{-1}的 EDTA 溶液，在一定酸度条件下，其 Y^{4-} 离子的分布系数 δ 为(　　)。

A. $c/[Y^{4-}]$　　B. $[Y^{4-}]/c$　　C. $c/[HY]$　　D. $c/[H_4Y]$

(7)pH＝9.0 时，用 1.0×10^{-3} mol·L^{-1} EDTA 溶液滴定两份 1.0×10^{-3} mol·L^{-1} Zn^{2+} 溶液。第一份溶液里含有 0.010 mol·L^{-1} NH_3，第二份溶液中含有 0.10 mol·L^{-1} NH_3。在这两份被滴定的溶液中，pZn 值大约相等在(　　)。

A. 化学计量点后加入 EDTA 10.00 mL 时　　B. 加入 50%EDTA 时

C. 整个滴定过程中　　D. 化学计量点时

(8)在下列叙述 EDTA 溶液中 Y^{4-} 的分步系数为 $\delta(Y^{4-})$时，哪种说法是正确的？(　　)

A. $\delta(Y^{4-})$随酸度减小而增大　　B. $\delta(Y^{4-})$随 pH 值增大而减小

C. $\delta(Y^{4-})$随酸度增大而增大　　D. $\delta(Y^{4-})$随酸度减小而减小

(9)用浓度为 1.0×10^{-3} mol·L^{-1}的配位剂 L 滴定 1.0×10^{-3} mol·L^{-1}的金属离子 M。设配合物 ML 的稳定常数为 $K(ML)=10^{14.0}$，在何种 pH 条件下可以准确滴定？　(　　)

A. pH＝2.0，$\lg\alpha(L(H))=14.0$　　B. pH＝8.0，$\lg\alpha(L(H))=3.0$

C. pH＝7.0，$\lg\alpha(L(H))=4.0$　　D. pH＝6.0，$\lg\alpha(L(H))=5.5$

(10)与 EDTA 配位滴定突跃范围大小关系最小的因素是(　　)。

A. 酸度　　B. 金属离子浓度　　C. 温度　　D. 辅助配体浓度

(11)配位滴定法的直接法终点所呈现的颜色是指(　　)。

A. 金属指示剂与被测金属离子形成配合物的颜色

B. 游离的金属指示剂的颜色

C. 游离的金属离子的颜色

D. EDTA 与金属指示剂形成配合物的颜色

(12)用 EDTA 法测定自来水的硬度，已知水中含有少量 Fe^{3+}，某同学用 NH_3-NH_4Cl 缓冲溶液调至 pH＝9.6，选铬黑 T 为指示剂，用 EDTA 标准溶液滴定，但溶液一直是红色找不到终点，其原因是(　)。

A. Fe^{3+} 封闭了指示剂　　B. pH 值太高

C. 缓冲溶液选错　　D. 指示剂失效

(13)金属指示剂一般为有机弱酸或弱碱，它具有酸碱指示剂的性质，同时它也是(　　)。

A. 有颜色的金属离子　　B. 无颜色的金属离子

C. 金属离子的配位剂　　D. 金属离子的还原剂

(14)当溶液中有两种金属离子共存时，若要求滴定误差小于 0.1%，则两种金属离子的浓度与条件稳定常数乘积对数差应大于(　　)。

A. 4　　B. 5　　C. 6　　D. 7

(15)在 EDTA 配位滴定中,所选用的金属指示剂的稳定常数要适当,一般要求它与金属离子形成的配合物的条件稳定常数 $K'(\mathrm{MIn})$( )。

A. $<K'(\mathrm{MY})/100$　B. $\geqslant 10^{8.0}$　C. $<100/K'(\mathrm{MY})$　D. $\geqslant 100\cdot K'(\mathrm{MY})$

(16)用 EDTA 配位滴定法测定 Al^{3+} 时,先加入过量 EDTA 溶液后,用 Cu^{2+} 标准溶液返滴定,此时可选用的适宜指示剂是( )。

A. 钙指示剂　B. 铬黑 T　C. PAN　D. 磺基水杨酸

(17)①在 EDTA 滴定金属离子 M 时,能使滴定反应的平衡常数增加的效应( );②在 EDTA 滴定金属离子 M 时,对配合物 MY 稳定性影响最小的效应是( )。

A. pH 的缓冲效应　B. EDTA 的酸效应　C. MY 的副反应　D. M 的其他配位效应

(18)①采用 EDTA 滴定法,测定水的总硬度时,选择适宜的指示剂为( );②采用 EDTA滴定法,测定某样品中铁含量,选择适宜的指示剂为( )。

A. 磺基水杨酸　B. PAN　C. 二甲酚橙　D. 铬黑 T

(19)①采用 EDTA 滴定法测定 Al^{3+} 时,宜采用的滴定方式为( );②采用 EDTA 滴定法测定 Ag^{+} 时,宜采用的滴定方式为( )。

A. 直接滴定法　B. 返滴定法　C. 置换滴定法　D. 间接滴定法

(20)①在 Fe^{3+}、Al^{3+}、Ca^{2+}、Mg^{2+} 混合溶液中,用 EDTA 法测定 Fe^{3+}、Al^{3+} 含量,要消除 Ca^{2+}、Mg^{2+} 的干扰,最简便的方法是( );②在 Fe^{3+}、Al^{3+}、Ca^{2+}、Mg^{2+} 混合溶液中,用 EDTA 法测定 Ca^{2+}、Mg^{2+} 含量,要消除 Fe^{3+}、Al^{3+} 的干扰,最简便的方法是( )。

A. 沉淀分离法　B. 控制酸度法　C. 配位掩蔽法　D. 离子交换法

3. 名词解释

(1)酸效应。

(2)配位效应。

(3)条件稳定常数。

(4)金属离子指示剂。

(5)指示剂的封闭现象。

(6)指示剂的僵化现象。

答案解析:

(1)由于 H^{+} 的存在使配位体参加主反应能力降低的现象。

(2)由于其他配位剂的存在使金属离子参加主反应能力降低的现象。

(3)考虑了酸效应、配位效应等外界因素影响后得到的实际稳定常数。

(4)能与金属离子生成有色配合物的显示剂,用于指示滴定过程离子浓度的变化。

(5)达到计量点时,虽滴入足量的 EDTA 也不能从金属离子与指示剂配合物 MIn 中置换出指示剂而显示颜色变化的现象。

(6)MIn 形成胶体或沉淀,在用 EDTA 滴定到计量点时,EDTA 置换指示剂的作用缓慢,引起终点延长的现象。

4. 简答题

(1)何谓配位滴定法?配位滴定法对滴定反应有何要求?

(2)配合物的稳定常数有何意义?

(3)酸度和其他配位剂的配位效应对 EDTA 滴定突跃大小有何影响?

(4)何谓配位滴定允许的最高酸度和最低酸度？如何求算？

(5)说明水的硬度的含义及其表示方法。

答案解析：

(1)以配位反应为基础的滴定分析方法称为配位滴定法。配位滴定法要求配位反应按一定的反应式定量地进行，且能进行完全；反应必须迅速；可以用适当的方法确定滴定终点。

(2)配合物的稳定常数即是配位剂与金属离子发生配位反应时的平衡常数。稳定常数越大，表示生成配合物的倾向越大，配合物的稳定性越高。

(3)酸度越高，酸效应越强，滴定突跃越小；其他配位剂的浓度越大，配位效应越强，滴定突跃越小。

(4)配位滴定允许的最高酸度是指对某一金属离子而言，若高于该酸度，则该金属离子不能被 EDTA 准确滴定。其求算式为：$\lg\alpha(Y(H))=\lg K(MY)-8$。配位滴定允许的最低酸度是指若低于该酸度，金属离子即发生水解。它可通过金属离子水解化合物的溶度积求出。

(5)水的硬度是指水中钙、镁离子的含量。常用的表示方法有两种：

①将测得的 Ca^{2+}、Mg^{2+} 以每升溶液中含 CaO 的毫克数表示，1 mg CaO/L 可作 1 ppm。

②将测得的 Ca^{2+}、Mg^{2+} 折算为 CaO 的重量，以每升水中含有 10 mg CaO 为 1 度。

5. 计算题

(1)pH＝5 时，锌和 EDTA 配合物的条件稳定常数是多少？假设 Zn^{2+} 和 EDTA 的浓度皆为 $10^{-2}\ mol\cdot L^{-1}$（不考虑羟基配位等副反应），pH＝5 时，能否用 EDTA 标准溶液滴定 Zn^{2+}？

答案解析：

查表 5－2 可知，当 pH＝5.0 时，$\lg\alpha(Y(H))=6.45$。由题目可知，Zn^{2+} 与 EDTA 浓度皆为 $10^{-2}mol\cdot L^{-1}$，则

$$\lg K'=\lg_{稳}-\lg\alpha(Y(H))=16.50-6.45=10.05$$

$$\lg cK'=10.05-2=8.05>6$$

可以滴定。

(2)假设 Mg^{2+} 和 EDTA 的浓度皆为 $10^{-2}\ mol\cdot L^{-1}$，在 pH＝6 时，镁与 EDTA 配合物的条件稳定常数是多少（不考虑羟基配位等副反应）？并说明在此 pH 值条件下能否用 EDTA 标准溶液滴定 Mg^{2+}？如不能滴定，求其允许的最小 pH 值。

答案解析：

①查表 5－2：当 pH＝6.0 时，$\lg\alpha(Y(H))=4.65$，则

$$\lg K'=\lg_{稳}-\lg\alpha(Y(H))=8.69-4.65=4.04,\quad \lg cK'=4.04-2=2.04<6$$

所以不能滴定。

②$\lg\alpha(Y(H))=\lg cK_{稳}-6=8.69-2-6=0.69$，查表 5－2 得 pH≈9.6。

(3)试求以 EDTA 滴定浓度各为 $0.01\ mol\cdot L^{-1}$ 的 Fe^{3+} 和 Fe^{2+} 溶液时所允许最小 pH 值。

答案解析：

①Fe^{3+}：$\lg\alpha(Y(H))=\lg c+\lg K_{稳}-6$

$$=\lg K_{稳}-8=25.1-8=17.1$$

查表 5－2 得 pH≈1.2。

②Fe^{2+}：$\lg\alpha(Y(H))=\lg c+\lg K_{稳}-6$

$$=\lg K_{稳}-8=14.33-8=6.33$$

查表 5－2 得 pH≈5.1。

(4)计算用0.0200 mol·L^{-1}的EDTA标准溶液滴定同浓度的Cu^{2+}离子溶液时的适宜酸度范围。

答案解析：

(1)$\lg\alpha(Y(H))=\lg cK_{稳}-6=\lg(0.0200\times1018.80)-6=11.1$。查表5-2得pH≈2.8。

(2)$[OH^-]=\sqrt{\frac{K_{sp}}{[Cu^{2+}]}}=\sqrt{\frac{2.2\times10^{-20}}{0.0200}}=1.1\times10^{-9}$，pH=5.0，所以pH值范围为2.8～5.0。

(5)称取0.1005 g纯$CaCO_3$溶解后，用容量瓶配成100 mL溶液。吸取25 mL，在pH>12时，用钙指示剂指示终点，用EDTA标准溶液滴定，用去24.90 mL。试计算：

①EDTA溶液的浓度；

②每毫升EDTA溶液相当于多少克ZnO和Fe_2O_3？

答案解析：

$$c(\text{EDTA})=\frac{\frac{m\times25.00}{100}}{M(CaCO_3)V\times10^{-3}}=\frac{0.1005\times\frac{25.00}{1000}}{100.1\times24.90\times10^{-3}}=0.01008\ \text{mol}\cdot\text{L}^{-1}$$

$T(ZnO/\text{EDTA})=c(\text{EDTA})\times M(ZnO)\times10^{-3}=0.01008\times81.39\times10^{-3}=0.0008204\ \text{g}\cdot\text{mL}^{-1}$

$T(Fe_2O_3/\text{EDTA})=1/2\times c(\text{EDTA})\times M(Fe_2O_3)\times10^{-3}=1/2\times0.01008\times159.7\times10^{-3}=0.0008049\ \text{g}\cdot\text{mL}^{-1}$

(6)用配位滴定法测定氯化锌($ZnCl_2$)的含量。称取0.2500 g试样，溶于水后，稀释至250 mL，吸取25.00 mL，在pH=5～6时，用二甲酚橙作指示剂，用0.01024 mol·L^{-1}的EDTA标准溶液滴定，用去17.61 mL。试计算试样中含$ZnCl_2$质量分数。

答案解析：

$$w(ZnCl_2)=\frac{cV\times10^{-3}\times M(ZnCl_2)\times\frac{250.0}{25.00}}{m_s}\times100\%=98.31\%$$

(7)称取1.032 g氧化铝试样，溶解后移入250 mL容量瓶，稀释至刻度。吸取25.00 mL，加入$T(Al_2O_3)=1.505\ \text{mg}\cdot\text{mL}^{-1}$的EDTA标准溶液10.00 mL，以二甲酚橙为指示剂，用$Zn(OAc)_2$标准溶液进行返滴定，至红紫色终点，消耗$Zn(OAc)_2$标准溶液12.20 mL。已知1 mL $Zn(OAc)_2$的溶液相当于0.6812 mL的EDTA溶液。求试样中Al_2O_3的质量分数。

答案解析：

25.00 mL溶液中Al_2O_3的质量为

$$m=1.505\times(10.00-0.6812\times12.20)=2.542\ \text{mg}$$

$$w(Al_2O_3)=\frac{m\times\frac{250.0}{25.00}\times10^{-3}}{m_s}\times100\%=\frac{2.542\times\frac{250.0}{25.00}\times10^{-3}}{1.032}\times100\%=2.46\%$$

(8)在pH=10.0的氨性溶液中，已计算出$\alpha(Zn(NH_3))=10^{4.7}$，$\alpha(Zn(OH)_2)=10^{2.4}$，$\alpha(Y(H))=10^{0.5}$。已知$\lg K(ZnY)=16.5$，在此条件下，$\lg K\ ZnY'$为多少？

答案解析：

$$\lg K(ZnY')=\lg K(ZnY)-\lg\alpha(M)-\lg\alpha(Y)$$

$$\alpha(M)=\alpha(Zn)=\alpha(Zn(NH_3))+\alpha(Zn(OH)_2)-1=10^{4.7},\ \alpha(Y)=10^{0.5}$$

$$\lg K(ZnY')=\lg K(ZnY)-\lg\alpha(M)-\lg\alpha(Y)=16.5-4.7-0.5=11.3$$

(9)计算pH=5.00时EDTA的$\alpha(Y(H))$。已知：EDTA的$K_1\sim K_6$依次为$10^{10.26}$，$10^{6.16}$，$10^{2.67}$，$10^{2.0}$，$10^{1.6}$，$10^{0.9}$。

答案解析：

根据 K 值可以得出 EDTA 的 $\beta_1 \sim \beta_6$ 依次为 $10^{10.26}, 10^{16.42}, 10^{19.09}, 10^{21.09}, 10^{22.69}, 10^{23.59}$。

当 pH＝5.0 时，有

$$\alpha(Y(H)) = 1 + [H^+]\beta_1 + [H^+]^2\beta_2 + [H^+]^3\beta_3 + [H^+]^4\beta_4 + [H^+]^5\beta_5 + [H^+]^6\beta_6$$
$$= 1 + 10^{5.26} + 10^{6.42} + 10^{4.09} + 10^{1.09} + 10^{-2.31} + 10^{-6.41} = 10^{6.45}$$

(10)在 0.10 $mol \cdot L^{-1}$ HNO_3 溶液中，用 EDTA 滴定 Bi^{3+}，若溶液中同时含有 0.010 $mol \cdot L^{-1}$ 的 Pb^{2+}，求 $\alpha(Y)$。

答案解析：

$$[H^+] = 0.10\ mol \cdot L^{-1}, \lg\alpha(Y(H)) = 18.01, \alpha(Y(H)) = 10^{18.01}$$
$$\lg K(PbY) = 18.04, [Pb^{2+}] = 0.010\ mol \cdot L^{-1}$$
$$\alpha(Y(Pb)) = [Pb^{2+}]K(PbY) = 10^{-2} \times 10^{18.04} = 10^{16.04}$$
$$\alpha(Y) = \alpha(Y(H)) + \alpha(Y(Pb)) - 1 = 10^{18.01} + 10^{16.04} - 1 = 10^{18.01}$$

5.4　习题详解

5.4

1. 填空题

(1)在配位滴定中一般不使用 EDTA，而用 EDTA 二钠盐(Na_2H_2Y)，这是由于 EDTA ________，而 Na_2H_2Y ________；当溶液的 pH＞12 时，主要存在形式是________。

(2)金属离子 M 与配位剂 L 生成 n 级配合物，其副反应系数 $\alpha(M(L))$的计算公式________。若溶液中有两种配位剂 L 和 A 同时对金属离子 M 产生副反应，其总副反应系数 $\alpha(M)$可表示为________。若溶液中有三种配位剂 L、A 和 B 同时对金属离子 M 产生副反应，其总副反应系数 $\alpha(M)$可表示为________。

(3)溶液的 pH 值越大，则 EDTA 的 $\lg\alpha(Y(H))$越________，若只考虑酸效应，则金属离子与 EDTA 配合物的条件稳定常数 $K'(MY)$＝________。

(4)在 pH＝10 氨性缓冲液中，以 EDTA 滴定 Zn^{2+}，已计算出 $\lg\alpha(Zn(NH_3)) = 4.7$，$\lg\alpha(Zn(OH)_2) = 2.4$，此时 $\lg\alpha(Zn)$值为________。

(5)在 EDTA 滴定中，溶液的 pH 值越低，则 $\alpha(Y(H))$值越________，$K'(MY)$值越________，滴定的 pM′ 值突跃越________。

(6)在 pH＝10 的氨性缓冲溶液中，以铬黑 T 为指示剂，用 EDTA 溶液滴定 Ca^{2+} 时，终点变色不敏锐，此时可加入少量________作为间接金属指示剂，在终点前溶液呈现________色，终点时溶液呈现________色。

(7)对于某金属离子 M 与 EDTA 的络合物 MY，其 $\lg K'(MY)$先随溶液 pH 值增大而增大，这是由于________；而后又减小，这是由于________。

(8)在 pH=9～10 时,用 EDTA 滴定 Pb^{2+},加入 NH_3-NH_4Cl 的作用是________,加入酒石酸的作用是________。

(9)用 EDTA 络合滴定法测定溶液中 Mg^{2+} 的含量时,少量 Al^{3+} 的干扰可用________掩蔽,Zn^{2+} 的干扰可用________掩蔽。

(10)应用 EDTA 溶液滴定 M^{n+}、N^{n+} 混合离子溶液中 M^{n+},在 N^{n+} 与 OH^- 无副反应的情况下,当 $\alpha(Y(H)) \gg \alpha(Y(N))$ 时,$K'(MY)$ 与溶液 pH 值的关系是________;当 $\alpha(Y(N)) \gg \alpha(Y(H))$ 时,$K'(MY)$ 值与 pH 值的关系是________。

2. 单项选择题

(1)EDTA 与金属离子配位时,一分子的 EDTA 可提供的配位原子数是(　　)。

A. 2　　B. 4

C. 6　　D. 8

(2)下列表达式中,正确的是(　　)。

A. $K'(MY)=\dfrac{c(MY)}{c(M)c(Y)}$　B. $K'(MY)=\dfrac{[MY]}{[M][Y]}$

C. $K(MY)=\dfrac{[MY]}{[M][Y]}$　D. $K(MY)=\dfrac{[M][Y]}{[MY]}$

(3)以 EDTA 作为滴定剂时,下列叙述中错误的是(　　)。

A. 在酸度高的溶液中,可能形成酸式络合物 MHY

B. 在碱度高的溶液中,可能形成碱式络合物 MOHY

C. 不论形成酸式络合物或碱式络合物均有利于络合滴定反应

D. 不论溶液 pH 值的大小,在任何情况下只形成 MY 一种形式的络合物

(4)下列叙述中结论错误的是(　　)。

A. EDTA 的酸效应使配合物的稳定性降低

B. 金属离子的水解效应使配合物的稳定性降低

C. 辅助络合效应使配合物的稳定性降低

D. 各种副反应均使配合物的稳定性降低

(5)EDTA 配位滴定反应中的酸效应系数 $\alpha(Y(H))$ 表示正确的是(　　)。

A. $\dfrac{[Y]}{c(Y)}$　B. $\dfrac{\sum[H_iY]}{c(Y)}$

C. $\dfrac{[Y]}{[Y]+\sum[H_iY]}$　D. $\dfrac{[Y]+\sum[H_iY]}{[Y]}$

(6)EDTA 的酸效应曲线正确的是(　　)。

A. $\alpha(Y(H))$- pH 值曲线　B. $\lg\alpha(Y(H))$- pH 值曲线

C. $\lg K'(ZnY)$- pH 值曲线　D. pM - pH 值曲线

(7)在 pH＝10.0 的氨性溶液中，已知 $\lg K(ZnY)=16.5$，$\alpha(Zn(NH_3))=10^{4.7}$，$\lg\alpha(Zn(OH)_2)=2.4$，$\lg\alpha(Y(H))=0.5$，则在此条件下 $\lg K'(ZnY)$为(　　)。

A. 8.9　　B. 11.3

C. 11.8　　D. 14.3

(8)在 pH＝10 的含酒石酸(A)的氨性缓冲溶液中，用 EDTA滴定同浓度的 Pb^{2+}，已计算得此条件下 $\lg\alpha(Pb(A))=2.8$，$\lg\alpha(Pb(OH)_2)=2.7$，则 $\lg\alpha(Pb)$ 为(　　)。

A. 2.7　　B. 2.8

C. 3.1　　D. 5.5

(9)$\alpha(M(L))=1$ 表示(　　)。

A. [M]＝[L]　　B. M 与 L 没有副反应

C. M 的副反应较小　　D. M与 L 的副反应相当严重

(10)已知 $\lg K(ZnY)=16.5$，$\lg\alpha(Y(H))$在不同 pH 值的数值如下表：

pH	4	5	6	7
$\lg\alpha(Y(H))$	8.44	6.45	4.65	3.32

若用 0.02 mol·L^{-1}的 EDTA 滴定 0.02 mol·L^{-1}的 Zn^{2+} 溶液，要求 $\Delta pM=0.2$，$E_t=0.1\%$，则滴定时最高允许酸度是(　　)。

A. pH≈4　　B. pH≈5

C. pH≈6　　D. pH≈7

(11)在一定酸度下，用 EDTA 滴定金属离子 M。若溶液中存在干扰离子 N 时，则影响 EDTA 配位的总副反应系数大小的因素是(　　)。

A. 酸效应系数 $\alpha(Y(H))$

B. 共存离子副反应系数 $\alpha(Y(N))$

C. 酸效应系数 $\alpha(Y(H))$和共存离子副反应系数 $\alpha(Y(N))$

D. 配合物稳定常数 $K(MY)$和 $K(NY)$之比值

(12)EDTA 滴定金属离子时，准确滴定($E_t<0.1\%$)的条件是(　　)。

A. $\lg K(MY)\geqslant 6.0$　　B. $\lg K'(MY)\geqslant 6.0$

C. $\lg[c_{计}K(MY)]\geqslant 6.0$　　D. $\lg[c_{计}K'(MY)]\geqslant 6.0$

(13)EDTA 滴定金属离子时，若仅浓度均增大 10 倍，pM 突跃改变(　　)。

A. 1 个单位　　B. 2 个单位

C. 10 个单位　　D. 不变化

(14)铬黑 T 在溶液中存在下列平衡：

$$pK_{a2}=6.3 \quad pK_{a3}=11.6$$

$$H_2In^- \rightleftharpoons HIn^{2-} \rightleftharpoons In^{3-}$$

紫红　　蓝　　橙

它与金属离子形成配合物显红色，则使用该指示剂的酸度范围是(　　)。

A. $pH<6.3$　　B. $pH=6.3\sim11.6$

C. $pH>11.6$　　D. $pH=6.3\pm1$

(15)用 EDTA 直接滴定有色金属离子，终点所呈现的颜色是(　　)。

A. EDTA-金属离子配合物的颜色

B. 指示剂-金属离子配合物的颜色

C. 游离指示剂的颜色

D. 上述 A 与 C 的混合颜色

(16)下列表述正确的是(　　)。

A. 铬黑 T 指示剂只适用于酸性溶液

B. 铬黑 T 指示剂适用于弱碱性溶液

C. 二甲酚橙指示剂只适于 $pH>6$ 时使用

D. 二甲酚橙既适用于酸性也适用于弱碱性溶液

(17)用 EDTA 滴定 Mg^{2+} 时，采用铬黑 T 为指示剂，溶液中少量 Fe^{3+} 的存在将导致(　　)。

A. 在化学计量点前指示剂即开始游离出来，使终点提前

B. 使 EDTA 与指示剂作用缓慢，终点延长

C. 终点颜色变化不明显，无法确定终点

D. 与指示剂形成沉淀，使其失去作用

(18)用 EDTA 滴定 Mg^{2+} 时，采用铬黑 T 为指示剂，溶液中少量 Fe^{3+} 的存在将导致(　　)。

A. 在化学计量点前指示剂即开始游离出来，使终点提前

B. 使 EDTA 与指示剂作用缓慢，终点延长

C. 终点颜色变化不明显，无法确定终点

D. 与指示剂形成沉淀，使其失去作用

(19)在 pH=10 氨性缓冲液中，以 EDTA 滴定 Zn^{2+}，已计算出 $\lg\alpha(Zn(NH_3)_2)=4.7$，$\lg\alpha(Zn(OH)_2)=2.4$，此时 $\lg\alpha(Zn)$ 值为(　　)。

A. 7.1　　B. 4.7

C. 2.4　　D. 2.3

(20)络合滴定中，若 $E_t\leqslant0.1\%$、$\Delta pM=\pm0.2$，被测离子 M 浓度为干扰离子 N 浓度的 1/10，欲用控制酸度滴定 M，则要求 $\lg K(MY)-\lg K(NY)$ 大于(　　)。

A. 5　　B. 6

C. 7　　D. 8

3. 名词解释

(1)配位化合物。

(2)酸效应系数。

(3)条件稳定常数。

(4)金属离子指示剂。

(5)解蔽剂。

4. 简答题

(1)Cu^{2+}、Zn^{2+}、Cd^{2+}、Ni^{2+}等离子均能与NH_3形成配合物，为什么不能以氨水为滴定剂用配位滴定法来测定这些离子？

(2)在配位滴定中，为什么要加入缓冲溶液控制滴定体系保持一定的 pH 值？

(3)在 pH＝10 氨性溶液中以铬黑 T 为指示剂，用EDTA 滴定Ca^{2+}时需加入 MgY。请回答下述问题：

①MgY 加入量是否需要准确？

②Mg 和 Y 的量是否必须保持准确的 1∶1 关系？为什么？

③如何检查 MgY 溶液是否合格？若不合格如何补救？

(4)已知Fe^{3+}与 EDTA 络合物的 $\lg K(FeY^-)=25.1$，若在 pH＝6.0 时，以 0.010 $mol\cdot L^{-1}$ EDTA 滴定同浓度的Fe^{3+}，考虑$\alpha(Y(H))$和$\alpha(Fe(OH)_3)$后，$\lg K'(FeY^-)=14.8$，据此判断完全可以准确滴定。但实际上一般是在 pH＝1.5 时进行滴定，为什么？

(5)提高配位滴定选择性的途径有哪些？

5. 计算题

(1)用 EDTA 标准溶液滴定试样中的Ca^{2+}、Mg^{2+}、Zn^{2+}时的最小 pH 值是多少？实际分析中应控制 pH 值在多大？

(2)在 0.1000 $mol\cdot L^{-1}$的NH_3-NH_4Cl溶液中，能否用 EDTA 准确滴定 0.1000 $mol\cdot L^{-1}$的Zn^{2+}溶液？

(3)今有一含 0.020 $mol\cdot L^{-1}$的Zn^{2+}和 0.020 $mol\cdot L^{-1}$的Ca^{2+}混合液，采用指示剂法检测终点，于 pH＝5.5 时，能否以 2.0×10^{-2} $mol\cdot L^{-1}$的 EDTA 准确滴定其中的Zn^{2+}？[已知：$\lg K(ZnY)=16.5$，$\lg K(CaY)=10.7$，pH＝5.5 时 $\lg\alpha(Y(H))=5.5$]

5.5　讨论专区

如何检验水中是否有少量金属离子？如何确定金属离子是Ca^{2+}、Mg^{2+}，还是Al^{3+}、Fe^{3+}、Cu^{2+}？(限用 EDTA 溶液、氨性缓冲液和铬黑 T)

5.6 单元测试卷

第6章 氧化还原滴定法

【化学趣识】

碘与指纹破案

在电影中，我们常常能看到公安人员利用指纹破案的情节。其实，只要我们在一张白纸上用手指按一下，然后把纸上按过的地方对准装有少量碘的试管口，并用酒精灯加热试管底部，等到试管中升华的紫色碘蒸气与纸接触之后，按在纸上的平常看不出来的指纹就会渐渐地显示出来，从而得到一个十分明显的棕色指纹。如果把这张白纸收藏起来，数月之后再做上面的实验，仍能将隐藏在纸面上的指纹显示出来。

纯净的碘是一种紫黑色的晶体，并有金属光泽。有趣的是，绝大多数物质在加热时，一般都有固态、液态和气态的三态变化，而碘却一反常态，在加热时能够不经过液态直接变成蒸气。像碘这类由固体物质直接气化的现象，人们称之为升华。同时，碘还有易溶于有机溶剂的特性。由于指纹中含有油脂、汗水等有机溶剂，当碘蒸气上升遇到这些有机溶剂时，就会溶解其中，因此指纹也就显示出来了。

6.1 思维导图

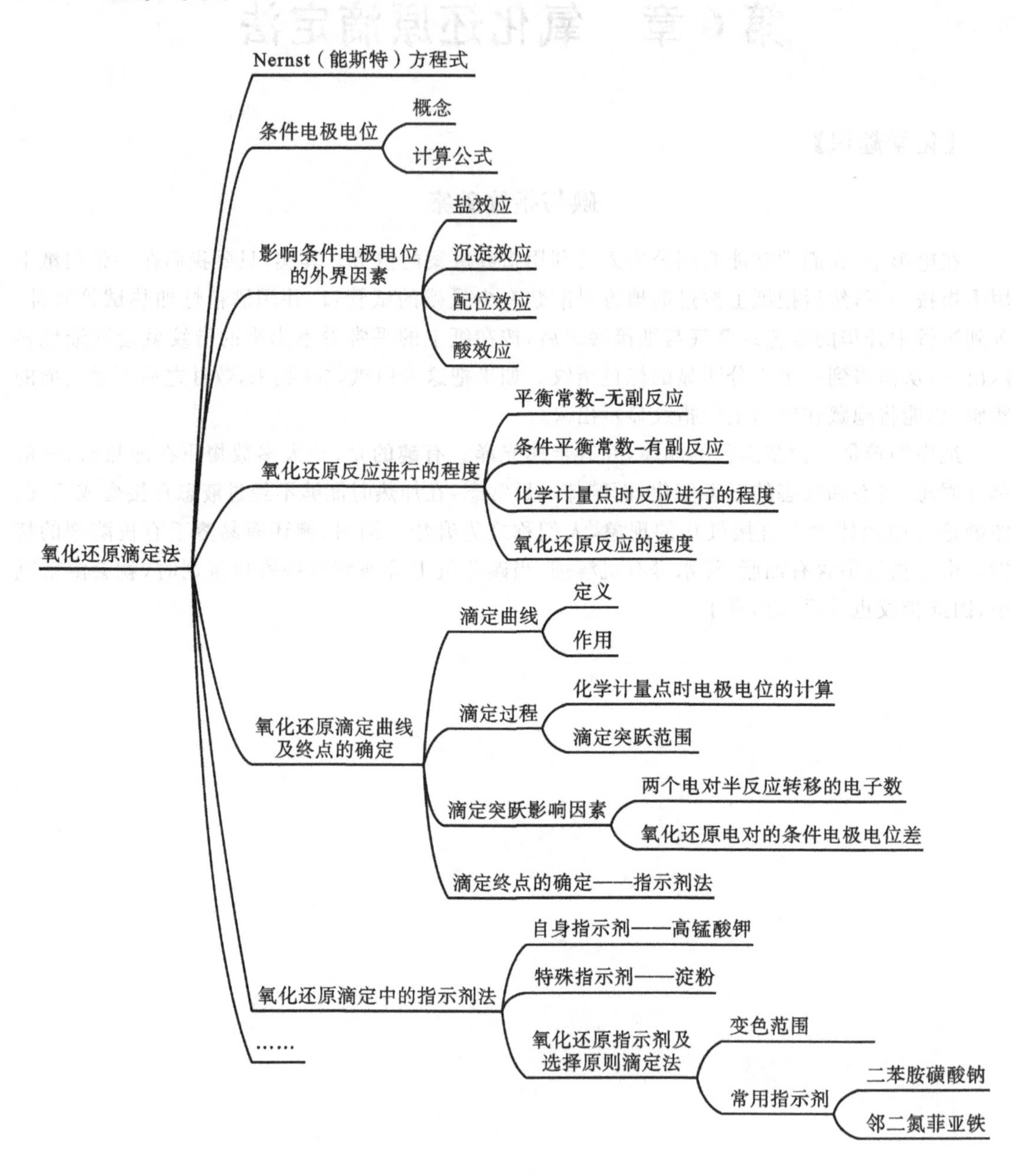
氧化还原滴定法
Nernst（能斯特）方程式
条件电极电位
概念
计算公式
影响条件电极电位的外界因素
盐效应
沉淀效应
配位效应
酸效应
氧化还原反应进行的程度
平衡常数-无副反应
条件平衡常数-有副反应
化学计量点时反应进行的程度
氧化还原反应的速度
氧化还原滴定曲线及终点的确定
滴定曲线
定义
作用
滴定过程
化学计量点时电极电位的计算
滴定突跃范围
滴定突跃影响因素
两个电对半反应转移的电子数
氧化还原电对的条件电极电位差
滴定终点的确定——指示剂法
氧化还原滴定中的指示剂法
自身指示剂——高锰酸钾
特殊指示剂——淀粉
氧化还原指示剂及选择原则滴定法
变色范围
常用指示剂
二苯胺磺酸钠
邻二氮菲亚铁
……

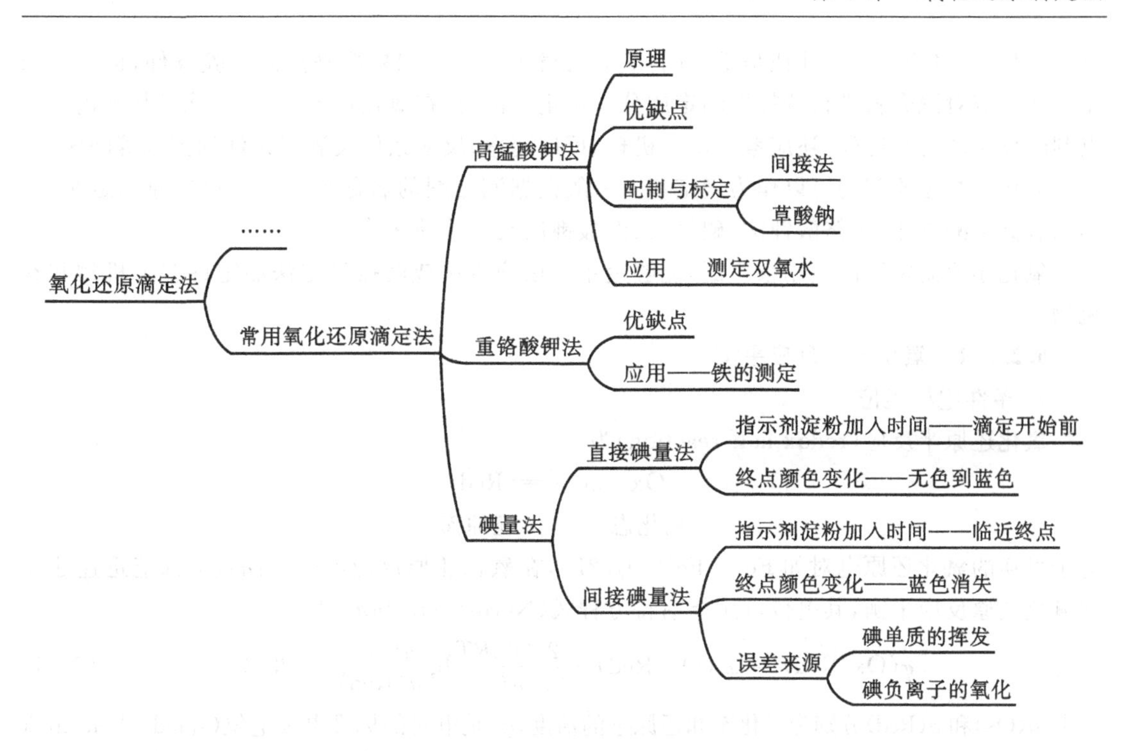

6.2　内容要点

6.2.1　教学要求

(1)理解氧化还原平衡的概念;理解标准电极电位及条件电极电位的意义和它们的区别,熟练掌握能斯特方程计算电极电位。

(2)了解影响氧化还原反应进行方向的各种因素。

(3)掌握氧化还原滴定曲线;了解氧化还原滴定中指示剂的作用原理。

(4)熟练掌握高锰酸钾法、重铬酸钾法及碘量法的原理和应用。

(5)学会计算氧化还原分析结果。

6.2.2　重要概念

(1)氧化还原滴定法:以氧化还原反应为基础的滴定分析方法。

(2)条件电极电位:在特定条件下,氧化态和还原态的分析浓度都是 1 $mol \cdot L^{-1}$时的实际电极电位,反映了离子强度和各种副反应对电极电位影响的总结果。

(3)氧化还原指示剂:这类指示剂的氧化态和还原态具有不同颜色,当指示剂由氧化态变为还原态,或由还原态变为氧化态时颜色发生突变来指示终点。

6.2.3　主要内容

氧化还原滴定法是以氧化还原反应为基础的滴定分析法。氧化还原反应是基于电子转移的反应,反应机理比较复杂;有的反应除了主反应外,还伴随有副反应,因而没有确定的计量关系;有的反应从平衡的观点判断可以进行,但反应速率较慢;还有的氧化还原反应中常有诱导反应发生,它对滴定分析往往是不利的,应设法避免。但是如果严格控制实验条件,也可以利用诱导反应对混合物进行选择性滴定或分别滴定。因此,在氧化还原滴定中,除了从平衡的观点判断反应的可行性外,还应考虑反应机理、反应速率、反应条件及滴定条件的控制等问题。

氧化剂和还原剂均可以作为滴定剂。一般根据滴定剂的名称来命名氧化还原滴定法,常用的有高锰酸钾法、重铬酸钾法、碘量法、溴酸钾法及硫酸铈法等。

氧化还原滴定法的应用很广泛,能够运用直接滴定法或间接滴定法测定许多无机物和有机物。

6.2.3.1 氧化还原反应平衡

1. 条件电极电位

氧化还原半反应(redox half-reaction)为

$$\mathrm{Ox} + ne^- \rightleftharpoons \mathrm{Red}$$

氧化态　　　还原态

对于可逆的氧化还原电对如 Fe^{3+}/Fe^{2+}, $I_2/2I^-$,在氧化还原反应的任一瞬间,都能迅速建立起氧化还原反应平衡,其电位可用能斯特方程式(Nernst equation)表示:

$$\varphi(\mathrm{Ox/Red}) = \varphi^\theta(\mathrm{Ox/Red}) + \frac{2.303RT}{nF}\lg\frac{a(\mathrm{Ox})}{a(\mathrm{Red})} \quad (25\ ℃) \tag{6-1}$$

式中,$a(\mathrm{Ox})$和$a(\mathrm{Red})$分别为氧化态和还原态的活度;φ^θ是电对的标准电极电位(standard electrode potential)。它是指在一定温度下(通常为25 ℃),当$a(\mathrm{Ox})=a(\mathrm{Red})=1\ \mathrm{mol\cdot L^{-1}}$时(若反应物有气体参加,则其分压等于100 kPa)的电极电位。常见电对的标准电极电位值列于附录5中。

事实上,通常知道的是离子的浓度,而不是活度若用浓度代替活度,则需引入活度系数γ,若溶液中氧化态或还原态离子发生副反应,存在形式也不止一种时,还需引入副反应系数α。

由$a(\mathrm{Ox})=\gamma(\mathrm{Ox})\ [\mathrm{Ox}]$, $\alpha(\mathrm{Ox})=c(\mathrm{Ox})/[\mathrm{Ox}]$,故$a(\mathrm{Ox})=\gamma(\mathrm{Ox})\ c(\mathrm{Ox})/\alpha(\mathrm{Ox})$,同理可得

$$a(\mathrm{Red})=\gamma(\mathrm{Red})\ c(\mathrm{Red})/\alpha(\mathrm{Red})$$

则式(6-1)可以写成

$$\varphi(\mathrm{Ox/Red}) = \varphi^\theta(\mathrm{Ox/Red}) + \frac{0.059}{n}\lg\frac{\gamma(\mathrm{Ox})\alpha(\mathrm{Red})}{\gamma(\mathrm{Red})\alpha(\mathrm{Ox})} + \frac{0.059}{n}\lg\frac{c(\mathrm{Ox})}{c(\mathrm{Red})} \tag{6-2}$$

当$c(\mathrm{Ox})=c(\mathrm{Red})=1\ \mathrm{mol\cdot L^{-1}}$时,式(6-2)为

$$\varphi(\mathrm{Ox/Red}) = \varphi^\theta(\mathrm{Ox/Red}) + \frac{0.059}{n}\lg\frac{\gamma(\mathrm{Ox})\alpha(\mathrm{Red})}{\gamma(\mathrm{Red})\alpha(\mathrm{Ox})} \tag{6-3}$$

式(6-3)中离子的活度系数γ及副反应系数α在一定条件下是一固定值,因而式(6-3)数值应为一常数,今以$\varphi^{\theta\prime}$表示。

$$\varphi^{\theta\prime} = \varphi^\theta + \frac{0.059}{n}\lg\frac{\gamma(\mathrm{Ox})\alpha(\mathrm{Red})}{\gamma(\mathrm{Red})\alpha(\mathrm{Ox})} \tag{6-4}$$

式中,$\varphi^{\theta\prime}$称为条件电极电位(conditional electrode potetial),它是在特定条件下氧化态和还原态的总浓度均为1 mol·L^{-1}时的实际电极电位。它在条件不变时为一常数,此时式(6-2)可写为一般通式

$$\varphi(\mathrm{Ox/Red}) = \varphi^{\theta\prime}(\mathrm{Ox/Red}) + \frac{0.059}{n}\lg\frac{c(\mathrm{Ox})}{c(\mathrm{Red})} \tag{6-5}$$

标准电极电位与条件电极电位的关系,与在配位反应中的稳定常数K和条件稳定常数K'的关系相似。显然,在引入条件电极电位后,计算结果就比较符合实际情况。

条件电极电位的大小反映了在外界因素影响下，氧化还原电对的实际氧化还原能力。应用条件电极电位比用标准电极电位能更正确地判断氧化还原反应的方向、次序和反应完成的程度。附录 6 列出了部分氧化还原半反应的条件电极电位。但由于条件电极电位的数据目前还较少，在缺乏数据的情况下，亦可采用相近条件下的条件电极电位或采用标准电极电位并通过能斯特方程式来考虑外界因素的影响。

2. 外界条件对电极电位的影响

1）离子强度的影响

离子强度较大时，活度系数远小于 1，活度与浓度的差别较大，若用浓度代替活度，用能斯特方程式计算的结果与实际情况会有差异。但由于各种副反应对电位的影响远比离子强度的影响大，同时，离子强度的影响又难以校正，因此，一般都忽略离子强度的影响。

2）副反应的影响

在氧化还原反应中，常利用沉淀反应和配位反应使电对的氧化态或还原态的浓度发生变化，从而改变电对的电极电位，控制反应进行的方向和程度。

当加入一种可与电对的氧化态或还原态生成沉淀的沉淀剂时，电对的电极电位就会发生改变。氧化态生成沉淀时使电对的电极电位降低，而还原态生成沉淀时则使电对的电极电位增高。例如，碘化物还原 Cu^{2+} 的反应式及半反应的标准电极电位为

$$2Cu^{2+} + 2I^- \xlongequal{} 2Cu^+ + I_2$$

$$\varphi^\theta(Cu^{2+}/Cu^+) = 0.16\ V \qquad \varphi^\theta(I_2/I^-) = 0.54\ V$$

从标准电极电位看，应当是 I_2 氧化 Cu^+，事实上是 Cu^{2+} 氧化 I^- 的反应进行得很完全，原因在于 I^- 与 Cu^+ 生成了难溶解的 CuI 沉淀。

例 6－1　计算 KI 浓度为 1 mol·L^{-1}时，Cu^{2+}/Cu^+ 电对的条件电极电位（忽略离子强度的影响）。

解　已知，$\varphi^\theta(Cu^{2+}/Cu^+) = 0.16\ V$，$K_{sp}(CuI) = 1.1\times10^{-12}$。根据式（6－1）得

$$\begin{aligned}\varphi(Cu^{2+}/Cu^+) &= \varphi^{\theta\prime}(Cu^{2+}/Cu^+) + 0.059\lg\frac{[Cu^{2+}]}{[Cu^+]}\\ &= \varphi^{\theta\prime}(Cu^{2+}/Cu^+) + 0.059\lg\frac{[Cu^{2+}][I^-]}{K_{sp}(CuI)}\\ &= \varphi^{\theta\prime}(Cu^{2+}/Cu^+) + 0.059\lg\frac{[I^-]}{K_{sp}(CuI)} + 0.059\lg[Cu^{2+}]\end{aligned}$$

若 Cu^{2+} 未发生副反应，则 $[Cu^{2+}] = c(Cu^{2+})$，令 $[Cu^{2+}] = [I^-] = 1\ mol\cdot L^{-1}$，故

$$\begin{aligned}\varphi(Cu^{2+}/Cu^+) &= \varphi^{\theta\prime}(Cu^{2+}/Cu^+) + 0.059\lg\frac{[I^-]}{K_{sp}(CuI)}\\ &= 0.16 - 0.059\lg(1.1\times10^{-12}) = 0.87\ V\end{aligned}$$

此时 $\varphi^\theta(Cu^{2+}/Cu^+) > \varphi^\theta(I_2/I^-)$，因此 Cu^{2+} 能够氧化 I^-。

溶液中总有各种阴离子存在，它们常与金属离子的氧化态及还原态生成稳定性不同的配合物，从而改变电对的电极电位。若氧化态生成的配合物更稳定，其结果是电对的电极电位降低；若还原态生成的配合物更稳定，则使电对的电极电位增高。例如用碘量法测定 Cu^{2+} 时，Fe^{3+} 也能氧化 I^-，从而干扰 Cu^{2+} 的测定。若加入 NaF，则 Fe^{3+} 与 F^- 形成稳定的配合物，Fe^{3+}/Fe^{2+} 电对的电极电位显著降低，Fe^{3+} 就不再氧化 I^- 了。

例 6－2　当 pH 值为 3.0，NaF 浓度为 0.2 mol·L^{-1}时，Fe^{3+}/Fe^{2+} 电对的条件电极电位

在此条件下,用碘量法测定 Cu^{2+} 时,Fe^{3+} 会不会干扰测定?若 pH 值改为 1.0,结果又如何?(已知 Fe^{3+} 氟配合物的 $\lg\beta_1-\lg\beta_3$ 的值分别是 5.2,9.2,11.9。Fe^{2+} 基本不与 F 配位,$\lg K_{HF}^{H}=3.1$,$\varphi^\theta(Fe^{3+}/Fe^{2+})=0.771$ V,$\varphi^\theta(I_2/I^-)=0.54$ V。)

解 $\varphi(Fe^{3+}/Fe^{2+})=\varphi^\theta(Fe^{3+}/Fe^{2+})+0.059\lg\dfrac{[Fe^{3+}]}{[Fe^{2+}]}$

$$=\varphi^\theta(Fe^{3+}/Fe^{2+})-0.059\lg\alpha(Fe^{3+})+0.059\lg\frac{[Fe^{3+}]}{[Fe^{2+}]}$$

$$\varphi^{\theta'}(Fe^{3+}/Fe^{2+})=\varphi^\theta(Fe^{3+}/Fe^{2+})-0.059\lg\alpha(Fe^{3+})$$

pH=3.0 时

$$\alpha(F(H))=1+K_{HF}^{H}[H^+]=1+10^{-3.0+3.1}=10^{0.4}$$

$$[F^-]=\frac{0.2\ mol\cdot L^{-1}}{10^{0.4}}=10^{-1.1}\ mol\cdot L^{-1}$$

$$\alpha(Fe^{3+}(H))=1+\beta_1[F^-]+\beta_2[F^-]^2+\beta_3[F^-]^3=1+10^{-1.1+5.2}+10^{-2.2+9.2}+10^{-3.3+11.9}$$

$$=10^{8.6}\gg10^{0.4}=\alpha(F(H))$$

所以

$$\alpha(Fe^{3+})\approx\alpha(Fe^{3+}(F))=10^{8.6}$$

所以

$$\varphi(Fe^{3+}/Fe^{2+})=0.77-0.059\lg10^{8.6}=+0.26\ V$$

此时 $\varphi^\theta(I_2/I^-)>\varphi^{\theta'}(Fe^{3+}/Fe^{2+})$,$Fe^{3+}$ 不氧化 I^-,不干扰碘量法测 Cu^{2+}。

若 pH=1.0 时,同理可得 $\alpha(Fe^{3+}(H))=10^{3.8}\approx\alpha(Fe^{3+})$,$\varphi^{\theta'}(Fe^{3+}/Fe^{2+})=+0.55$ V。这时 $\varphi^{\theta'}(Fe^{3+}/Fe^{2+})>\varphi^\theta(I_2/I^-)$,$Fe^{3+}$ 将氧化 I^-,不能消除 Fe^{3+} 的干扰。

3)酸度的影响

若有 H^+ 或 OH^- 参加氧化还原半反应,则酸度变化直接影响电对的电极电位。

例 6-3 碘量法中的一个重要反应式

$$H_3AsO_4+2H^++2I^-=\!=\!=HAsO_2+I_2+2H_2O$$

已知:$\varphi^\theta(H_3AsO_4/HAsO_2)=0.56$ V,$\varphi^\theta(I_2/I^-)=0.54$ V,H_3AsO_4 的 pK_{a1}、pK_{a2} 和 pK_{a3} 分别是 2.2、7.0 和 11.5,$HAsO_2$ 的 $pK_a=9.2$。计算 pH=8 时 $NaHCO_3$ 溶液中 $H_3AsO_4/HAsO_2$ 电对的条件电极电位,并判断反应进行的方向(忽略离子强度的影响)。

解 $I_2/2I^-$ 电对的电极电位在 pH 值≤8 时几乎与 pH 值无关,而 $H_3AsO_4/HAsO_2$ 电对的电极电位则受酸度的影响较大。

从标准电极电位看,在酸性溶液中,上述反应向右进行,H_3AsO_4 氧化 I^- 为 I_2。如果加入 $NaHCO_3$ 使溶液的 pH=8,则 $H_3AsO_4/HAsO_2$ 电对的条件电极电位将发生变化。

在酸性条件下,$H_3AsO_4/HAsO_2$ 电对的半反应为

$$H_3AsO_4+2H^++2e^-=\!=\!=HAsO_2+2H_2O$$

根据能斯特方程式

$$\varphi(H_3AsO_4/HAsO_2)=\varphi^\theta(H_3AsO_4/HAsO_2)+\frac{0.059}{2}\lg\frac{[H_3AsO_4][H^+]^2}{[HAsO_2]}$$

若考虑副反应,由于不同 pH 值时 H_3AsO_4-$HAsO_2$ 体系中形式的分布是不同的,它们的平衡浓度在总浓度一定时,由其分布系数所决定:

$$[H_3AsO_4]=c(H_3AsO_4)\cdot\delta(H_3AsO_4)$$

$$[HAsO_2]=c(HAsO_2)\cdot\delta(HAsO_2)$$

$$\varphi(H_3AsO_4/HAsO_2)=\varphi^{\theta}(H_3AsO_4/HAsO_2)+\frac{0.059}{2}\lg\frac{\delta(H_3AsO_4)[H^+]^2}{\delta(HAsO_2})+\frac{0.059}{2}\lg\frac{c(H_3AsO_4)}{c(HAsO_2)}$$

条件电极电位

$$\varphi^{\theta\prime}(H_3AsO_4/HAsO_2)=\varphi^{\theta}(H_3AsO_4/HAsO_2)+\frac{0.059}{2}\lg\frac{\delta(H_3AsO_4)[H^+]^2}{\delta(HAsO_2)}$$

由于 $HAsO_2$ 是很弱的酸，当 pH=8 时，主要以 $HAsO_2$ 形式存在，$\delta(HAsO_2)\approx1$。

$$\begin{aligned}\delta(H_3AsO_4)&=\frac{[H^+]^3}{[H^+]^3+[H^+]^2K_{a1}+[H^+]K_{a1}K_{a2}+K_{a1}K_{a2}K_{a3}}\\&=\frac{10^{-24}}{10^{-24}+10^{(-16-2.2)}+10^{(-8-2.2-7.0)}+10^{(-2.2-7.0-11.5)}}\\&=10^{-6.8}\end{aligned}$$

将此值代入上式，得

$$\varphi^{\theta\prime}(H_3AsO_4/HAsO_2)=0.56+\frac{0.059}{2}\lg 10^{(-6.8-16)}=-0.109\ V$$

以上计算说明，酸度减小，$H_3AsO_4/HAsO_2$ 电对的条件电极电位变小，致使 $\varphi^{\theta}(I_2/I^-)>\varphi^{\theta\prime}(H_3AsO_4/HAsO_2)$，因此 I_2 可氧化 $HAsO_2$ 为 H_3AsO_4，此时上述氧化还原反应的方向发生了改变。但应注意，这种反应方向的改变，仅限于标准电极电位相差很小的两电对间才能发生。

6.2.3.2　氧化还原反应进行的程度

1. 条件平衡常数

氧化还原反应进行的程度可用平衡常数的大小来衡量，氧化还原反应的平衡常数可根据能斯特方程式从有关电对的标准电极电位或条件电极电位求得。若考虑了溶液中各种副反应的影响，引用的是条件电极电位，则求得的是条件平衡常数(conditional equilibrium constant)K'。

氧化还原反应的通式为

$$n_2Ox_1+n_1Red_2 \xlongequal{\quad} n_2Red_1+n_1Ox_2$$

氧化剂和还原剂两个电对的电极电位分别为

$$\varphi_1=\varphi_1^{\theta\prime}+\frac{0.059}{n_1}\lg\frac{c(Ox_1)}{c(Red_1)}$$

$$\varphi_2=\varphi_2^{\theta\prime}+\frac{0.059}{n_2}\lg\frac{c(Ox_2)}{c(Red_2)}$$

反应到达平衡时，$\varphi_1=\varphi_2$，即

$$\varphi_1^{\theta\prime}+\frac{0.059}{n_1}\lg\frac{c(Ox_1)}{c(Red_1)}=\varphi_2^{\theta\prime}+\frac{0.059}{n_2}\lg\frac{c(Ox_2)}{c(Red_2)}$$

整理后得到

$$\begin{aligned}\lg K'&=\lg\left[\left(\frac{c(Red_1)}{c(Ox_1)}\right)^{n_2}\left(\frac{c(Ox_2)}{c(Red_2)}\right)^{n_1}\right]=\frac{(\varphi_1^{\theta\prime}-\varphi_2^{\theta\prime})n_1n_2}{0.059}\\&=\frac{(\varphi_1^{\theta\prime}-\varphi_2^{\theta\prime})n}{0.059}\end{aligned}\tag{6-6}$$

式中，n 为 n_1、n_2 的最小公倍数。由上式可见，条件平衡常数 K' 值的大小是由氧化剂和还原剂两个电对的条件电极电位之差值 $\Delta\varphi^{\theta\prime}$ 和转移的电子数决定的。$\varphi_1^{\theta\prime}$ 和 $\varphi_1^{\theta\prime}$ 相差越大，K' 值越大，

反应进行得越完全。实际上大多数的氧化还原反应，其 $\Delta\varphi^{\theta\prime}$ 都是较大的，条件平衡常数也是较大的。

例 6-4 计算：

(1)1 $mol \cdot L^{-1}$ 的 H_2SO_4 溶液中下述反应的条件平衡常数：

$$Ce^{4+} + Fe^{2+} \xlongequal{} Ce^{3+} + Fe^{3+}$$

(2)1 $mol \cdot L^{-1}$ 的 H_2SO_4 溶液中下述反应的条件平衡常数：

$$2Fe^{3+} + 3I^- \xlongequal{} 2Fe^{2+} + I_3^-$$

解 (1)已知 $\varphi^{\theta\prime}(Fe^{3+}/Fe^{2+}) = 0.68\ V$，$\varphi^{\theta\prime}(Ce^{4+}/Ce^{3+}) = 1.44\ V$，根据式(6-6)得

$$\lg K' = \frac{[\varphi^{\theta\prime}(Ce^{4+}/Ce^{3+}) - \varphi^{\theta\prime}(Fe^{3+}/Fe^{2+})]n_1 n_2}{0.059}$$

$$= \frac{(1.44 - 0.68) \times 1 \times 1}{0.059} = 12.9$$

$$K' = 8 \times 10^{12}$$

计算结果说明条件平衡常数 K' 值很大，此反应进行得很完全。

(2)已知 $\varphi^{\theta\prime}(Fe^{3+}/Fe^{2+}) = 0.68\ V$，$\varphi^{\theta\prime}(I_3^-/3I^-) = 0.55\ V$。同样，根据式(6-6)得

$$\lg K' = \frac{[\varphi^{\theta\prime}(Fe^{3+}/Fe^{2+}) - \varphi^{\theta\prime}(I_3^-/3I^-)]n}{0.059}$$

$$= \frac{(0.68 - 0.55) \times 2}{0.059} = 4.4$$

$$K' = 2.5 \times 10^4$$

计算结果说明在此条件下的条件平衡常数不够大，反应不能定量地进行完全。

2. 化学计量点时反应进行的程度

那么，$\varphi_1^{\theta\prime}$ 和 $\varphi_1^{\theta\prime}$ 相差多大时反应才能定量完成，满足定量分析的要求呢？

要使反应完全程度达 99.9% 以上，化学计量点(stoichiometry point)时

$$\left(\frac{c(Red_1)}{c(Ox_1)}\right)^{n_2} \geqslant 10^{3n_2}, \qquad \left(\frac{c(Red_2)}{c(Ox_2)}\right)^{n_1} \geqslant 10^{3n_1}$$

如 $n_1 = n_2 = 1$ 时代入式(6-6)，得

$$\lg K' = \lg\left[\left(\frac{c(Red_1)}{c(Ox_1)}\right)^{n_2}\left(\frac{c(Ox_2)}{c(Red_2)}\right)^{n_1}\right] \geqslant \lg(10^3 \times 10^3) = \lg 10^6 = 6 \tag{6-7}$$

再将式(6-7)代入式(6-6)，得到

$$\varphi_1^{\theta\prime} - \varphi_2^{\theta\prime} = \frac{0.059}{n_1\ n_2}\lg K' \geqslant \frac{0.059}{1} \times 6 \approx 0.35\ V \tag{6-8}$$

即两个电对的条件电极电位之差必须大于 0.4 V，这样的反应才能用于滴定分析。

在某些氧化还原反应中，虽然两个电对的条件电极电位相差足够大，符合上述要求，但由于其他副反应的发生，氧化还原反应不能定量地进行，即氧化剂与还原剂之间没有一定的化学计量关系，这样的反应仍不能用于滴定分析。例如 $K_2Cr_2O_7$ 与 $Na_2S_2O_3$ 的反应，从它们的电极电位来看，反应是能够进行完全的。此时，$K_2Cr_2O_7$ 可将 $Na_2S_2O_3$ 氧化为 SO_2，但除了这一反应外，还可能有部分被氧化至单质 S 而使它们的化学计量关系不能确定，因此在碘量法中以 $K_2Cr_2O_7$ 作基准物来标定 $Na_2S_2O_3$ 溶液时，并不能应用它们之间的直接反应。

6.2.3.3　氧化还原滴定曲线及终点的确定

1. 氧化还原滴定曲线

氧化还原滴定法和其他滴定方法类似，随着滴定剂的不断加入，被滴定物质的氧化态和还原态的浓度逐渐改变，有关电对的电极电位也随之不断变化，反映这种变化的滴定曲线一般用实验方法测得。对于可逆的氧化还原体系，根据能斯特方程式计算得出的滴定曲线与实验测得的曲线比较吻合。

现以在 $1\ mol \cdot L^{-1}$ 的 H_2SO_4 溶液中用 $0.1000\ mol \cdot L^{-1}$ 的 $Ce(SO_4)_2$ 溶液滴定 $0.1000\ mol \cdot L^{-1}$ 的 $FeSO_4$ 溶液为例，说明可逆的、对称的氧化还原电对的滴定曲线。

滴定反应为

$$Ce^{4+} + Fe^{2+} \!=\!=\!= Ce^{3+} + Fe^{3+}$$

$$\varphi^{\theta\prime}(Ce^{4+}/Ce^{3+}) = 1.44 \quad \varphi^{\theta\prime}(Fe^{3+}/Fe^{2+}) = 0.68\ V$$

滴定开始后，溶液中同时存在两个电对。在滴定过程中，每加入一定量滴定剂，反应达到一个新的平衡，此时两个电对的电极电位相等，即

$$\varphi^{\theta\prime}(Fe^{3+}/Fe^{2+}) + 0.059\ \lg \frac{c(Fe^{Ⅲ})}{c(Fe^{Ⅱ})} = \varphi^{\theta\prime}(Ce^{4+}/Ce^{3+}) + 0.059\lg \frac{c(Ce^{Ⅳ})}{c(Ce^{Ⅲ})}$$

因此，在滴定的不同阶段可选用便于计算的电对，按能斯特方程式计算体系的电极电位值。各滴定阶段电极电位的计算方法如下。

1. 化学计量点前

滴定加入的 Ce^{4+} 几乎全部被 Fe^{2+} 还原成 Ce^{3+}，Ce^{4+} 的浓度极小，不易直接求得。但知道了滴定分数，$c(Fe^{Ⅲ})/c(Fe^{Ⅱ})$ 值就确定了，这时可以利用 Fe^{3+}/Fe^{2+} 电对来计算电极电位值。

2. 化学计量点时

此时，Ce^{4+} 和 Fe^{2+} 都定量地转变成 Ce^{3+} 和 Fe^{3+}。未反应的 Ce^{4+} 和 Fe^{2+} 的浓度都很小，不易直接单独按某一电对来计算电极电位，而要由两个电对的能斯特方程式联立求得。

令化学计量点时的电极电位为 φ_{sp}，则

$$\begin{aligned}\varphi_{sp} &= \varphi^{\theta\prime}(Ce^{4+}/Ce^{3+}) + 0.059\lg \frac{c(Ce^{Ⅳ})}{c(Ce^{Ⅲ})} \\ &= \varphi^{\theta\prime}(Fe^{3+}/Fe^{2+}) + 0.059\lg \frac{c(Fe^{Ⅲ})}{c(Fe^{Ⅱ})}\end{aligned} \tag{6-9}$$

又令

$$\varphi_1^{\theta\prime} = \varphi^{\theta\prime}(Ce^{4+}/Ce^{3+}) \quad \varphi_1^{\theta\prime} = \varphi^{\theta\prime}(Fe^{3+}/Fe^{2+})$$

则由式(6-9)可得

$$\varphi_{sp} = \varphi_1^{\theta\prime} + 0.059\lg \frac{c(Ce^{Ⅳ})}{c(Ce^{Ⅲ})}$$

$$\varphi_{sp} = \varphi_2^{\theta\prime} + 0.059\lg \frac{c(Fe^{Ⅲ})}{c(Fe^{Ⅱ})}$$

将上两式相加得

$$2\varphi_{sp} = \varphi_1^{\theta\prime} + \varphi_2^{\theta\prime} + 0.059\lg \frac{c(Ce^{Ⅳ})c(Fe^{Ⅲ})}{c(Ce^{Ⅲ})c(Fe^{Ⅱ})}$$

根据前述滴定反应式，当加入 $Ce(SO_4)_2$ 的物质的量与 Fe^{2+} 的物质的量相等时，即 $c(Ce^{Ⅳ}) = c(Fe^{Ⅱ})$，$c(Ce^{Ⅲ}) = c(Fe^{Ⅲ})$，此时

$$\lg \frac{c(\mathrm{Ce^{IV}})c(\mathrm{Fe^{III}})}{c(\mathrm{Ce^{III}})c(\mathrm{Fe^{II}})}=0$$

故

$$\varphi_{sp}=\frac{\varphi_1^{\theta'}+\varphi_2^{\theta'}}{2}$$

即

$$\varphi_{sp}=\frac{1.44+0.68}{2}=1.06\ \mathrm{V}$$

对于一般的可逆对称氧化还原反应

$$n_2\mathrm{Ox_1}+n_1\mathrm{Red_2}=\!=\!=n_2\mathrm{Red_1}+n_1\mathrm{Ox_2}$$

可用类似的方法,求得化学计量点时的电位 φ_{sp} 与 $\varphi_1^{\theta'}$、$\varphi_2^{\theta'}$ 的关系,即

$$\varphi_{sp}=\frac{n_1\varphi_1^{\theta'}+n_2\varphi_2^{\theta'}}{n_1+n_2}$$

3. 化学计量点后

此时,可利用 Ce^{4+}/Ce^{3+} 电对来计算电位值。

按上述方法将不同滴定点所计算的电极电位值列于表6-1中,并绘制滴定曲线如图6-1所示。化学计量点前后电位突跃的位置由 Fe^{2+} 剩余0.1%和 Ce^{4+} 过量0.1%时两点的电极电位所决定,即电位突跃范围由0.86 V到1.26 V。在该体系中化学计量点的电位(1.06 V)正好处于滴定突跃的中间,化学计量点前后的曲线基本对称。

表6-1 以0.1000 mol·L^{-1}的 Ce^{4+} 溶液滴定含1 mol·L^{-1} H_2SO_4 的0.1000 mol·L^{-1}的 Fe^{2+} 溶液时电极电位的变化(25 ℃)

滴定分数/%	$\frac{c(\mathrm{Ox})}{c(\mathrm{Red})}$	电极电位/V	
	$\frac{c(\mathrm{Fe^{3+}})}{c(\mathrm{Fe^{2+}})}$		
9	10^{-1}	0.62	
50	10^{0}	0.68	
91	10^{1}	0.74	
99	10^{2}	0.80	
99.9	10^{3}	0.86	突跃范围
100		1.06	突跃范围
	$\frac{c(\mathrm{Ce^{4+}})}{c(\mathrm{Ce^{3+}})}$		突跃范围
100.1	10^{-3}	1.26	突跃范围
101	10^{-2}	1.32	
110	10^{-1}	1.38	
200	10^{0}	1.44	

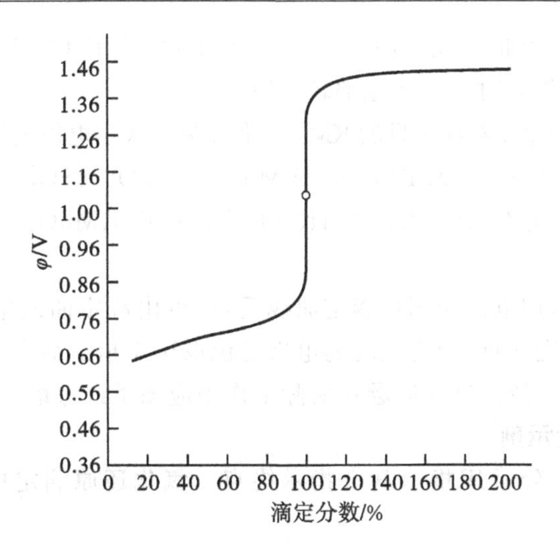

图 6-1　以 0.1000 mol·L^{-1}的 Ce^{4+}溶液滴定 0.1000 mol·L^{-1}的 Fe^{2+}溶液的滴定曲线

从表 6-1 及图 6-1 可见，对于可逆的、对称的氧化还原电对，滴定分数为 50%时溶液的电极电位就是被测物电对的条件电极电位；滴定分数为 200%时，溶液的电极电位就是滴定剂电对的条件电极电位。

化学计量点附近电位突跃的长短与两个电对的条件电极电位相差的大小有关。电极电位相差越大，突跃越长；反之，突跃较短。例如，用 $KMnO_4$ 溶液滴定 Fe^{2+} 时电位突跃为 0.86～1.46 V，比用 $Ce(SO_4)_2$ 溶液滴定 Fe^{2+} 时电位的突跃(0.86～1.26 V)长些。

氧化还原滴定曲线常因滴定时介质的不同而改变其位置和突跃的长短。例如图 6-2 是用 $KMnO_4$ 溶液在不同介质中滴定 Fe^{2+} 的滴定曲线。

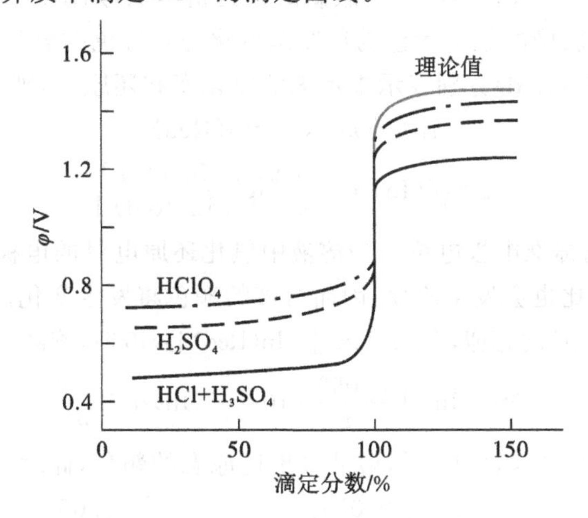

图 6-2　用 $KMnO_4$ 溶液在不同介质中滴定 Fe^{2+} 的滴定曲线

图中曲线说明以下两点：

(1)化学计量点前，曲线的位置取决于 $\varphi^{\theta'}(Fe^{3+}/Fe^{2+})$，而 $\varphi^{\theta'}(Fe^{3+}/Fe^{2+})$ 的大小与 Fe^{3+} 和介质阴离子的配位作用有关。由于 PO_4^{3-} 易与 Fe^{3+} 形成稳定的无色$[Fe(PO_4)_2]^{3-}$ 配离子而使 Fe^{3+}/Fe^{2+} 电对的条件电极电位降低，ClO_4^- 则不与 Fe^{3+} 形成配合物，故 $\varphi^{\theta'}(Fe^{3+}/Fe^{2+})$ 较高(参阅附录 6)。所以，在有 H_3PO_4 存在时的 HCl 溶液中，用 $KMnO_4$ 溶液滴定 Fe^{2+} 的曲线位

置最低,滴定突跃最长。因此,无论用 $Ce(SO_4)_2$、$KMnO_4$ 或 $K_2Cr_2O_7$ 标准溶液滴定 Fe^{2+},在 H_3PO_4 和 HCl 溶液中,终点时颜色变化都较敏锐。

(2)化学计量点后,溶液中存在过量的 $KMnO_4$,但实际上决定电极电位的是 $Mn^{Ⅲ}/Mn^{Ⅱ}$ 电对,因而曲线的位置取决于 $\varphi^{\theta\prime}(Mn^{3+}/Mn^{2+})$。由于 $Mn^{Ⅲ}$ 易与 PO^{4-}、SO_4^{2-} 等阴离子配位而降低其条件电极电位,与 ClO_4^- 则不配位,所以在 $HClO_4$ 介质中用 $KMnO_4$ 滴定 Fe^{2+},在化学计量点后曲线位置最高。

根据上述讨论可知,用电位法测得滴定曲线后,即可由滴定曲线中的突跃确定滴定终点。如果是用指示剂确定滴定终点,则终点时的电极电位取决于指示剂变色时的电极电位,这也可能与化学计量点电位不一致。这些问题在实际工作中应该予以考虑。

2. 氧化还原滴定指示剂

在氧化还原滴定中,经常用指示剂来指示终点。氧化还原滴定中常用的指示剂有以下几类:

1)氧化还原指示剂

氧化还原指示剂是其本身具有氧化还原性质的有机化合物,它的氧化态和还原态具有不同颜色,它能因氧化还原作用而发生颜色变化。例如常用的氧化还原指示剂二苯胺磺酸钠,它的氧化态呈紫红色,还原态是无色的。其氧化还原反应如下:

$$C_6H_5\text{-NH-}C_6H_4\text{-}SO_3^- \rightleftharpoons$$

$$^-O_3S\text{-}C_6H_4\text{-N=}C_6H_4\text{=}C_6H_4\text{=N-}C_6H_4\text{-}SO_3^- + 2H^+ + 2e^-$$

若用 $K_2Cr_2O_7$ 溶液滴定 Fe^{2+},以二苯胺磺酸钠为指示剂,则滴定到化学计量点时,稍微过量的 $K_2Cr_2O_7$ 就使二苯胺磺酸钠由无色的还原态氧化为紫红色的氧化态,以指示终点的到达。

如果用 In(Ox)和 In(Red)分别表示指示剂的氧化态和还原态,则

$$In_{Ox} + ne^- \rightleftharpoons In(Red)$$

$$\varphi = \varphi^{\theta}(In) + \frac{0.059}{n}\lg\frac{[In(Ox)]}{[In(Red)]}$$

式中,$\varphi^{\theta}(In)$为指示剂的标准电极电位。当溶液中氧化还原电对的电极电位改变时,指示剂的氧化态和还原态的浓度比也会发生改变,因而溶液的颜色将发生变化。

与酸碱指示剂的变色情况相似,当$[In(Ox)]/[In(Red)] \geqslant 10$ 时,溶液呈现氧化态的颜色,此时

$$\varphi \geqslant \varphi^{\theta}(In) + \frac{0.059}{n}\lg 10 = \varphi^{\theta}(In) + \frac{0.059}{n}$$

当$[In(Ox)]/[In(Red)] \leqslant 1/10$ 时,溶液呈现还原态的颜色,此时

$$\varphi \leqslant \varphi^{\theta}(In) + \frac{0.059}{n}\lg\frac{1}{10} = \varphi^{\theta}(In) - \frac{0.059}{n}$$

故指示剂变色的电位范围为

$$\varphi^{\theta}(In) \pm \frac{0.059}{n}\ V$$

在实际工作中,采用条件电极电位比较合适,得到指示剂变色的电位范围为

$$\varphi^{\theta\prime}(In) \pm \frac{0.059}{n}\ V$$

由于此范围甚小，一般就可用指示剂的条件电极电位 $\varphi^{\theta'}(In)$ 来估量指示剂变色的电位范围。

表 6－2 列出了一些重要的氧化还原指示剂的条件电极电位。在选择指示剂时，应使指示剂的条件电极电位尽量与反应的化学计量点时的电位一致，以减少终点误差。

表 6－2　一些氧化还原指示剂的条件电极电位及颜色变化

指示剂	$\varphi^{\theta'}(In)$ /V	颜色变化	
	$[H^+]=1\ mol \cdot L^{-1}$	氧化态	还原态
亚甲基蓝	0.53	蓝	无色
二苯胺	0.76	紫	无色
二苯胺磺酸钠	0.84	紫红	无色
邻苯氨基苯甲酸	0.89	紫红	无色
邻二氮杂菲-亚铁	1.06	浅蓝	红
硝基邻二氮杂菲-亚铁	1.25	浅蓝	紫红

2）自身指示剂

有些标准溶液或被滴物本身具有颜色，如果反应产物无色或颜色很浅，则滴定时无需另外加入指示剂，它们本身的颜色变化起着指示剂的作用，这种物质叫自身指示剂。例如，用 $KMnO_4$ 作滴定剂滴定无色或浅色的还原剂溶液时，由于 MnO_4^- 本身呈紫红色，反应后它被还原为 Mn^{2+}。Mn^{2+} 几乎无色，因而滴定到化学计量点后，稍过量的 MnO_4^- 可就可使溶液呈粉红色（此时 MnO_4^- 的浓度约为 $2\times10^{-6}\ mol \cdot L^{-1}$），指示终点的到达。

3）专属指示剂

可溶性淀粉与游离碘生成深蓝色配合物的反应是专属反应。当 I_2 被还原为 I^- 时，蓝色消失；当 I^- 被氧化为 I_2 时，蓝色出现；当 I_2 溶液的浓度为 $5\times10^{-6}\ mol \cdot L^{-1}$ 时即能看到蓝色，反应极灵敏。因而淀粉是碘量法的专属指示剂。

6.2.3.4　高锰酸钾法

1. 概述

高锰酸钾是一种强氧化剂。在强酸性溶液中，$KMnO_4$ 与还原剂作用时获得 5 个电子，还原为 Mn^{2+}：

$$MnO_4^- + 8H^+ + 5e^- \rightleftharpoons Mn^{2+} + 4H_2O \qquad \varphi^{\theta}=1.51\ V$$

在中性或碱性溶液中，得到 3 个电子，还原为 MnO_2：

$$MnO_4^- + 2H_2O + 3e^- \rightleftharpoons MnO_2 + 4OH^- \qquad \varphi^{\theta}=0.58\ V$$

由此可见，高锰酸钾法（potassium permanganate method）既可在酸性条件下使用，也可在中性或碱性条件下使用。由于 $KMnO_4$ 在强酸性溶液中具有更强的氧化能力，因此一般都在强酸条件下使用。但 $KMnO_4$ 在碱性条件下氧化有机物的反应速率比在酸性条件下更快。在 NaOH 浓度大于 $2\ mol \cdot L^{-1}$ 的碱溶液中，很多有机物与 $KMnO_4$ 反应，此时 MnO_4^- 被还原为 MnO_4^{2-}：

$$MnO_4^- + e^- \rightleftharpoons MnO_4^{2-} \qquad \varphi^{\theta}=0.56\ V$$

用 $KMnO_4$ 作氧化剂，可直接滴定许多还原性物质，如 Fe^{II}、H_2O_2、草酸盐、As^{III}、Sb^{III}、W^{V}

及U^{IV}等。

有些氧化性物质不能用$KMnO_4$溶液直接滴定，可用间接法测定。例如，测定MnO_2的含量时，可在试样的H_2SO_4溶液中加入一定量且过量的$Na_2C_2O_4$，待MnO_2与$C_2O_4^{2-}$作用完毕后，用$KMnO_4$标准溶液滴定过量的$C_2O_4^{2-}$。利用类似的方法，还可测定PbO_2、Pb_3O_4、$K_2Cr_2O_7$、$KClO_3$、H_3VO_4等氧化剂的含量。

某些物质虽不具氧化还原性，但能与另一还原剂或氧化剂定量反应，也可以用间接法测定。例如，测定Ca^{2+}时，先将Ca^{2+}沉淀为CaC_2O_4，再用稀H_2SO_4将所得沉淀溶解，然后用$KMnO_4$标准溶液滴定溶液中的$C_2O_4^{2-}$，从而间接求得Ca^{2+}的含量。显然，凡是能与$C_2O_4^{2-}$定量地沉淀为草酸盐的金属离子(如Sr^{2+}、Ba^{2+}、Ni^{2+}、Cd^{2+}、Zn^{2+}、Cu^{2+}、Pb^{2+}、Hg^{2+}、Ag^{+}、Bi^{3+}、Ce^{3+}、La^{3+}等)都能用同样的方法测定。

高锰酸钾法的优点是$KMnO_4$氧化能力强，应用广泛，但由于其氧化能力强，可以和很多还原性物质发生作用，所以干扰也比较严重。此外，$KMnO_4$试剂常含少量杂质，其标准溶液不够稳定。

2. 高锰酸钾标准溶液

市售的高锰酸钾常含有少量杂质，如硫酸盐氯化物及硝酸盐等，因此不能用直接法配制准确浓度的标准溶液。$KMnO_4$氧化能力强，易和水中的有机物、空气中的尘埃、氨等还原性物质作用，还能自行分解，反应式如下：

$$KMnO_4+2H_2O \rightleftharpoons 4MnO_2\downarrow+4KOH+3O_2\uparrow$$

分解的速率随溶液的pH值而改变，在中性溶液中，分解很慢，但Mn^{2+}和MnO_2的存在能加速其分解，见光时分解得更快，因此，$KMnO_4$溶液的浓度容易改变。

为了配制较稳定的$KMnO_4$溶液，可称取稍多于理论量的$KMnO_4$固体，溶于一定体积的蒸馏水中，加热煮沸，冷却后存储于棕色瓶中，于暗处放置数天，使溶液中可能存在的还原性物质完全氧化，然后过滤除去析出的MnO_2沉淀，再进行标定。使用经久放置后的$KMnO_4$溶液时应重新标定其浓度。

$KMnO_4$溶液可用还原剂作基准物质来标定$H_2C_2O_2\cdot H_2O$、$Na_2C_2O_4$、$FeSO_4\cdot(NH_4)_2SO_4\cdot 6H_2O$、纯铁丝及$As_2O_3$等。其中草酸钠不含结晶水，容易提纯，是最常用的基准物质。

在H_2SO_4溶液中MnO_4^-，与$C_2O_4^{2-}$的反应为

$$MnO_4^-+5C_2O_4^{2-}+16H^+ \rightleftharpoons 2Mn^{2+}+10CO_2\uparrow+8H_2O$$

为使此反应能定量、迅速地进行，应注意下述滴定条件：

(1)温度。在室温下此反应的速率缓慢，因此应将溶液加热至75～85 ℃。但温度不宜过高，否则在酸性溶液中会使部分$H_2C_2O_4$发生分解，反应式为

$$H_2C_2O_4 = CO_2\uparrow+CO+H_2O$$

(2)酸度。溶液保持足够的酸度，一般在开始滴定时，溶液中的$[H^+]$为0.5～1 mol·L^{-1}。酸度不够时，往往容易生成MnO_2沉淀，酸度过高又会促使$H_2C_2O_4$分解。

(3)滴定速度。由于MnO_2与$C_2O_4^{2-}$的反应是自动催化反应滴定开始时，加入的第一滴$KMnO_4$，红色溶液褪色很慢，所以开始滴定时滴定速度要慢些，在$KMnO_4$红色没有褪去以前，不要加第二滴。等几滴$KMnO_4$溶液已起作用后，滴定速度就可以稍快些，但不能让$KMnO_4$溶液像流水似地流下去，否则加入的$KMnO_4$溶液来不及与$C_2O_4^{2-}$反应，即在热的酸

性溶液中发生分解：

$$4MnO_4^- + 12H^+ \xlongequal{} 4Mn^{2+} + 5O_2 + 6H_2O$$

高锰酸钾法滴定终点是不太稳定的，这是由于空气中的还原性气体及尘埃等杂质落入溶液中能使 $KMnO_4$ 缓慢分解，而使粉红色消失，所以经过 30 s 不褪色即可认为终点已到。

3. 应用示例

1）过氧化氢的测定

商品双氧水中过氧化氢的含量可用 $KMnO_4$ 标准溶液直接滴定，其反应式为

$$5H_2O_2 + 2MnO_4^- + 6H^+ \xlongequal{} 2Mn^{2+} + 5O_2 + 8H_2O$$

此滴定在室温时可在硫酸或盐酸介质中顺利进行，但开始时反应进行较慢，反应产生的 Mn^{2+} 可起催化作用，使以后的反应加速。

H_2O_2 不稳定，在其工业品中一般加入某些有机物如乙酰苯胺等作稳定剂这些有机物大多能与 MnO_4^- 作用而干扰 H_2O_2 的测定。此时，过氧化氢宜采用碘量法或硫酸法测定。

2）钙的测定

某些金属离子能与 $C_2O_4^{2-}$ 生成难溶草酸盐沉淀，如果将生成的草酸盐沉淀溶于酸中，然后用 $KMnO_4$ 标准溶液来滴定 $C_2O_4^{2-}$，就可间接测定这些金属离子。钙离子的测定就可采用此法。

在沉淀 Ca^{2+} 时，为了获得颗粒较大的晶形沉淀，并保证 Ca^{2+} 与 $C_2O_4^{2-}$ 有 1∶1 的关系，必须选择适当的沉淀条件。通常是在含 Ca^{2+} 的试液中先加盐酸酸化，再加入 $(NH_4)_2C_2O_4$。由于 $C_2O_4^{2-}$ 在酸性溶液中大部分以 $HC_2O_4^-$ 存在，$C_2O_4^{2-}$ 的浓度很小，此时即使 Ca^{2+} 浓度相当大，也不会生成 CaC_2O_4 沉淀。向加入 $(NH_4)_2C_2O_4$ 后的溶液中滴加稀氨水，由于酸逐渐被中和，$C_2O_4^{2-}$ 浓度缓缓增加，就可以生成粗颗粒结晶的 CaC_2O_4 沉淀。最后应控制溶液的 pH＝3.5～4.5（甲基橙显黄色）并继续保温约 30 min 使沉淀陈化。这样不仅可避免 $Ca(OH)_2$ 或 $(CaOH)_2C_2O_4$ 沉淀的生成，而且所得 CaC_2O_4 沉淀又便于过滤和洗涤。放置冷却后，过滤、洗涤，将 CaC_2O_4 溶于稀硫酸中，即可用 $KMnO_4$ 标准溶液滴定热溶液中与 Ca^{2+} 定量结合的 $C_2O_4^{2-}$。

3）铁的测定

用 $KMnO_4$ 溶液滴定 Fe^{3+}，以测定矿石（如褐铁矿等）合金金属盐类及硅酸盐等试样的含铁量，有很大的实用价值。

试样溶解后（通常使用盐酸作溶剂），生成的 Fe^{3+}（实际上是 $FeCl_4^-$、$FeCl_6^{3-}$ 等配离子）应先用还原剂还原为 Fe^{2+}，然后用 $KMnO_4$ 标准溶液滴定。常用的还原剂是 $SnCl_2$（亦有用 Zn、Al、H_2S、SO_2 及汞齐等作还原剂的），多余的 $SnCl_2$ 可以借加入 $HgCl_2$ 而除去，反应式为

$$SnCl_2 + 2HgCl_2 \xlongequal{} SnCl_4 + Hg_2Cl_2 \downarrow$$

但是 $HgCl_2$ 有毒，为了避免对环境的污染，近年来采用了各种不用盐的测定铁的方法。

在用 $KMnO_4$ 溶液滴定前还应加入硫酸锰、硫酸及磷酸的混合液，其作用是：

（1）避免 Cl^- 存在下所发生的诱导反应。

（2）由于滴定过程中生成黄色的 Fe^{3+}，达到终点时，微过量的 $KMnO_4$ 所呈现的粉红色将不易分辨，影响终点的正确判断。在溶液中加入磷酸后，PO_4^{3-} 与 Fe^{3+} 生成无色的 $Fe(PO_4)_2^{3-}$ 配离子，就可使终点易于观察。

4)有机物的测定

在强碱性溶液中,过量 $KMnO_4$ 能定量地氧化某些有机物。例如,$KMnO_4$ 与甲酸的反应为

$$HCOO^- + 2MnO_4^- + 3OH^- \longrightarrow CO_3^{2-} + 2MnO_4^{2-} + 2H_2O$$

待反应完成后,将溶液酸化,用还原剂标准溶液(亚铁离子标准溶液)滴定溶液中所有的高价态的锰,使之还原为 Mn(Ⅱ),计算出消耗的还原剂的物质的量。用同样方法,测出反应前一定量碱性 $KMnO_4$ 溶液相当于还原剂的物质的量,根据二者之差即可计算出甲酸的含量。用此法还可测定葡萄糖、酒石酸、柠檬酸、甲醛等的含量。

5)水样中化学需氧量(COD)的测定

COD 是量度水体受还原性物质污染程度的综合性指标。它是指水体中还原性物质所消耗的氧化剂的量,换算成氧的质量浓度(以 $mg \cdot L^{-1}$ 计)。测定时在水样中加入 H_2SO_4 及一定量且过量的 $KMnO_4$ 溶液,置沸水浴中加热,使其中的还原性物质氧化。用一定量且过量的 $Na_2C_2O_4$ 溶液还原剩余的 $KMnO_4$,再以 $KMnO_4$ 标准溶液返滴定剩余的 $Na_2C_2O_4$。本法适用于地表水、地下水、饮用水和生活污水中 COD 的测定。Cl^- 对此法有扰,可用 Ag_2SO_4 予以除去,含 Cl^- 高的工业废水中 COD 的测定,要采用 $K_2Cr_2O_7$ 法。

①COD 为 chemical oxygen demand 的简称。用 $KMnO_4$ 法测定时称为 COD_{Mn} 或“高锰酸盐指数”。

②还原性物质主要有各种有机物(如有机酸、腐殖酸、脂肪酸、糖类化合物、可溶性淀粉等)以及还原性无机物质(如亚硝酸盐、亚铁盐、硫化物等)。

以 C 代表水中还原性物质,反应式为

$$4MnO_4^- + 5C + 12H^+ \longrightarrow 4Mn^{2+} + 5CO_2\uparrow + 6H_2O$$

$$2MnO_4^- + 5C_2O_4^{2-} + 16H^+ \longrightarrow 4Mn^{2+} 10CO_2\uparrow + 8H_2O$$

此法必须严格控制加热和溶液沸腾的时间,这是因为 $KMnO_4$ 在酸性水溶液中沸腾时不够稳定。

6.2.3.5 重铬酸钾法

1. 概述

$K_2Cr_2O_7$ 在酸性条件下与还原剂作用,$Cr_2O_7^{2-}$ 得到 6 个电子而被还原成 Cr^{3+},反应式为

$$Cr_2O_7^{2-} + 14H^+ + 6e^- \rightleftharpoons 2Cr^{3+} + 7H_2O \qquad \varphi^\theta = 1.33\ V$$

可见,$K_2Cr_2O_7$ 的氧化能力比 $KMnO_4$ 稍弱些,但它仍是一种较强的氧化剂。用重铬酸钾法(potassium dichromate method)能测定许多无机物和有机物。此法只能在酸性条件下使用,它的应用范围比高锰酸钾法窄些。它具有如下的优点:

①$K_2Cr_2O_7$ 易于提纯,可以准确称取一定质量干燥纯净的 $K_2Cr_2O_7$,直接配制成一定浓度的标准溶液,不必再进行标定。

②$K_2Cr_2O_7$ 溶液相当稳定,只要保存在密闭容器中,浓度可长期保持不变。

③在 1 $mol \cdot L^{-1}$ HCl 溶液中,在室温下不受 Cl^- 还原作用的影响,可在 HCl 溶液中进行滴定。

重铬酸钾法也有直接法和间接法之分。对一些有机试样,常在其 H_2SO_4 溶液中加入过量 $K_2Cr_2O_7$ 标准溶液,加热至一定温度,冷却后稀释,再用 Fe^{2+}(一般用硫酸亚铁铵)标准溶液返滴定。

应用 $K_2Cr_2O_7$ 标准溶液进行滴定时，常用氧化还原指示剂，如二苯胺磺酸钠或邻苯氨基苯甲酸等。

应该指出，$K_2Cr_2O_7$ 有毒，使用时应注意废液的处理，以免污染环境。

2. 应用示例

1)铁的测定

重铬酸钾法测定铁是利用以下反应：

$$6Fe^{2+}+Cr_2O_7^{2-}+14H^+ \rightleftharpoons 6Fe^{3+}+2CR^{3+}7H_2O$$

试样(铁矿石等)一般用 HCl 溶液加热分解，在热的浓 HCl 溶液中，将铁还原为亚铁，然后用 $K_2Cr_2O_7$ 标准溶液滴定。铁的还原方法除用 $SnCl_2$ 还原外，也采用 $SnCl_2+TiCl_3$ 还原(无汞测铁法)。与高锰酸钾法测定铁相比，这两种方法在测定步骤上有如下不同之处：

①重铬酸钾的电极电位与氯的电极电位相近，因此在 HCl 溶液中进行滴定时，不会因氧化 Cl^- 而发生误差，因而滴定时不需加入 $MnSO_4$。

②滴定时需要采用氧化还原指示剂，如用二苯胺磺酸钠作指示剂。终点时溶液由绿色(Cr^{3+} 的颜色)突变为紫色或紫蓝色。已知二苯胺磺酸钠变色时的 $\varphi^{\theta\prime}(In)=0.84$ V(见表 6-2)。如 Fe^{3+}/Fe^{2+} 电对按 $\varphi^{\theta\prime}(Fe^{3+}/Fe^{2+})=0.68$ V 计算，则滴定至 99.9%时的电极电位为

$$\varphi=\varphi^{\theta}(Fe^{3+}/Fe^{2+})+0.059\lg\frac{c(Fe^{\text{III}})}{c(Fe^{\text{II}})}$$

$$=0.68+0.059\lg\frac{99.9}{0.1}=0.86\text{ V}$$

可见，当滴定进行至 99.9%时，电极电位已超过指示剂变色的电位(>0.84 V)，滴定终点将过早到达。为了减少终点误差，需要在试液中加入 H_3PO_4 使 Fe^{3+} 生成无色的稳定 $Fe(PO_4)_2{}^{3-}$ 配位阴离子，这样既消除了 Fe^{3+} 的黄色影响，又降低了 Fe^{3+}/Fe^{2+} 电对的电极电位。例如，在 1 $mol\cdot L^{-1}$ 的 HCl 与 0.25 $mol\cdot L^{-1}$ 的 H_3PO_4 溶液中，$\varphi^{\theta\prime}(Fe^{3+}/Fe^{2+})=0.51$ V，从而避免了过早氧化指示剂。

2)水样中化学需氧量的测定

在酸性介质中以 $K_2Cr_2O_7$ 为氧化剂，测定水样中化学需氧量的方法记作 COD(Cr)。反应式为

$$2Cr_2O_7^{2-}+3C+16H^+\longrightarrow 4Cr^{3+}3CO_2\uparrow+8H_2O$$

该式表明 2 mol $Cr_2O_7^{2-}$ 与 3 mol C 及 3 mol O_2 转移电子数(12 mol)相当，则

$$n(O_2)=\frac{3}{2}n(Cr_2O_7^{2-})$$

6.2.3.6　碘量法

碘量法(iodometric methods)是利用 I_2 的氧化性和的还原性来进行滴定的分析方法。其半反应为

$$I_2+2e^- \rightleftharpoons 2I^-$$

由于固体 I_2 在水中的溶解度很小(0.00133 mol)，故实际应用时通常将 I_2 溶解在 KI 溶液中，此时 I_2 在溶液中以 I^- 形式存在：

$$I_2+I^- \rightleftharpoons I_3^-$$

半反应为

$$I_3^- + 2e^- \rightleftharpoons 3I^- \quad \varphi^{\theta'}(I_3^-/3I^-) = 0.534\ V$$

但为方便起见,一般仍简写为 I_2。

由 $I_2/2I^-$ 电对的条件电极电位或标准电极电位可见,I_2 是一种较弱的氧化剂,能与较强的还原剂(如 Sn^{II}、Sb^{III}、As_2O_3、S^{2-}、SO_3^{2-} 等)作用,例如:

$$I_2 + SO_2 + 2H_2O = 2I^- + SO_4^{2-} + 4H^+$$

因此,可用 I_2 标准溶液直接滴定这类还原性物质,这种方法称为直接碘量法(direct iodimetry)。另一方面,I^- 作为一中等强度的还原剂,能被一般氧化剂(如 $K_2Cr_2O_7$、$KMnO_4$、H_2O_2、KIO_3 等)定量氧化而析出 I_2,例如:

$$2MnO_4^- + 10I^- + 16H^+ = 2Mn^{2+} + 5I_2 + 8H_2O$$

析出的 I_2 可用还原剂 $Na_2S_2O_3$ 标准溶液滴定:

$$I_2 + 2S_2O_3^{2-} = 2I^- + S_4O_6^{2-}$$

因而可间接测定氧化性物质,这种方法称为间接碘量法(indirect iodimetry)。

直接碘量法的基本反应为

$$I_2 + 2e^- \rightleftharpoons 2I^-$$

由于 I_2 的氧化能力不强,能被 I_2 氧化的物质有限,而且受溶液中 H^+ 浓度的影响较大,所以直接碘量法的应用受到一定的限制。

凡能与 KI 作用定量地析出 I_2 的氧化性物质及能与过量 I_2 在碱性介质中作用的有机物质,都可用间接碘量法测定。间接碘量法的基本反应为

$$2I^- - 2e^- = I_2$$

$$I_2 + 2S_2O_3^{2-} = 2I^- + S_4O_6^{2-}$$

I_2 与硫代硫酸钠定量反应生成连四硫酸钠($Na_2S_4O_6$)。

应该注意,I_2 和 $Na_2S_2O_3$ 的反应须在中性或弱酸性溶液中进行。因为在碱性溶液中,会同时发生如下反应:

$$Na_2S_2O_3 + 4I_2 + 10NaOH = 2Na_2SO_4 + 8NaI + 5H_2O$$

而使氧化还原过程复杂化。而且在较强的碱性溶液中,I_2 会发生歧化反应:

$$3I_2 + 6OH^- = IO_3^- + 5I^- + 3H_2O$$

会给测定带来误差。

如果需要在弱碱性溶液中滴定 I_2,应用 Na_3AsO_3 代替 $Na_2S_2O_3$。

因为 I_2 具有挥发性,容易挥发损失;I^- 在酸性溶液中易被空气中氧所氧化:

$$4I^- + 4H^+ + O_2 = 2I_2 + 2H_2O$$

此反应在中性溶液中进行极慢,但随溶液中 H^+ 浓度增加而加快,若直接受阳光照射,反应速率增加更快。所以碘量法一般在中性或弱酸性溶液中及低温(<25 ℃)下进行滴定。I_2 溶液应保存于棕色密闭的容器中。在间接碘量法中,氧化析出的 I_2 必须立即进行滴定,滴定最好在碘量瓶中进行。为了减少与空气的接触,滴定时不应剧烈摇荡。

碘量法的终点常用淀粉指示剂来确定。在有少量 I^- 存在的情况下,I_2 与淀粉反应形成蓝色吸附配合物,根据蓝色的出现或消失来指示终点。在室温及少量 I^-($\geq 0.001\ mol \cdot L^{-1}$)存在的情况下,该反应的灵敏度为 $[I_2] = 0.5 \sim 1 \times 10^{-5}\ mol \cdot L^{-1}$,无 I^- 时反应的灵敏度降低。反应的灵敏度还随溶液温度升高而降低(50 ℃时的灵敏度只有 25 ℃时的 1/10)。乙醇及甲醇的存在均降低其灵敏度(醇含量超过 50%的溶液不产生蓝色,小于 5%的无影响)。

淀粉溶液应用新鲜配制的，若放置过久，则与 I_2 形成的配合物不呈蓝色而呈紫红色。这种紫红色吸附配合物在用 $Na_2S_2O_3$ 滴定时褪色慢，终点不敏锐。碘量法用的标准溶液主要有硫代硫酸钠和碘标准溶液两种，分述如下。

1. 硫代硫酸钠标准溶液

硫代硫酸钠（$Na_2S_2O_3 \cdot 5H_2O$）一般都含有少量杂质，如 S、Na_2SO_3、Na_2SO_4、Na_2CO_3、NaCl 等，同时还容易风化、潮解，因此不能直接配制成准确浓度的溶液，只能先配制成近似浓度的溶液，然后再标定。

$Na_2S_2O_3$ 溶液浓度不稳定，容易改变，主要有以下几点原因：

①溶解的 CO_2 的作用：在稀酸（pH<4.6）溶液中含有 CO_2 时，会促使 $Na_2S_2O_3$ 分解：

$$Na_2S_2O_3 + H_2CO_3 \xlongequal{} NaHCO_3 + NaHSO_3 + S\downarrow$$

此分解作用一般在配成溶液的最初十天内发生。

②空气中 O_2 的作用：

$$2Na_2S_2O_3 + O_2 \xlongequal{} 2Na_2SO_4 + 2S\downarrow$$

③细菌的作用：

$$Na_2S_2O_3 \xrightarrow{\text{细菌}} Na_2SO_3 + S\downarrow$$

此作用是使 $Na_2S_2O_3$ 分解的主要原因。

因此，配制 $Na_2S_2O_3$ 溶液时，为了赶去水中的 CO_2 和杀死细菌，应用新煮沸并冷却了的蒸馏水，加入少量 Na_2CO_3（约 0.02%）使溶液呈微碱性。有时为了减少细菌的作用，加入少量 HgI_2（10 mg・L^{-1}）。为了避免日光促进 $Na_2S_2O_4$ 的分解，溶液应保存在棕色瓶中，放置暗处，经 8～14 天再标定。长期保存的溶液，隔 1～2 月标定一次，若发现溶液变浑，应弃去重配。

标定 $Na_2S_2O_3$ 溶液的基准物质有纯碘、纯铜、KIO_3、$KBrO_3$、$K_2Cr_2O_7$，$K_3[Fe(CN)_6]$等。这些物质除纯碘外，都能与 KI 反应面析出 I_2，反应式分别为

$$IO_3^- + 5I^- + 6H^+ \xlongequal{} 3I_2 + 3H_2O$$

$$BrO_3^- + 6I^- + 6H^+ \xlongequal{} 3I_2 + 3H_2O + Br^-$$

$$Cr_2O_7^{2-} + 6I^- + 14H^+ \xlongequal{} 2Cr^{3+} + 3I_2 + 7H_2O$$

$$2[Fe(CN)_6]^{3-} + 2I^- \xlongequal{} 2[Fe(CN)_6]^{2-} + I_2$$

$$2Cu^{2+} + 4I^- \xlongequal{} 2CuI\downarrow + I_2$$

析出的 I_2 用 $Na_2S_2O_3$ 标准溶液滴定，反应式为

$$I_2 + 2S_2O_3^{2-} \xlongequal{} 2I^- + S_4O_6^{2-}$$

这些标定方法是间接碘量法的应用。标定时应注意以下几点：

①基准物质（如 $K_2Cr_2O_7$）与 KI 反应时，溶液的酸度越大，反应速率越快，但酸度太大时，I^- 容易被空气中的 O_2 氧化，所以在开始滴定时，酸度一般以 0.8～1.0 mol・L^{-1}为宜。

②$K_2Cr_2O_7$与 KI 的反应速率较慢，应将溶液放置一定时间（5 min），待反应完全后再以 $Na_2S_2O_3$ 溶液滴定。KIO_3 与 KI 的反应快，不需要放置。

(3)在以淀粉作指示剂时，应先以 $Na_2S_2O_3$ 溶液滴定至溶液呈浅黄色（大部分 I_2 已作用），然后加入淀粉溶液，用 $Na_2S_2O_3$ 溶液继续滴定至蓝色恰好消失，即为终点。淀粉指示剂若加入太早，大量的 I_2 与淀粉结合成蓝色物质，这一部分碘就不容易与 $Na_2S_2O_3$ 反应，因而使滴定发生误差。滴定至终点后，再经过几分钟，溶液又会出现蓝色，这是由于空气氧化所引起的。

2. 碘标准溶液

用升华法制得的纯碘,可以直接配制标准溶液但通常是用市售的纯碘先配制成近似浓度的溶液,然后再进行标定。

由于碘几乎不溶于水,但能溶于 KI 溶液,所以配制溶液时应加入过量 KI。

碘溶液应避免与橡胶等有机物接触,也要防止见光、遇热否则浓度将发生变化。

标准碘溶液的浓度,可借与已知浓度的 $Na_2S_2O_3$ 标准溶液比较求得,也可用 As_2O_3(俗名砒霜,有剧毒)作基准物质来标定。As_2O_3 难溶于水,但易溶于碱性溶液,生成亚砷酸盐,反应式为

$$As_2O_3+6OH^- = AsO_3^{3-}+3H_2O$$

亚砷酸与碘的反应是可逆的,反应式为

$$H_3AsO_3+I_2+H_2O \rightleftharpoons H_3AsO_4+2I^-+2H^+$$

该反应应在微碱性溶液中(加入 $NaHCO_3$ 使溶液的 pH=8)进行。

3. 应用示例

1)硫化钠总还原能力的测定

在弱酸性溶液中,I_2 能氧化 H_2S,反应式为

$$H_2S+I_2 = S\downarrow+2H^++2I^-$$

这是用直接碘量法测定硫化物。为了防止 S^{2-} 在酸性条件下生成 H_2S 而损失,在测定时应用移液管加硫化钠试液于过量酸性碘溶液中,反应完毕后,再用 $Na_2S_2O_3$ 标准溶液回滴多余的碘。硫化钠中常含有 Na_2SO_3 及 $Na_2S_2O_3$ 等还原性物质,它们也与 I_2 作用,因此测定结果实际上是硫化钠的总还原能力。

其他能与酸作用生成 H_2S 的试样(如某些含硫的矿石、石油和废水中的硫化物、钢铁中的硫,以及有机物中的硫等都可使其转化为 H_2S),可用盐或锌盐的氨溶液吸收它们与酸反应时生成的 H_2S,然后用碘量法测定其中的含硫量。

2)硫酸铜中铜的测定

二价铜盐与 I^- 的反应如下:

$$2Cu^{2+}+4I^- = 2CuI\downarrow+I_2$$

析出的碘用 $Na_2S_2O_3$ 标准溶液滴定,就可计算出铜的含量。

上述反应是可逆的,为了促使反应实际上趋于完全必须加过量的 KI。由于 CuI 沉淀强烈地吸附 I_2,会使测定结果偏低。如果加入 KSCN,使 CuI 转化为溶解度更小的 CuSCN 沉淀:

$$CuI+KSCN = CuSCN\downarrow+KIH$$

则不仅可以释放出被 CuI 吸附的 I_2,而且反应时再生出来的可与未作用的 Cu^{2+} 反应。这样,就可以使用较少的 KI 使反应进行得更完全。但是 SCN 只能在接近终点时加入,否则 SCN^- 可能被氧化而使结果偏低。

为了防止铜盐水解,反应必须在酸性溶液中进行(一般控制 pH=3~4)。酸度过低,反应速率慢,终点拖长;酸度过高,则 I^- 被空气氧化为 I_2 的反应被 Cu^{2+} 催化而加速,使结果偏高。又因大量 Cl^- 与 Cu^{2+} 配位,因此应用 H_2SO_4 而不用 HCl(少量 HCl 不干扰)溶液。

矿石(铜矿等)、合金、炉渣或电镀液中的铜,也可应用碘量法测定。对于固体试样,可选用适当的溶剂溶解后,再用上述方法测定,但应注意防止其他共存离子的干扰。例如,试样常含有 Fe^{3+},由于 Fe^{3+} 能氧化 I^-,反应式为

$$2Fe^{3+}+2I^- = 2Fe^{2+}+I_2$$

故它干扰铜的测定。若加入 NH_4HF_2，可使 Fe^{3+} 生成稳定的 FeF_6^{3-} 配位离子，使 Fe^{3+}/Fe^{2+} 电对的电极电位降低，从而可防止 Fe^{3+} 氧化 I^-。NH_4HF_2 还可控制溶液的酸度，使 pH＝3～4。

3)漂白粉中有效氯的测定

漂白粉的主要成分是 CaCl(OCl)，其他成分有 $CaCl_2$、$Ca(ClO_3)_2$ 及 CaO 等。漂白粉的质量以有效氯(能释放出来的氯量)来衡量，用 Cl 的质量分数表示。

测定漂白粉中的有效氯时，使试样溶于稀 H_2SO_4 溶液中，加过量 KI，反应生成的 I_2 用 $Na_2S_2O_3$ 标准溶液滴定，反应式为

$$ClO^- + 2I^- + 2H^+ \Longrightarrow I_2 + Cl^- + H_2O$$

$$ClO_2^- + 4I^- + 4H^+ \Longrightarrow 2I_2 + Cl^- + 2H_2O$$

$$ClO_3^- + 6I^- + 6H^+ \Longrightarrow 3I_2 + Cl^- + 3H_2O$$

4)有机物的测定

对于能被碘直接氧化的物质，只要反应速率足够快，就可用直接碘量法进行测定(如抗坏血酸、巯基乙酸、四乙基铅及安乃近药物等)。抗坏血酸(即维生素 C)是生物体中不可缺少的维生素之一，它具有抗坏血病的功能，也是衡量蔬菜、水果品质的常用指标之一。抗坏血酸分子中的烯醇基具有较强的还原性，能被 I_2 定量氧化成二酮基，反应式为

$$C_6H_8O_6 + I_2 \Longrightarrow C_6H_6O_6 + 2HI$$

用直接碘量法可滴定抗坏血酸。从反应式看，在碱性溶液中有利于反应向右进行，但碱性条件会使抗坏血酸被空气中的氧所氧化，也造成 I_2 的歧化反应。

间接碘量法更广泛地应用于有机物的测定中。例如，在葡萄糖的碱性试液中，加入一定量且过量的 I_2 标准溶液，葡萄糖被 I_2 氧化后的反应式为

$$I_2 + 2OH^- \Longrightarrow IO^- + I^- + H_2O$$

$$CH_2OH(CHOH)_4CHO + IO^- + OH^- \Longrightarrow CH_2OH(CHOH)_4COO^- + I^- + H_2O$$

碱液中剩余的 IO^-，歧化为 IO_3^- 及 I^-，反应式为

$$3IO^- \Longrightarrow IO_3^- + 2I^-$$

溶液酸化后又析出 I_2，反应式为

$$IO_3^- + 5I^- + H_2O \Longrightarrow 3I_2 + 3H_2O$$

最后以 $Na_2S_2O_3$ 标准溶液滴定析出的 I_2。

6.2.4　重点难点

1. 本章的重点

(1)电极电位的计算是氧化还原滴定中的基本概念，应熟练运用能斯特(Nernst)公式计算电极电位，特别是条件电极电位的计算，应考虑溶液中的各类副反应：配位反应以及沉淀反应等。

(2)在氧化还原滴定过程中，溶液中电极电位的变化规律即滴定曲线，应熟练运用能斯特公式计算滴定过程中溶液的电极电位，特别是化学计量点及化学点前后 0.1% 时的电极电位以及滴定突跃的计算。

(3)学会用物质的量浓度计算氧化还原分析结果的方法。

(4)高锰酸钾法、重铬酸钾及碘量法是常用的氧化还原滴定法，掌握它们的原理、特点以及标准溶液在配制、标定及滴定过程中应注意的问题。

2. 本章的难点

(1)条件电极电位的计算是本章的难点之一,主要把握的是各类副反应系数的计算和在能斯特(Nernst)公式中的应用。

(2)氧化还原滴定过程中溶液的电极电位的计算,把握的是化学计量点前、后及化学计量点时电极电位的计算所依据的电对、电对的对称与否以及电子转移数等。

(3)氧化还原滴定结果的计算中,难点在于搞清楚滴定过程中所发生的反应以及化学计量关系。

6.3 例题解析

1. 填空题

(1)一般来说,电极电位高的电对的氧化型,可以氧化________。

(2)几个氧化还原电对共存于同一体系时,首先进行反应的是________。

(3)在氧化还原平衡体系中,凡使电对的氧化型________或电对的还原型________,则其电极电位就升高。

(4)影响氧化还原反应完全的主要因素有________及________等。

(5)对于 $m\mathrm{Ox_1}+n\mathrm{Red_2}$ ══ $m\mathrm{Red_1}+n\mathrm{Ox_2}$ 滴定反应,允许滴定误差为 0.1%,当 $m=n=1$ 时,上述反应的平衡常数 K 为________可视为反应能进行完全。

(6)影响氧化还原反应方向的主要因素有________、________、________等。

(7)因为条件电极电位 $\varphi^{\theta\prime}$ 考虑了________和________等的影响,所以用 $\varphi^{\theta\prime}$ 代替 φ^{θ} 处理问题时,较为符合实际情况。

(8)影响氧化还原滴定突跃电位范围的主要因素是________和________。

(9)氧化还原指示剂的 $\varphi^{\theta\prime}$ 为 0.84 V,则其可能最大变色电位范围为________。

(10)已知 $\varphi^{\theta}(\mathrm{MnO_4^-/Mn^{2+}})=1.51$ V,$\varphi^{\theta}(\mathrm{Fe_3^+/Fe^{2+}})=0.77$ V,则反应 $\mathrm{MnO_4^-}+5\mathrm{Fe^{2+}}+8\mathrm{H^+}$ ══ $\mathrm{Mn^{2+}}+5\mathrm{Fe^{3+}}+4\mathrm{H_2O}$ 的平衡常数 K 的对数值为________。

2. 单项选择题

(1)下列叙述与标准电极电位有关的是( )。

A. 环境温度为 15 ℃

B. 电对氧化型、还原型浓度均为 1 $\mathrm{mol\cdot L^{-1}}$

C. 电对氧化型、还原型活度均为 1 $\mathrm{mol\cdot L^{-1}}$

D. 电对的电极电位表示为 $\varphi(\mathrm{Ox/Red})$

(2)已知:$\varphi^{\theta}(\mathrm{F^2/F^-})=2.87$ V,$\varphi^{\theta}(\mathrm{Cl^2/Cl^-})=1.36$ V,$\varphi^{\theta}(\mathrm{I^2/I^-})=0.535$ V,$\varphi^{\theta}(\mathrm{Fe^{3+}/Fe^{2+}})=0.77$ V,则下述说法正确的是( )。

A. 在卤族元素离子中,除 $\mathrm{I^-}$ 外均不能被 $\mathrm{Fe^{3+}}$ 氧化

B. 卤离子中,$\mathrm{Br^-}$、$\mathrm{I^-}$ 均能被 $\mathrm{Fe^{3+}}$ 氧化

C. 卤离子中,除 $\mathrm{F^-}$ 外均能被 $\mathrm{Fe^{3+}}$ 氧化

D. $\mathrm{F_2}$ 能氧化 $\mathrm{Fe^{3+}}$

(3)已知：$\varphi^{\theta}(Fe^{3+}/Fe^{2+})=0.77$ V，$\varphi^{\theta}(Cu^{2+}/Cu^{+})=0.15$ V，则反应：$Fe^{3+}+Cu^{+}$ ══ $Fe^{2+}+Cu^{2+}$的平衡常数K为(　　)。

A. 5.0×10^{8}　　B. 1.0×10^{8}　　C. 3.2×10^{10}　　D. 5.0×10^{10}

(4)对于反应：Ox_1+2Red_2 ══ Red_1+2Ox_2，其平衡常数K为何值时即可视为反应完全？(　　)。

A. 1.0×10^{6}　　B. 5.0×10^{8}　　C. 1.0×10^{7}　　D. 1.0×10^{9}

(5)某滴定反应为：mOx_1+nRed_2 ══ $mRed_1+nOx_2$，若$m=2,n=1$（或$m=1,n=2$)，要使上述反应进行完全(99.9%以上)，则两电对的$\Delta\varphi^{\theta}$的理论值为(　　)。

A. ≥0.27 V　　B. ≥0.35 V　　C. ≥0.24 V　　D. ≥0.17 V

(6)碘量法测定Cu^{2+}时，需向Cu^{2+}试液中加入过量KI，下列作用与其无关的是(　　)。

A. 降低E_{I^2/I^-}值，提高I^-还原性　　B. I^-与I_2生成I_3^-，降低I_2的挥发性

C. 减小CuI↓的离解度　　D. 使CuI↓不吸附I_2

(7)以基准$K_2Cr_2O_7$标定$Na_2S_2O_3$溶液的浓度，淀粉作指示剂，到达终点5 min后又出现蓝色，下列情况与此无关的是(　　)。

A. 向$K_2Cr_2O_7$溶液中加入过量KI后，于暗处放置2 min

B. 滴定速度太慢

C. 酸度太高

D. 酸度较低

(8)以$KMnO_4$法测Fe^{2+}时，需在一定酸度下进行滴定。下列酸适用的为(　　)。

A. H_2SO_4　　B. HCl　　C. HNO_3　　D. $H_2C_2O_4$

(9)用$KMnO_4$滴定$C_2O_4^{2-}$时，开始时$KMnO_4$的红色消失很慢，以后红色逐渐很快消失，其原因是(　　)。

A. 开始时温度低，随着反应的进行而产生反应热，使反应逐渐加快

B. 反应开始后产生Mn^{2+}，Mn^{2+}是MnO_4^-与$C_2O_4^{2-}$反应的催化剂，故以后反应加快

C. 反应产生CO_2，使溶液得到充分搅拌，加快反应进行

D. 反应消耗H^+，H^+浓度越来越低，则$KMnO_4$与$C_2O_4^{2-}$在较低酸度下加快进行

(10)①氧化还原指示剂变色范围为(　　)；②酸碱指示剂变色范围一般为(　　)。

A. $pK(HIn)\pm1$　　B. $pK(MIn)\pm1$　　C. $E^{\theta\prime}(In)+\frac{0.059}{n}$　　D. $pK_b\pm1$

(11)①$KMnO_4$法常用的指示剂为(　　)；②碘量法常用的指示剂是(　　)。

A. 专用指示剂　　B. 外用指示剂　　C. 氧化还原指示剂　　D. 自身指示剂

(12)①标定$KMnO_4$溶液常用基准物质(　　)；②标定$Na_2S_2O_3$溶液常用的基准物质(　　)。

A. $Na_2C_2O_4$　　B. $K_2Cr_2O_7$　　C. 邻苯二甲酸氢钾　　D. Na_2CO_3

(13)①用碘量法测胆矾中铜时，为消除Fe^{3+}的干扰和影响，可加入(　　)；②$KMnO_4$法分析样品时，为控制适当酸度，常加入(　　)。

A. $H_2C_2O_4$　　B. NH_4HF_2　　C. NH_4OH　　D. H_2SO_4

(14)①碘量法分析样品时应(　　)；②$K_2Cr_2O_7$法分析样品时，一般应(　　)。

A. 增加压力　　B. 控制溶液为中性或弱酸性

C. 控制溶液为强酸性　　D. 强碱性

(15)①碘量法测 Cu^{2+} 时,滴定剂 $Na_2S_2O_3$ 与 Cu^{2+} 的物质的量之比为(　　);②用碘量法标定 $KBrO_3$ 溶液浓度时,滴定剂 $Na_2S_2O_3$ 与 $KBrO_3$ 的物质的量之比为(　)。

A. 1∶1　　B. 2∶1　　C. 3∶1　　D. 6∶1

3. 名词解释

(1)可逆氧化还原电对。

(2)不可逆氧化还原电对。

(3)氧化还原滴定突跃。

答案解析:

(1)在氧化还原反应的任一瞬间,都能建立由半反应所示的氧化还原平衡,其实际电极电位与按 Nernst 方程式计算所得电位相符,或相差甚小。

(2)即在氧化还原反应的任一瞬间,不能真正建立由半反应所示的氧化还原平衡,其实际电位与按能斯特(Nernst)方程式计算所得电位相差颇大(一般相差 100～200 mV 以上)。

(3)氧化还原滴定中,一般将滴定反应进行到化学计量点前 0.1%至化学计量点后 0.1%的电位范围称为氧化还原滴定突跃。

4. 简答题

(1)简述碘量法误差的来源及应采取的措施。

(2)简述用基准 $Na_2C_2O_4$ 标定 $KMnO_4$ 溶液时应注意的问题。

(3)简述如何消除碘量法测 Cu^{2+} 时 $CuI\downarrow$ 对 I_2 的吸附作用。

答案解析:

(1)主要有两个方面:一是 I_2 易挥发;二是 I^- 在酸性条件下易被空气中的 O_2 氧化。

防止 I_2 挥发的措施:

①加入过量 KI(一般比理论值大 2～3 倍),使 I_2 以 I_3^- 形式存在。

②反应需在室温条件下进行。温度升高,不仅会增大 I_2 的挥发损失,也会降低淀粉指示剂的灵敏度,并能加速 $Na_2S_2O_3$ 的分解。

③反应容器用碘量瓶,且应在加水封的情况下使氧化剂与 I^- 反应。

④滴定时不必剧烈振摇。

防止 I^- 被空气中的 O_2 氧化的措施:

①溶液酸度不宜太高。酸度越高,空气中 O_2 氧化 I^- 的速率越大。

②I^- 与氧化性物质反应的时间不宜过长。

③用 $Na_2S_2O_3$ 滴定 I_2 的速度可适当快些。

④Cu^{2+}、NO_2^- 等对空气中 O_2 氧化 I^- 起催化作用,应设法避免。

⑤光对空气中 O_2 氧化 I^- 亦有催化作用,故滴定时应避免长时间光照。

(2)因为 MnO_4^- 与 $C_2O_4^{2-}$ 反应较慢,故需加热以提高反应速度,一般加热至 70～80 ℃进行滴定;Mn^{2+} 对上述反应有催化作用,所以亦可在滴定前向溶液中加入几滴 $MnSO_4$。足够的酸度有利于反应的进行,故一般保持溶液[H^+]约为 1～2 mol·L^{-1}。因开始滴定的反应较慢,所以滴定速度不宜太快。以 $KMnO_4$ 本身作指示剂,其红色 30 s 不褪即为终点。

(3)因为 $K_{sp}(CuI)=1.1\times10^{-12}$,$K_{sp}(CuSCN)=4.8\times10^{-15}$,$S(CuSCN)\ll S(CuI)$,所以可向溶液中加入适量的 KSCN,使 $CuI\downarrow$ 转化为 $CuSCN\downarrow$。$CuSCN\downarrow$ 对 I_2 的吸附作用很弱,从而避免了 $CuI\downarrow$ 对 I_2 的吸附作用。

5. 计算题

(1)计算 1 mol・L^{-1}的 HCl 溶液中 $c(Ce^{4+})=1.00\times10^{-2}$ mol・L^{-1}和 $c(Ce^{3+})=1.00\times10^{-3}$ mol・L^{-1}时 Ce^{4+}/Ce^{3+}电对的电极电位。

答案解析：

查表(附录 6) 可知，$\varphi^{\theta'}(Ce^{4+}/Ce^{3+}) = 1.28$ V

$$\varphi = \varphi^{\theta'}(Ce^{4+}/Ce^{3+}) + 0.059\lg\frac{c(Ce^{4+})}{c(Ce^{3+})}$$

$$= 1.28 + 0.059\lg\frac{1.00\times10^{-2}}{1.00\times10^{-3}} = 1.34\ \text{V}$$

(2)在 1 mol・L^{-1}的 HCl 溶液中，$Cr_2O_7^{2-}/Cr^{3+}$电对的条件电位为 1.00 V，计算用固体亚铁盐将 0.1000 mol・L^{-1}的 $K_2Cr_2O_7$还原至一半时的电位。

答案解析：

相关反应式为

$$Cr_2O_7^{2-}+6e+14H^+ \longequal 2Cr^{3+}+7H_2O$$

$$\varphi=\varphi^{\theta'}(Cr_2O_7^{2-}/Cr^{3+})+\frac{0.059}{6}\lg\frac{c(Cr_2O_7^{2-})}{c^2(Cr^{3+})}=1.00+0.059\div6\times\lg\frac{0.0500}{0.100^2}=1.01\ \text{V}$$

(3)根据电极电位计算下列反应的平衡常数。

$$IO_3^-+5I^-+6H^+ \longequal 3I_2+3H_2O$$

(已知 IO^{3-}/I_2电极电位为 1.20 V，I_2/I^-电极电位为 0.535 V。)

答案解析：

$$2IO_3^-+12H^++10e^- \longequal I_2+6H_2O$$

$$\lg K = \frac{5\times(\varphi^{\theta}(IO_3^-/I_2)-\varphi^{\theta}(I_2/I^-))}{0.059} = \frac{5\times(1.20-0.535)}{0.059} = 56.4$$

$$\Rightarrow K = 2.5\times10^{56}$$

(4)判断在 1 mol・L^{-1} H_2SO_4 溶液中，用 Ce^{4+}溶液滴定 Fe^{2+}溶液，反应能否进行完全？(已知：$\varphi^{\theta'}(Ce^{4+}/Ce^{3+})=1.44$ V，$\varphi^{\theta'}(Fe^{3+}/Fe^{2+})=0.68$ V。)

答案解析：

滴定反应为

$$Ce^{4+}+Fe^{2+} \longequal Ce^{3+}+Fe^{3+}$$

$$\Delta\varphi^{\theta'}=1.44\ \text{V}-0.68\ \text{V}=0.76\ \text{V}>0.35\ \text{V}$$

$$\lg K'=(n_1\times n_2\times\Delta\varphi^{\theta'})/0.059=12.88>6$$

$$K'=7.6\times10^{12}$$

因此，反应进行得非常彻底。

(5)称取褐铁矿试样 0.4000 g，用 HCl 溶解后，将 Fe^{3+}还原为 Fe^{2+}，用 $K_2Cr_2O_7$标准溶液滴定。若所用 $K_2Cr_2O_7$溶液的体积(以 mL 为单位)与试样中 Fe_2O_3 的质量分数相等。求 $K_2Cr_2O_7$溶液对铁的滴定度。

答案解析：

$$Cr_2O_7^{2-}+6Fe^{2+}+14H^+ \longequal 2Cr^{3+}+6Fe^{3+}+7H_2O$$

1　　　　6

$(w\times c)/1000$　$(0.4\times2\times w)/M(Fe_2O_3)$

$$T(Fe^{2+}/Cr_2O_7^{2-})=\frac{6}{1}\cdot\frac{c\cdot M(Fe)}{1000}=\frac{6}{1}\times\frac{0.4\times2\times1000}{6\times159.69}\times\frac{55.85}{1000}=0.2798\ g\cdot mL^{-1}$$

(6)称取含 KI 的试样 1.000 g 溶于水。加 10 mL 0.05000 $mol\cdot L^{-1}$的 KIO_3 溶液处理，反应后煮沸驱尽所生成的 I_2，待冷却后，加入过量 KI 溶液与剩余的 KIO_3 反应。析出的 I_2 需用21.14 mL的 0.1008 $mol\cdot L^{-1}$的 $Na_2S_2O_3$ 溶液滴定。计算试样中 KI 质量分数。

答案解析：

有关反应为

$$5I^-+IO_3^-+6H^+ = 3I_2+3H_2O$$
$$I_2+2S_2O_3^{2-} = 2I^-+S_4O_6^{2-}$$

故

$$5I^-\sim IO_3^-\sim 3I_2\sim 6S_2O_3^{2-}$$

所以

$$w(KI)=\frac{5\left(n(IO_3^-)-\frac{1}{6}n(S_2O_3^{2-})\right)\times M(KI)}{m_{样}}\times100\%$$
$$=\frac{\left(\frac{10\times0.05}{10^3}-\frac{1}{6}\times\frac{21.14\times0.1008}{10^3}\right)\times5\times166.01}{1.000}\times100\%=12.02\%$$

(7)将 1.000 g 钢样中铬氧化成 $Cr_2O_7^{2-}$，加入 25.00 mL 0.1000 $mol\cdot L^{-1}$的 $FeSO_4$ 标准溶液，然后用 0.0180 $mol\cdot L^{-1}$的 $KMnO_4$ 标准溶液 7.00 mL 回滴剩余的 $FeSO_4$ 溶液。计算钢样中铬的质量分数。

答案解析：

有关反应为

$$Cr_2O_7^{2-}+6Fe^{2+}+14H^+ = 2Cr^{3+}+6Fe^{3+}+7H_2O$$
$$5Fe^{2+}+MnO_4^-+8H^+ = 5Fe^{3+}+Mn^{2+}+8H_2O$$

故

$$2\ Cr\sim Cr_2O_7^{2-}\sim 6\ Fe^{2+}\qquad MnO_4^{2-}\sim 5Fe^{2+}$$

$$w(Cr)=\frac{\frac{1}{3}[n(Fe^{2+})-5n(MnO_4^-)]\cdot M(Cr)}{m_{样}}\times100\%$$
$$=\frac{\frac{1}{3}(0.1000\times25.00-5\times0.0180\times7.00)\times10^{-3}\times52.00}{1.000}\times100\%$$
$$=3.24\%$$

(8)称取铜矿试样 0.6000 g，用酸溶解后，控制溶液的 pH=3～4，用 20.00 mL 的 $Na_2S_2O_3$ 溶液滴定至终点。1 mL $Na_2S_2O_3$ 溶液相当于 0.004175 g $KBrO_3$。计算 $Na_2S_2O_3$ 溶液的准确浓度及试样中 Cu_2O 的质量分数。

答案解析：

有关反应为

$$6S_2O_3^{2-}+BrO_3^-+6\ H^+ = 3S_4O_6^{2-}+Br^-+3H_2O$$
$$2Cu^{2+}+2S_2O_3^{2-} = 2Cu^++S_4O_6^{2-}$$

计量关系为

$$
\begin{array}{ccc}
6S_2O_3^{2-} & \sim & BrO_3^- \\
6\ mol & & 167.01\ g \\
c\times1\times10^{-3} & & 0.004175
\end{array}
$$

所以

$$c(Na_2S_2O_3)=\frac{6\times0.004175}{1\times10^{-3}\times167.01}=0.1500\ mol\cdot L^{-1}$$

又

$$2S_2O_3^{2-}\ \sim\ 2Cu\ \sim\ Cu_2O$$

所以

$$w(Cu_2O)=\frac{\frac{1}{2}n(S_2O_3^{2-})\cdot M(Cu_2O)}{m_{样}}\times100\%$$

$$=\frac{\frac{1}{2}\times20.00\times0.1500\times10^{-3}\times143.09}{0.6000}\times100\%$$

$$=35.77\%$$

(9)试剂厂生产的试剂 $FeCl_3\cdot6H_2O$，根据国家标准 GB 1621—1979 规定其一级品含量不少于 96.0%，二级品含量不少于 92.0%。为了检查质量，称取 0.5000 g 试样，溶于水，加浓 HCl 溶液 3 mL 和 KI 2 g，最后用 0.1000 $mol\cdot L^{-1}$ 的 $Na_2S_2O_3$ 标准溶液 18.17 mL 滴定至终点。计算说明该试样符合哪级标准。

答案解析：

有关反应为

$$2Fe^{3+}+2I^-=\!=\!=2Fe^{2+}+I_2$$

$$I_2+2S_2O_3^{2-}=\!=\!=2I^-+S_4O_6^{2-}$$

计量关系为

$$2Fe^{3+}\ \sim\ I_2\ \sim\ 2S_2O_3^{2-}$$

所以

$$w(Fe_2O_3)=\frac{\left(\frac{0.1000\times18.17\times10^{-3}\times2}{2}\right)\times270.29}{0.5000}\times100\%=98.22\%$$

该试样属于一级品。

(10)称取软锰矿试样 0.5000 g，加入 0.7500 g 的 $H_2C_2O_4\cdot2H_2O$ 及稀 H_2SO_4，加热至反应完全。过量的草酸用 30.00 mL 0.0200 $mol\cdot L^{-1}$ 的 $KMnO_4$ 滴定至终点，求软锰矿的氧化能力(以 $w(MnO_2)$ 表示)。

答案解析：

反应式为

$$MnO_2+H_2C_2O_4+2H^+=\!=\!=Mn^{2+}+2CO_2\uparrow+2H_2O$$

$$2MnO^{4-}+5H_2C_2O_4(余)+6H^+=\!=\!=2Mn^{2+}+10CO_2\uparrow+8H_2O$$

计量关系为

$$5MnO_2\ \sim\ 5H_2C_2O_4\ \sim\ 2MnO^{4-}$$

$$w(MnO_2)=\frac{\left[\left(\frac{m}{M}\right)(H_2C_2O_4\cdot 2H_2O)-\frac{5}{2}(cV)(MnO_4^-)\right]\times M(MnO_2)}{m_s}\times 100\%$$

$$=\frac{\left(\frac{0.7500}{126.07}-\frac{5}{2}\times 0.02000\times 30.00\times 10^{-3}\right)\times 86.94}{0.5000}\times 100\%=77.36\%$$

6.4 习题详解

1. 填空题

(1)碘量法常用淀粉作指示剂。其中直接碘量法淀粉指示剂可________加入;间接碘量法应于________加入。

(2)标定硫代硫酸钠一般可选________作基准物,标定高锰酸钾溶液一般选用________作基准物。

(3)高锰酸钾标准溶液应采用________方法配制,重铬酸钾标准溶液采用________方法配制。

(4)氧化还原反应是基于________转移的反应,比较复杂,反应常是分步进行,需要一定时间才能完成。因此,氧化还原滴定时,要注意________速度与________速度相适应。

(5)标定硫代硫酸钠常用的基准物为________,基准物先与________试剂反应生成________,再用硫代硫酸钠滴定。

(6)碘在水中的溶解度小,挥发性强,所以配制碘标准溶液时,将一定量的碘溶于________溶液。

(7)高锰酸钾法通常在强酸性介质中进行,其所用的酸性介质通常为____________;使用的指示剂为____________。

(8)碘量法中所需 $Na_2S_2O_3$ 标准溶液在保存中吸收了 CO_2 而发生下述反应:$S_2O_3^{2-}+H_2CO_3 = HSO_3^-+HCO_3^-+S\downarrow$。若用该 $Na_2S_2O_3$ 滴定 I_2 溶液,则消耗 $Na_2S_2O_3$ 的量将________,使得 I_2 的浓度________。(偏高或偏低)

(9)用同一 $KMnO_4$ 标准溶液分别滴定体积相等的 $FeSO_4$ 和 $H_2C_2O_4$ 溶液,耗去的标准溶液体积相等,则 $FeSO_4$ 与 $H_2C_2O_4$ 的浓度之间的关系为________。

(10)为降低某电对的电极电位,可加入能与氧化态形成稳定络合物的络合剂;若要增加电极电位;可加入能与________态形成稳定络合物的络合剂。

2. 单项选择题

(1)下列有关氧化还原反应的叙述,哪个是不正确的?(　　)

A. 反应物之间有电子转移

B. 反应物中的原子或离子有氧化数的变化

C. 反应物和生成物的反应系数一定要相等

D. 电子转移的方向由电极电位的高低来决定

(2)在用重铬酸钾标定硫代硫酸钠时，由于 KI 与重铬酸钾反应较慢，为了使反应能进行完全，下列哪种措施是不正确的？(　　)

A. 增加 KI 的量

B. 适当增加酸度

C. 使反应在较浓溶液中进行

D. 加热

(3)下列哪些物质可以用直接法配制标准溶液？(　　)

A. 重铬酸钾　　B. 高锰酸钾

C. 碘　　D. 硫代硫酸钠

(4)下列哪种溶液在读取滴定管读数时，读液面周边的最高点？(　　)

A. NaOH 标准溶液　　B. 硫代硫酸钠标准溶液

C. 碘标准溶液　　D. 高锰酸钾标准溶液

(5)配制 I_2 标准溶液时，正确的是(　　)。

A. 碘溶于浓碘化钾溶液中

B. 碘直接溶于蒸馏水中

C. 碘溶解于水后，加碘化钾

D. 碘能溶于酸性中

(6)间接碘量法对植物油中碘价进行测定时，指示剂淀粉溶液应(　　)。

A. 滴定开始前加入　　B. 滴定一半时加入

C. 滴定近终点时加入　　D. 滴定终点加入

3. 多项选择题

(1)配制 $KMnO_4$ 标准溶液时，正确的操作方法是(　　)。

A. 一般取稍多于计算量的 $KMnO_4$

B. 将新配的 $KMnO_4$ 液液加热至沸，并保持微沸 1 小时

C. 加入适量的 HCl，以保持其稳定

D. 将标定好的 $KMnO_4$ 溶液储于棕色瓶中

E. $KMnO_4$ 溶液可于配好后立即标定

(2)配制 $Na_2S_2O_3$ 标准溶液时，正确的操作方法是(　　)。

A. 使用新煮沸放冷的蒸馏水

B. 加入适量酸，以便杀死微生物

C. 加少量 Na_2CO_3，抑制微生物生长

D. 配制后立即标定，不可久放

E. 配制后放置 7～10 天，然后予以标定

(3)下列有关氧化还原反应的叙述,正确的是(　　)。

A. 反应物之间有电子转移

B. 反应物和生成物的反应系数一定相等

C. 反应物中原子的氧化数不变

D. 氧化剂的电子总数必等于还原剂失电子总数

E. 反应中一定有氧参加

(4)对于 $mOx_1 + nRed_2 \xlongequal{} mRed_1 + nOx_2$ 滴定反应,影响其滴定突跃大小的因素为(　　)。

A. 两电对的 $\Delta\varphi^{\theta\prime}$ 值(或 $\Delta\varphi^{\theta}$ 值)

B. 反应物的浓度

C. 滴定速度

D. 加入催化剂

E. m 和 n

(5)影响电对电极电位的主要因素是(　　)。

A. 环境湿度　　　　B. 催化剂

C. 电对的性质　　　D. 诱导作用

E. 电对氧化型和还原型的活度比(或浓度比)

(6)碘量法测 Cu^{2+} 时,常向溶液中加入 KSCN,其作用是(　　)。

A. 消除 Fe^{3+} 的干扰和影响

B. 起催化剂作用

C. 使 CuI↓转化为 CuSCN↓

D. 减小 CuI↓对 I_2 的吸附作用

E. 防止 I^- 被空气中的 O_2 氧化为 I_2

(7)用基准 $Na_2C_2O_4$ 标定 $KMnO_4$ 溶液浓度时,下列操作中正确的是(　　)。

A. 将 $Na_2C_2O_4$ 溶液加热至 70～90 ℃进行滴定

B. 滴定速度可适当加快

C. 在室温下进行滴定

D. 滴定速度不宜太快

E. 用二苯胺磺酸钠作指示剂

(8)下述有关氧化还原反应的叙述正确的是(　　)。

A. 几种还原剂共存于一溶液中,加入一种氧化剂时,总是先与最强的还原剂反应

B. 可根据相关电对的 $\Delta\varphi^{\theta\prime}$ 值(或 $\Delta\varphi^{\theta\prime}$ 值)定性地判断氧化还原反应进行的次序

C. 氧化剂得到电子,本身被氧化

D. 还原剂失去电子,本身被还原

E. 同一体系内所有可能发生的氧化还原反应中，总是有关电对 $\Delta\varphi^{\theta\prime}$(或 $\Delta\varphi^{\theta}$)相差最大的电位高的氧化型与电位低的还原型先反应

(9)对于反应 $m\mathrm{Ox_1}+n\mathrm{Red_2}$ ══ $m\mathrm{Red_1}+n\mathrm{Ox_2}$，若 $m=3$、$n=2$，下述何种情况的反应可视为能进行完全？(　　)

A. $\varphi^{\theta\prime}(\mathrm{Ox_1/Red_1})=0.88\ \mathrm{V}$，$\varphi^{\theta\prime}(\mathrm{Ox_2/Red_2})=0.65\ \mathrm{V}$

B. $\varphi^{\theta\prime}(\mathrm{Ox_1/Red_1})=0.28\ \mathrm{V}$，$\varphi^{\theta\prime}(\mathrm{Ox_2/Red_2})=1.06\ \mathrm{V}$

C. $\varphi^{\theta\prime}(\mathrm{Ox_1/Red_1})=0.91\ \mathrm{V}$，$\varphi^{\theta\prime}(\mathrm{Ox_2/Red_2})=0.73\ \mathrm{V}$

D. 反应平衡常数 $K=4.5\times10^{21}$

E. 反应平衡常数 $K=8.0\times10^{18}$

3. 名词解释

(1)条件电极电位。

(2) 氧化还原滴定曲线。

(3) 氧化还原滴定突跃。

4. 简答题

(1)是否平衡常数大的氧化还原反应就能应用于氧化还原中？为什么？

(2)试比较酸碱滴定、络合滴定和氧化还原滴定的滴定曲线，说明它们共性和特性。

(3)氧化还原指示剂的变色原理和选择与酸碱指示剂有何异同？

5. 计算题

(1)燃烧不纯的 Sb_2S_3 试样 0.1675 g，将所得的 SO_2 通入 $FeCl_3$ 溶液中，使 Fe^{3+} 还原为 Fe^{2+}。再在稀酸条件下用 0.01985 mol·L^{-1} 的 $KMnO_4$ 标准溶液滴定 Fe^{2+}，用去了 21.20 mL。求试样中 Sb_2S_3 的质量分数。

(2)将 1.025 g 二氧化锰矿样溶于浓盐酸中，产生的氯气通入浓 KI 溶液后，将其体积稀释到 250.0 mL。然后取此溶液 25.00 mL，用 0.1052 mol·L^{-1} 的 $Na_2S_2O_3$ 标准溶液滴定，需要 20.02 mL。求软锰矿中 MnO_2 的质量分数。

(3)今有不纯的 KI 试样 0.3504 g，在 H_2SO_4 溶液中加入 0.1940 g 纯 K_2CrO_4 与之反应，煮沸逐出生成的 I_2。放冷后又加入过量 KI，使之与剩余的 K_2CrO_4 作用，析出的 I_2 用 0.1020 mol·L^{-1}的 $Na_2S_2O_3$ 标准溶液滴定，用去 10.23 mL。求试样中 KI 的质量分数。

(4)将 0.1963 g 分析纯 $K_2Cr_2O_7$ 试剂溶于水，酸化后加入过量 KI，析出的 I_2 需用 33.61 mL 的 $Na_2S_2O_3$ 溶液滴定。求 $Na_2S_2O_3$ 溶液的浓度。

(5)准确称取软锰矿试样 0.5261 g,在酸性介质中加入 0.7049 g 纯 $Na_2C_2O_4$。待反应完全后,过量的 $Na_2C_2O_4$ 用 0.02160 $mol \cdot L^{-1}$ 的 $KMnO_4$ 标准溶液滴定,用去 30.47 mL。计算软锰矿中 MnO_2 的质量分数。

6.5 讨论专区

准确称取铁矿石试样 0.5000 g,用酸溶解后加入 $SnCl_2$,使 Fe^{3+} 还原为 Fe^{2+},然后用 24.50 mL 的 $KMnO_4$ 标准溶液滴定。已知 1 mL $KMnO_4$ 相当于 0.01260 g 的 $H_2C_2O_4 \cdot 2H_2O$。试问:

(1)矿样中 Fe 及 Fe_2O_3 的质量分数各为多少?

(2)取市售双氧水 3.00 mL 稀释定容至 250.0 mL,从中取出 20.00 mL 试液,需用上述 $KMnO_4$ 溶液 21.18 mL 滴定至终点。计算每 100.0 mL 市售双氧水所含 H_2O_2 的质量。

6.6 单元测试卷

第7章　重量分析法和沉淀滴定法

【化学趣识】

疯子村之谜

20世纪30年代，在日本一个偏僻的村庄里，发生了一件奇怪的事：村里先后有10多人发了疯病。这些人精神紊乱，行动反常，时而大哭，时而大笑，四肢变得僵硬。他们的罹病给他们的家庭带来了灾难，这引起了人们的骚动，还惊动了当地政府和有关医疗部门。

当地的警察局和医院派出了调查组，进行了大量的访问调查。在对这些人的身体和血液成分进行调查后发现，他们身体中的锰离子含量比一般人要高得多。

原来过多的锰离子进入人体，开始时会使人感到头疼、脑昏、四肢沉重无力、行动不便、记忆力衰退，进一步发展可使人四肢僵死、精神反常，时而痛哭流涕，时而捧腹大笑，呈现疯疯癫癫、令人作呕的丑态。所以，正是这些锰离子使人中毒并发了"疯"。

那么过多的锰离子又是从何而来的呢？原来 ，这个村子的人们常常把使用过的废旧干电池随手扔在水井边的垃圾坑里，久而久之，电池中的二氧化锰在二氧化碳和水的作用下，逐渐变为可溶性的碳酸氢锰。这些可溶性的碳酸氢锰渗透到井边，污染了井水。当人们饮用了含有大量锰离子的水时，便会引起锰中毒，从而造成在短时间内有10多人发疯的怪事。

7.1 思维导图

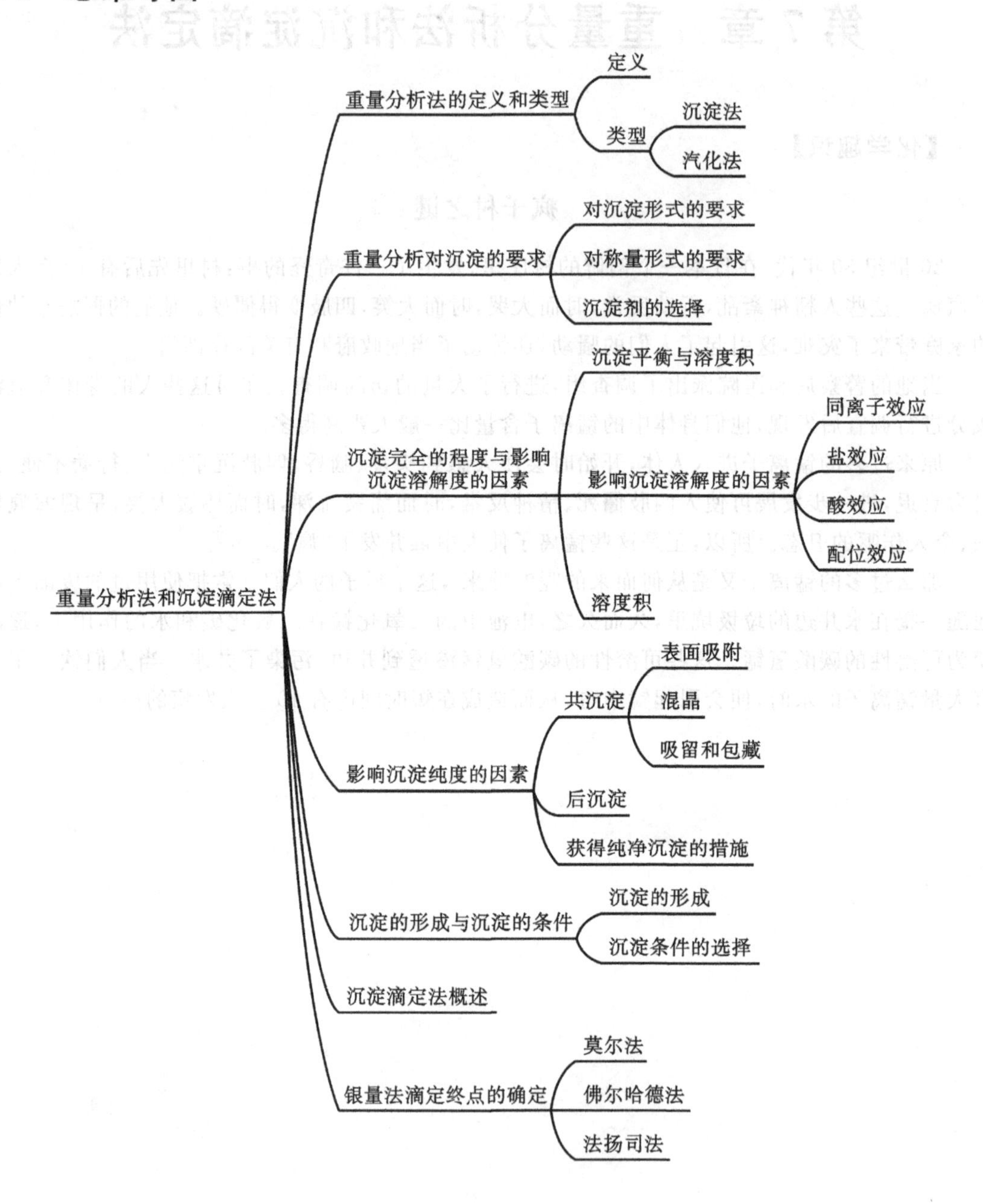
重量分析法和沉淀滴定法
重量分析法的定义和类型
定义
类型
沉淀法
汽化法
重量分析对沉淀的要求
对沉淀形式的要求
对称量形式的要求
沉淀剂的选择
沉淀完全的程度与影响沉淀溶解度的因素
沉淀平衡与溶度积
影响沉淀溶解度的因素
同离子效应
盐效应
酸效应
配位效应
溶度积
影响沉淀纯度的因素
共沉淀
表面吸附
混晶
吸留和包藏
后沉淀
获得纯净沉淀的措施
沉淀的形成与沉淀的条件
沉淀的形成
沉淀条件的选择
沉淀滴定法概述
银量法滴定终点的确定
莫尔法
佛尔哈德法
法扬司法

7.2　内容要点

7.2.1　教学要求

掌握三种沉淀滴定法以及滴定条件的选择。

7.2.2　重要概念

(1)沉淀滴定法:基于沉淀反应的滴定分析方法,被分析物质与滴定剂生成沉淀的反应是这一分析方法的理论基础。

(2)莫尔法:用铬酸钾作指示剂的银量法。

(3)佛尔哈德法:用铁铵矾作指示剂的银量法。

(4)法扬司法:用吸附指示剂指示滴定终点的银量法。

7.2.3　主要内容

7.2.3.1　重量分析法

重量分析法(或称重量分析)是用适当方法先将试样中的待测组分与其他组分分离,然后用称量的方法测定该组分的含量。待测组分与试样中其他组分分离的方法,常用的有下面两种。

1. 沉淀法

这种方法是使待测组分生成难溶化合物沉淀下来,然后称量沉淀的质量,根据沉淀的质量计算出待测组分的含量。例如,测定试液中 SO_4^{2-} 含量时,在试液中加入过量溶液 $BaCl_2$,使定量 SO_4^{2-} 生成难溶的 $BaSO_4$ 沉淀,经过滤、洗涤、干燥后,称量 $BaSO_4$ 的质量,从而计算出试液中 SO_4^{2-} 的含量。

2. 汽化法

这种方法适用于挥发性组分的测定。一般是用加热或蒸馏等方法使被测组分转化为挥发性物质逸出,然后根据试样质量的减少来计算试样中该组分的含量;或用吸收剂将逸出的挥发性物质全部吸收,根据吸收剂增加的质量来计算该组分的含量。例如,要测定水合氯化钡晶体($BaCl_2 \cdot H_2O$)中结晶水的含量,可将氯化钡试样加热,使水分逸出,根据试样质量的减少计算其含湿量,也可以用吸湿剂(如高氯酸镁)吸收逸出的水分,根据吸湿剂增加的质量来计算试样的含湿量。

上述两种方法都是根据称得的质量来计算试样中待测组分的含量。重量分析中的全部数据都需由分析天平称量得到。在分析过程中不需要基准物质和由容量器皿引入的数据,因而避免了这方面的误差。重量分析比较准确,对于高含量的硅、磷、硫、钨和稀土元素等试样的测定,至今仍常使用,测定的相对误差绝对值一般不大于 0.1%。重量分析法的不足之处是操作较繁锁、费时,不适于生产中的控制分析,对低含量组分的测定误差较大。

上述两种方法中以沉淀法应用较多,本章主要讨论沉淀法。

在沉淀法各步骤中,最重要的一步是进行沉淀反应,其中如沉淀剂的选择与用量、沉淀反应的条件、如何减少沉淀中杂质等都会影响分析结果的准确度,因此重量分析法的重点是关于沉淀反应的讨论。

7.2.3.2 重量分析对沉淀的要求

在重量分析中,沉淀是经过烘干或灼烧后再称量的。例如,测定 SO_4^{2-} 含量时,以 $BaCl_2$ 为沉淀剂,生成 $BaSO_4$ 沉淀(称为沉淀形式)。该沉淀在灼烧过程中不发生化学变化,最后称量 $BaSO_4$ 的质量,从而计算 SO_4^{2-} 含量,称量形式是 $BaSO_4$。有些情况下,由于在烘干或灼烧过程中可能发生化学变化,使沉淀转化成另一种物质。例如,在测定 Mg^{2+} 时,沉淀形式是 $MgNH_4PO_4 \cdot 6H_2O$,灼烧后转化为 $Mg_2P_2O_7$,因此测定方法的称量形式是 $Mg_2P_2O_7$。

对沉淀形式和称量形式,分别提出以下要求:

1. 对沉淀形式的要求

(1)沉淀要完全,沉淀的溶解度要小。例如,$CaSO_4$ 与 CaC_2O_4 的溶度积 K_{sp} 分别为2.45×10^{-5}和 1.78×10^{-9},前者的溶解度比较大,因此测定 Ca^{2+} 时,常采用草酸铵作为沉淀剂,使 Ca^{2+} 生成溶解度很小的 CaC_2O_4 沉淀。

(2)沉淀要纯净,尽量避免混进杂质,并应易于过滤和洗涤。颗粒较粗的晶形沉淀(crystalline precipitate),如 $MgNH_4PO_4 \cdot 6H_2O$,在过滤时不会塞住滤纸的小孔,过滤速度快,而且其总表面积较小,吸附杂质的机会较少,沉淀较纯净,洗涤也比较容易。

非晶形沉淀(amorphous preipitate),如 $Al(OH)_3$,体积庞大疏松,表面积很大,吸附杂质的机会较多,洗涤较困难,过滤速度慢,费时,因此使用重量法测定 Al^{3+} 时,常采用有机沉淀剂,如 8-羟基喹啉。

(3)易转化为称量形式。

2. 对称量形式的要求

(1)组成必须与化学式完全符合,这是对称量形式最重要的要求。显然,如果组成与化学式不完全符合,则无从计算分析结果。例如,磷钼酸铵虽然是一种溶解度很小的晶形沉淀,但由于它的组成不定,不能作为测定 PO_4^{3-} 的称量形式。通常情况下,采取磷钼酸喹啉作为测定 PO_4^{3-} 的称量形式。

(2)称量形式要稳定,不易吸收空气中的水分和二氧化碳,而且在干燥、灼烧时也不易分解,否则就不适于用作称量形式。

(3)称量形式的摩尔质量尽可能地大,如此则少量的待测组分可转化得到较大量的称量物质,从而提高分析灵敏度,减少称量误差。

3. 沉淀剂的选择

除了根据上述对沉淀的要求来考虑沉淀剂的选择外,还要求沉淀剂应具有较好的选择性,即要求沉淀剂只能和待测组分生成沉淀,而与试液中的其他共存组分不起作用。例如,于二酮肟和 H_2S 都可使 Ni^{2+} 沉淀,但在测定时常选用前者。又如沉淀锆离子时,选用在盐酸溶液中与锆有特效反应的苦杏仁酸作沉淀剂,这时即使有钛、铁、钒、铝、铬等十多种离子存在,也不会发生干扰。

此外,还应尽可能选用易挥发或易灼烧除去的沉淀剂,一些铵盐和有机沉淀剂都能满足这项要求。

许多有机沉淀剂的选择性较好,而且组成固定,易于分离和洗涤,简化了操作,加快了分析速度,称量形式的摩尔质量也较大,因此在沉淀分离中,有机沉淀剂的应用日益广泛。

7.2.3.3　沉淀完全的程度与影响沉淀溶解度的因素

利用沉淀反应进行重量分析时，判断沉淀反应是否进行完全，可以根据反应达到平衡后溶液中未被沉淀的待测组分的量来衡量。显然，难溶化合物的溶解度小，沉淀有可能完全；否则，沉淀就不完全。在重量分析中，为了满足定量分析的要求，必须考虑影响沉淀溶解度的各种因素，以便选择和控制沉淀的条件。

1. 沉淀平衡与溶度积

难溶化合物 MA 在饱和溶液中的平衡可表示为

$$MA_{固} \rightleftharpoons M^{+} + A^{-} \tag{7-1}$$

式中，$MA_{固}$表示固态的 MA，在一定温度下其活度积 K_{ap} 是一常数，即

$$\alpha(M^{+}) \cdot \alpha(A^{-}) = K_{ap} \tag{7-2}$$

式中，$\alpha(M^{+})$和 $\alpha(A^{-})$分别为 M^{+} 和 A^{-} 两种离子的活度，活度与浓度的关系分别为

$$\alpha(M^{+}) = \gamma(M^{+})[M^{+}] \tag{7-3}$$

$$\alpha(A^{-}) = \gamma(A^{-})[A^{-}]$$

式中，$\gamma(M^{+})$和 $\gamma(A^{-})$为两种离子活度系数，它们与溶液的离子强度有关。将式(7-3)代入式(7-2)得

$$[M^{+}][A^{-}]\gamma(M^{+})\gamma(A^{-}) = K_{ap} \tag{7-4}$$

在纯水中 MA 的溶解度很小，则

$$[M^{+}] = [A^{-}] = S_0 \tag{7-5}$$

$$[M^{+}][A^{-}] = S_0^2 = K_{sp} \tag{7-6}$$

式(7-5)和(7-6)中的 S_0 是在很稀的溶液中且没有其他离子存在时 MA 的溶解度，由 S_0 所得 K_{sp} 的溶度积非常接近于活度积 K_{ap}。当外界条件变化，如酸度的变化、配位剂的存在等，都会使金属离子浓度或沉淀剂浓度发生变化，从而影响沉淀的溶解和溶度积。因此溶度积 K_{sp} 只在一定条件下才是一个常数。

如果溶液中的离子浓度变化不太大，溶度积数值在数量级上一般不发生改变，所以在稀溶液中，仍常用离子浓度乘积来研究沉淀的情况。如果溶液中的电解质浓度较大(如以后将讨论的盐效应)，就必须考虑活度对沉淀的影响。

2. 影响沉淀溶解度的因素

影响沉淀溶解度的因素很多，如同离子效应、盐效应、酸效应及配位效应等。此外，温度、溶剂沉淀的颗粒大小和结构，也对溶解度有影响，下面分别予以讨论。

1)同离子效应(commonion effect)

若要沉淀完全，溶解损失应尽可能小。对重量分析来说，要求沉淀溶解损失的量不能超过一般称量的精确度(即 0.2 mg)，即处于允许的误差范围之内。但一般沉淀很少能达到这要求。例如，用 $BaCl_2$ 使 SO_4^{2-} 沉淀成 $BaSO_4$，$K_{sp}(BaSO_4) = 1.08\times10^{-10}$，当加入 $BaCl_2$ 的量与 SO_4^{2-} 的量符合化学计量关系时，在 200 mL 溶液中溶解的 $BaSO_4$ 的质量为

$$m(BaSO_4) = \sqrt{1.08\times10^{-10}} \times 233 \times \frac{200}{1000} \approx 4.8\times10^{-4}\ g = 0.48\ mg$$

溶解所损失的量已超过重量分析的要求。

但是，如果加入过量的 $BaCl_2$，沉淀达到平衡时，设过量的$[Ba^{2+}] = 0.01\ mol \cdot L^{-1}$，则可计算出 200 mL 溶液中溶解的 $BaSO_4$ 的质量：

$$m(BaSO_4)\frac{1.08\times10^{-10}}{0.01}\times233\times\frac{200}{1000}\approx5.0\times10^{-7}\text{g}=0.0005\text{ mg}$$

显然,这已远小于允许溶解损失的质量,可以认为沉淀已经完全。

因此,在进行重量分析时,常使用过量的沉淀剂,利用同离子效应来降低沉淀的溶解度,以使沉淀完全。沉淀剂过量的程度,应根据沉淀剂的性质来确定。若沉淀剂不易挥发,应过量少些,如过量 20%～50%;若沉淀剂易挥发除去,则过量程度可适当大些,甚至过量 100%。

必须指出,沉淀剂决不能加得太多,否则将适得其反,可能产生其他影响(如盐效应、配位效应等),反而使沉淀的溶解度增大。

2)盐效应(salt effect)

在难溶电解质的饱和溶液中,加入其他强电解质,会使难溶电解质的溶解度比同温度时在纯水中的溶解度增大,这种现象称为盐效应。例如,在 KNO_3 强电解质存在的情况下,AgCl、$BaSO_4$ 的溶解度比在纯水中大,而且溶解度随强电解质浓度增大而增大。例如,当溶液中 $MgCl_2$,浓度由 0 增到 0.0080 mol·L^{-1}时,$BaSO_4$ 的溶解度由 1.04×10^{-5} mol·L^{-1}增大到 1.9×10^{-5} mol·L^{-1}。

发生盐效应的原因是加入的强电解质的种类和浓度影响被测离子的活度系数,当强电解质的浓度增大到一定程度时,离子强度增大而使离子活度系数明显减小。但在一定温度下,K_{ap} 是常数,根据式(7-4),$[M^+][A^-]$必然要增大,致使沉淀的溶解度增大。

应当指出,如果沉淀本身的溶解度很小,一般来讲,盐效应的影响很小,可以不予考虑。只有当沉淀的溶解度比较大,而且溶液的离子强度很高时,才考虑盐效应的影响。

3)酸效应(acidic effect)

与配位滴定中 EDTA 的酸效应相同,溶液的酸度对沉淀溶解度的影响,称为酸效应。酸效应的发生主要是由于溶液中 H^+ 浓度的大小对弱酸、多元酸或难溶酸解离平衡的影响。若沉淀是强酸盐,如 $BaSO_4$、AgCl 等,其溶解度受酸度影响不大;若沉淀是弱酸或多元酸盐[如 CaC_2O_4、$Ca_3(PO_4)2$]或难溶酸(如硅酸、钨酸)以及许多与有机沉淀剂形成的沉淀,则酸效应就很显著。

通过计算可知,沉淀的溶解度随溶液酸度增加而增加,在以草酸铵沉淀 Ca^{2+} 的重量分析测定中,在 pH=2 时 CaC_2O_4 的溶解损失已超过重量分析要求。若要符合允许误差,则沉淀反应需在 pH=4～6 的溶液中进行。

4)配位效应(coordination effect)

若溶液中存在配位剂,它能与生成沉淀的离子形成配合物,将使沉淀溶解度增大,甚至不产生沉淀,这种现象称为配位效应。例如,用 Cl^- 沉淀 Ag^+ 时的反应:

$$Ag^+ + Cl^- \longrightarrow AgCl\downarrow$$

若溶液中有氨水,则 NH_3 能与 Ag^+ 配位,形成 $Ag(NH_3)_2^+$ 配离子,因而 AgCl 在 0.01 mol·L^{-1}氨水中的溶解度比在纯水中的溶解度大 40 倍。如果氨水的浓度足够大,则不能生成 AgCl 沉淀。又如 Ag^+ 溶液中加入 Cl^-,最初生成 AgCl 沉淀,但若继续加入过量的 Cl^-,则能使 Cl^- 与 AgCl 配位成 $AgCl_2^-$ 和 $AgCl_3^{2-}$ 等配离子,而使 AgCl 沉淀逐渐溶解。AgCl 在0.01 mol·L^{-1}的溶液中的溶解度比在纯水中的溶解度小,这时同离子效应是主要的;若$[Cl^-]$增到 0.5 mol·L^{-1},则 AgCl 的溶解度超过纯水中的溶解度,此时配位效应的影响已超过同离子效应;若$[Cl^-]$更大,则由于配位效应起主要作用,AgCl 沉淀就可能不出现。因

此用 Cl^- 沉淀 Ag^+ 时，必须严格控制 Cl^- 浓度。应当指出，配位效应使沉淀溶解度增大的程度与沉淀的溶度积和形成配合物的稳定常数的相对大小有关。形成的配合物越稳定，配位效应越显著，沉淀的溶解度越大。

从以上的讨论可知，在进行沉淀反应时，对无配位反应的强酸盐沉淀，应主要考虑同离子效应和盐效应；对弱酸盐或难溶酸盐，多数情况应主要考虑酸效应；在有配位反应，尤其在能形成较稳定的配合物，而沉淀的溶解度又不太小时，则应主要考虑配位效应。

5）*其他因素*

（1）温度的影响。溶解一般是吸热过程，绝大多数沉淀的溶解度随温度升高而增大。

（2）溶剂的影响。大部分无机物沉淀是离子型晶体，在有机溶剂中的溶解度比在纯水中要小。例如，在 $CaSO_4$ 溶液中加入适量乙醇，则 $CaSO_4$ 的溶解度就大为降低。

（3）沉淀颗粒大小和结构的影响。同一种沉淀，在相同质量时，颗粒越小，其总表面积越大，溶解度越大。因为小晶体比大晶体有更多的角、边和表面，处于这些位置的离子受晶体内离子的吸引力小，而且又受到外部溶剂分子的作用，容易进入溶液中，所以小颗粒沉淀的溶解度比大颗粒的大。在沉淀形成后，常将沉淀和母液一起放置一段时间进行陈化，使小晶体逐渐转变为大晶体，有利于沉淀的过滤与洗涤。陈化还可使沉淀结构发生转变，由初生成时的结构转变为另一种更稳定的结构，溶解度就大为减小。例如，初生成的 CoS 是 α 型，$K_{sp}(CoS(\alpha))=4\times10^{-21}$，放置后转变成 β 型，$K_{sp}(CoS(\beta))=2\times10^{-25}$。

7.2.3.4　影响沉淀纯度的因素

在重量分析中，要求获得纯净的沉淀。但当难溶物质从溶液中析出时，会或多或少地夹杂溶液中的其他组分，污染沉淀。因此，必须了解影响沉淀纯度的各种因素，找出减少杂质的方法，以获得合乎重量分析要求的沉淀。

1. 共沉淀

当一种难溶物质从溶液中沉淀析出时，溶液中的某些可溶性杂质会被沉淀带下来而混杂于沉淀中，这种现象称为共沉淀(coprecipitation)。例如，用沉淀剂 $BaCl_2$ 沉淀 SO_4^{2-} 时，如试液中有 Fe^{3+}，则由于共沉淀，在得到的 $BaSO_4$ 沉淀中常含有 $Fe_2(SO_4)_3$。因而沉淀经过过滤、洗涤、干燥、灼烧后不呈 $BaSO_4$ 的纯白色，而略带灼烧后的 Fe_2O_3 的棕色。因共沉淀而使沉淀玷污，这是重量分析中重要的误差来源之一。产生共沉淀的原因是表面吸附、形成混晶、吸留和包藏等，其中主要的是表面吸附。

1）*表面吸附*

由于沉淀表面离子电荷的作用力未完全平衡，因而在沉淀表面形成自由力场，特别是在棱边和顶角，自由力场更显著，于是溶液中带相反电荷的离子被吸引到沉淀表面上，形成第一吸附层。沉淀吸附离子时，优先吸附与沉淀中的离子相同的，或大小相近、电荷相等的离子，或能与沉淀中的离子生成溶解度较小的物质的离子。例如，加过量的 $BaCl_2$ 到 H_2SO_4 溶液中，生成 $BaSO_4$ 沉淀后，溶液中有 Ba^{2+}、H^+、Cl^- 存在，这时沉淀表面上的 SO_4^{2-} 将强烈吸引溶液中的 Ba^{2+}，形成第一吸附层，使晶体沉淀表面带正电荷。然后它又吸引溶液中带负电荷的离子，如 Cl^-，构成电中性的双电层，如图 7－1 所示。如果在上述溶液中，除 Cl^- 外尚有 NO_3^-，则因 $Ba(NO_3)_2$ 的溶解度比 $BaCl_2$ 小，第二层将优先吸附 NO_3^-。此外，由于带电荷多的高价离子静电引力强，也易被吸附，因此对这些离子应设法除去或掩蔽。

沉淀吸附杂质的量还与下列因素有关：

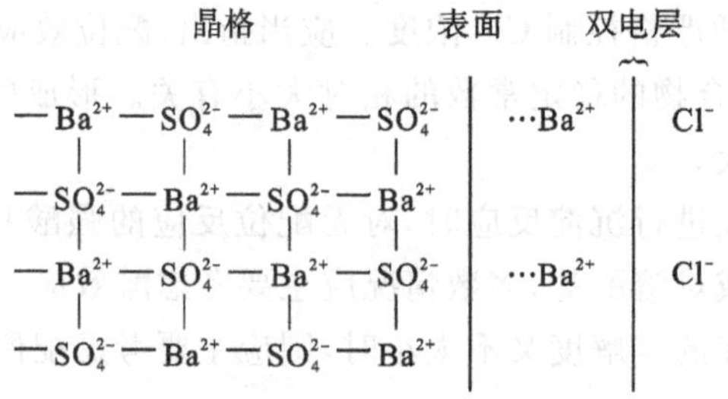

晶格　　表面　　双电层

$-Ba^{2+}-SO_4^{2-}-Ba^{2+}-SO_4^{2-}$ | $\cdots Ba^{2+}$ | Cl^-

$-SO_4^{2-}-Ba^{2+}-SO_4^{2-}-Ba^{2+}$

$-Ba^{2+}-SO_4^{2-}-Ba^{2+}-SO_4^{2-}$ | $\cdots Ba^{2+}$ | Cl^-

$-SO_4^{2-}-Ba^{2+}-SO_4^{2-}-Ba^{2+}$

图 7-1　晶体表面吸附示意图

(1)沉淀的总表面积。沉淀的总表面积越大,吸附杂质就越多。

(2)杂质离子的浓度。溶液中杂质浓度越大,吸附现象越严重。

(3)温度。吸附与解吸是可逆过程,吸附是放热过程,增高溶液温度将减少吸附。

2)混晶

如果试液中的杂质与沉淀具有相同的晶格,或杂质离子与构晶离子具有相同的电荷和相近的离子半径,杂质将进入晶格中形成混晶而玷污沉淀,如 $MgNH_4PO_4 \cdot 6H_2O$ 和 $MgNH_4AsO_4 \cdot 6H_2O$、$CaCO_3$、$NaNO_3$、$BaSO_4$ 和 $PbSO_4$ 等。只要有符合上述条件的杂质离子存在,它们就会在沉淀过程中取代构晶离子而进入沉淀内部,这时即使用洗涤或陈化的方法净化沉淀,效果也不显著。为减免混晶的生成,最好事先将这类杂质分离除去。

3)吸留和包藏

吸留是被吸附的杂质机械地嵌入沉淀中。包藏常指母液机械地包藏在沉淀中。这些现象的发生,是由于沉淀剂加入太快,使沉淀急速生长,沉淀表面吸附的杂质来不及离开就被随后生成的沉淀所覆盖,使杂质被吸留或母液被包藏在沉淀内部。这类共沉淀不能用洗涤的方法除去杂质,但可以借改变沉淀条件、陈化或重结晶的方法来减免。

从带入杂质方面来看,共沉淀现象对分析测定是不利的,但是可利用这种现象富集分离溶液中的某些微量成分。

2. 后沉淀

后沉淀(postprecipitation)是由于沉淀速度的差异,在已形成的沉淀上形成第二种不溶物质,这种情况大多发生在特定组分形成的稳定的过饱和溶液中。例如,在 Mg^{2+} 存在下沉淀 CaC_2O_4 时,镁由于形成稳定的草酸盐过饱和溶液而不立即析出。如果草酸钙沉淀后立即过滤,则沉淀只吸附少量镁;若把含有 Mg^{2+} 的母液与 CaC_2O_4 沉淀共置一段时间,则 MgC_2O_4 的后沉淀量将会增多。

后沉淀引入的杂质量比共沉淀要多,且随沉淀放置时间的延长而增多。因此为防止后沉淀现象的发生,该沉淀的陈化时间不宜过长。

3. 获得纯净沉淀的措施

(1)采用适当的分析程序和沉淀方法。如果溶液中同时存在含量相差很大的两种离子需要沉淀分离,为了防止含量少的离子因共沉淀而损失,应该先沉淀含量少的离子。例如,分析烧结菱镁矿(含 MgO 90%以上,CaO 1%左右)时,应先沉淀 Ca^{2+}。由于 Mg^{2+} 含量太大,不能采用一般的草酸铵沉淀 Ca^{2+} 的方法,否则 MgC_2O_4 共沉淀严重,但可在大量乙醇介质中用稀硫酸将 Ca^{2+} 沉淀成 $CaSO_4$ 而分离。此外,对一些离子采用均相沉淀法(将在下节讨论)或选用适当的有机沉淀剂,也可以减免共沉淀。

(2)降低易被吸附离子的浓度。为了降低杂质浓度,一般都是在稀溶液中进行沉淀。但对一些高价离子或含量较多的杂质,就必须加以分离或掩蔽。例如,将 SO_4^{2-} 沉淀成 $BaSO_4$ 时,溶液中若有较多的 Fe^{3+}、Al^{3+} 等,就必须加以分离或掩蔽。

(3)针对不同类型的沉淀,选用适当的沉淀条件(见下节)。

(4)在沉淀分离后,用适当的洗涤剂洗涤沉淀。

(5)必要时进行再沉淀(或称二次沉淀),即将沉淀过滤洗涤、溶解后,再进行一次沉淀。再沉淀时由于杂质浓度已大为降低,共沉淀现象随之减弱。

7.2.3.5　沉淀的形成与沉淀的条件

为了获得纯净且易于分离和洗涤的沉淀,必须了解沉淀形成的过程和选择适当的沉淀条件。

1. 沉淀的形成

沉淀的形成一般要经过晶核形成和晶核长大两个过程。将沉淀剂加入试液中,当形成沉淀的离子浓度的乘积超过该条件下沉淀的溶度积时,离子通过相互碰撞聚集成微小的晶核,溶液中的构晶离子向晶核表面扩散,并沉积在晶核上,晶核就逐渐长大成沉淀微粒。这种由离子形成晶核,再进一步聚集成沉淀微粒的速率称为聚集速率。在聚集的同时,构晶离子在一定晶格中定向排列的速率称为定向速率。如果聚集速率大而定向速率小,即离子很快地聚集生成沉淀微粒,却来不及进行晶格排列,则得到非晶形沉淀。反之,如果定向速率大而聚集速率小,即离子较缓慢地聚集成沉淀,有足够时间进行晶格排列,则得到晶形沉淀。

聚集速率(或称为"形成沉淀的初始速率")主要由沉淀时的条件所决定,其中最重要的条件是溶液中生成沉淀物质的过饱和度。聚集速率与溶液的相对过饱和度成正比,其经验公式表示如下:

$$v = K\frac{Q-S}{S} \tag{7-7}$$

式中,v 为形成沉淀的初始速率(聚集速率);Q 为加入沉淀剂瞬间,生成沉淀物质的浓度;S 为沉淀的溶解度;$Q-S$ 为沉淀物质的过饱和度;$(Q-S)/S$ 为相对过饱和度;K 为比例常数,它与沉淀的性质、温度、溶液中存在的其他物质等因素有关。

从式(7-7)可知,相对过饱和度越大,则聚集速率越大。若要聚集速率小,必须使相对过饱和度小,就是要求沉淀的溶解度(S)大,加入沉淀剂瞬间生成沉淀物质的浓度(Q)不太大,即可获得晶形沉淀。反之,若沉淀的溶解度很小,瞬间生成沉淀物质的浓度又很大,则将形成非晶形沉淀,甚至形成胶体。例如,在稀溶液中沉淀 $BaSO_4$,通常都能获得细晶形沉淀;若在浓溶液(如 0.75～3 $mol \cdot L^{-1}$)中,则形成胶状沉淀。

定向速率主要决定于沉淀物质的本性。一般极性强的盐类,如 $MgNH_4PO_4$、$BaSO_4$、CaC_2O_4 等,具有较大的定向速率,易形成晶形沉淀。氢氧化物的定向速率较小,因此其沉淀一般为非晶形的。特别是高价金属离子的氢氧化物,如 $Fe(OH)_3$、$Al(OH)_3$ 等,结合的 OH^{-1} 越多,定向排列越困难,定向速率越小。此外,这类沉淀的溶解度极小,聚集速率很大,加入沉淀剂瞬间形成大量晶核,使水合离子来不及脱水,便带着水分子进入晶核,晶核又进一步聚集,因而一般都形成质地疏松、体积庞大、含有大量水分的非晶形或胶状沉淀。二价金属离子(如 Mg^{2+}、Zn^{2+}、Cd^{2+} 等)的氢氧化物含 OH^- 较少,如果条件适当,可能形成晶形沉淀。金属离子的硫化物一般都比其氢氧化物溶解度小,因此硫化物聚集速率很大,定向速率很小,所以二价金属离子的硫化物大多也是非晶形或胶状沉淀。

如上所述,从很浓的溶液中析出 $BaSO_4$ 时,可以得到非晶形沉淀,而从很稀的热溶液中析出 Ca^{2+}、Mg^{2+} 等二价金属离子的氢氧化物并经过放置后,可能得到晶形沉淀。因此,沉淀的类型不仅取决于沉淀的本质,也取决于沉淀时的条件,若适当改变沉淀条件,也可能改变沉淀的类型。

2. 沉淀条件的选择

聚集速率和定向速率的相对大小直接影响沉淀的类型。为了得到纯净而易于分离和洗涤的晶形沉淀,要求有较小的聚集速率,这就应选择适当的沉淀条件。从式(7-7)可知,欲得到晶形沉淀应满足下列条件:

①在适当稀的溶液中进行沉淀,以降低相对过饱和度。

②在不断搅拌下慢慢地滴加稀的沉淀剂,以免局部相对过饱和度太大。

③在热溶液中进行沉淀,使溶解度略有增加,相对过饱和度降低。同时,升高温度,可减少杂质的吸附。为防止因溶解度增大而造成的溶解损失,沉淀须经冷却后才可过滤。

3. 陈化(aging)

陈化就是在沉淀定量完全后,将沉淀和母液共置一段时间。当溶液中大小晶体共存时,由于微小晶体比大晶体溶解度大,溶液对大晶体已经达到饱和,而对微小晶体尚未饱和,因而微小晶体逐渐溶解。溶解到一定程度后,溶液对小晶体达到饱和时,对大晶体已成为过饱和,于是构晶离子就在大晶体上沉积。当溶液浓度降低到对大晶体是饱和溶液时,对小晶体已不饱和,小晶体又要继续溶解。这样继续下去,小晶体逐渐消失,大晶体不断长大,最后获得颗粒大的晶体。陈化作用还能使沉淀变得更纯净。这是因为大晶体的比表面较小,吸附杂质量少。同时,由于小晶体溶解,原来吸附、吸留或包藏的杂质,将重新溶入溶液中,从而提高了沉淀的纯度。

4. 均相沉淀法

加热和搅拌可以增加沉淀的溶解速率和离子在溶液中的扩散速率,因此也可以缩短陈化时间。

为改进沉淀结构,已研究发展了另途径的沉淀方法——均相沉淀法(homogeneous precipitation):沉淀剂不是直接加入到溶液中,而是通过溶液中发生的化学反应,缓慢而均匀地在溶液中产生沉淀剂,从而使沉淀在整个溶液中均匀缓缓地析出。这样可获得颗粒较粗结构紧密、纯净而易于过滤的沉淀。

例如,为了使溶液中的 Ca^{2+} 与 $C_2O_4^{2-}$ 能形成较大的晶形沉淀,可在酸性溶液中加入草酸铵(溶液中主要存在形式是 $HC_2O_4^-$ 和 $H_2C_2O_4$),然后加入尿素,加热煮沸。尿素按下式水解:

$$CO(NH_2)_2 + H_2O \xrightarrow{90\sim100\ ℃} CO_2 + 2NH_3$$

生成的 NH_3 中和溶液中的 H^+,使溶液的酸度逐渐降低。$C_2O_4^{2-}$ 浓度不断增大,最后均匀而缓慢地析出 CaC_2O_4 沉淀。在沉淀过程中,溶液的相对过饱和度始终比较小,所以可获得大颗粒的 CaC_2O_4 沉淀。

也可以利用氧化还原反应进行均相沉淀。例如,在测定 ZrO^{2+} 时,于含有 AsO_3^{3-} 的

H_2SO_4 溶液中，加入硝酸盐将 AsO_3^{3-} 氧化为 AsO_4^{3-}，使 $(ZrO)_3(AsO_4)_2$ 均匀沉淀，反应如下：

$$2AsO_3^{3-} + 3ZrO^{2+} + 2NO_3^- \longrightarrow (ZrO)_3(AsO_4)_2 \downarrow + 2NO_2^-$$

此外，还可利用酯类和其他有机化合物的水解配合物的分解，或缓慢地合成所需的沉淀剂等方式来进行均相沉淀。

得到纯净物而又易于分离的沉淀之后，还需经过过滤、洗涤、烘干或灼烧等操作。这些环节完成得好坏也同样影响分析结果的准确度。有关过滤、洗涤、烘干、灼烧等操作的原则详见相关实验教材。

重量分析中使用较多的是采用晶形沉淀形式的测定方法，纵观其全过程，包括沉淀、过滤、洗涤、烘干、灼烧和称量等诸多环节。其中，对测定准确度影响最为关键的一环就是使被测组分生成纯净、颗粒大、易于分离和洗涤的沉淀。所以学习重量分析(沉淀法)的着重点应放在如何创造生成晶形沉淀的反应条件上，其余的内容都是围绕这一重点而展开的。

7.2.3.6　重量分析的计算和应用实例

1. 重量分析结果的计算

重量分析是根据称量形式的质量来计算待测组分的含量。

例如，测定某试样中的硫含量时，使之沉淀为 $BaSO_4$，灼烧后称量 $BaSO_4$ 沉淀，其质量为 0.5562 g，则试样中的硫含量可计算如下：

$$m(S) = m(BaSO_4) \times \frac{M(S)}{M(BaSO_4)} = 0.5562 \times \frac{32.07}{233.4} = 0.07642\ g$$

在上例计算过程中，用到待测组分的摩尔质量与称量形式的摩尔质量之比为一常数，通常称为化学因数(chemical factor)或换算因数。在计算化学因数时，必须给待测组分的摩尔质量和(或)称量形式的摩尔质量乘以适当系数，使分子和分母中待测元素的原子数目相等。

例 7-1　在镁的测定中先将 Mg^{2+} 沉淀为 $MgNH_4PO_4$，再灼烧成 $Mg_2P_2O_7$ 称量。若 $Mg_2P_2O_7$ 的质量为 0.3515 g，则镁的质量为多少？

解　每一个 $Mg_2P_2O_7$ 分子都含有两个 Mg 原子，故

$$m(Mg) = Mg_2P_2O_7 \times \frac{2M(Mg)}{M(M_2P_2O_7)} = 0.3515 \times \frac{2 \times 24.31}{222.6} = 0.07677\ g$$

例 7-2　测定磁铁矿(不纯的 Fe_3O_4)中 Fe_3O_4 含量时，将试样溶解后，将 Fe^{3+} 沉淀为 $Fe(OH)_3$，然后灼烧为 Fe_2O_3，称得 Fe_2O_3 的质量为 0.1501 g。求 Fe_3O_4 的质量。

解　每一个 Fe_3O_4 分子含有 3 个 Fe 原子，而每一个 Fe_2O_3 分子含有 2 个 Fe 原子，所以每两个 Fe_3O_4 分子可以转化为三个 Fe_2O_3 分子。因此

$$m(Fe_3O_4) = m(Fe_2O_3) \times \frac{2M(Fe_3O_4)}{3M(Fe_2O_3)} = 0.1501 \times \frac{2 \times 231.5}{3 \times 159.7} = 0.1451\ g$$

若需计算待测组分在试样中的质量分数 w，则

$$w_{待测组分} = \frac{m_{待测组分}}{m_{试}} \times 100\% = \frac{m_{称量形式} \times F}{m_{试}} \times 100\% \qquad (7-8)$$

式中，F 为待测组分在该换算中的化学因数。

例 7-3　分析某铬矿(不纯的 Cr_2O_3)中的 Cr_2O_3 含量时，把 Cr 转变为 $BaCrO_4$ 沉淀。设称取 0.5000 g 试样，转变为 $BaCrO_4$ 的质量为 0.2530 g。求此矿中 Cr_2O_4 的质量分数。

解 由 $BaCrO_4$ 质量换算为 Cr_2O_3 质量的化学因数 $F=\frac{M(Cr_2O_3)}{2\times M(BaCrO_4)}$，故

$$w(Cr_2O_3)=\frac{0.2530}{0.5000}\times\frac{152.0}{2\times 253.3}\times 100\%=15.18\%$$

例 7-4 分析不纯的 NaCl 和 NaBr 混合物时，称取试样 1.000 g，溶于水，加入沉淀剂 $AgNO_3$，得到 AgCl 和 AgBr 沉淀的总质量为 0.5260 g。若将此沉淀在氯气流中加热，使AgBr 转变为 AgCl，再称其质量为 0.4260 g。试样中 NaCl 的质量分数各为多少？

解 设 NaCl 的质量为 x，NaBr 的质量为 y，则

$$m(AgCl)=x\times\frac{M(AgCl)}{M(NaCl)}$$

$$m(AgBr)=y\times\frac{M(AgBr)}{M(NaBr)}$$

$$\left(x\times\frac{M(AgCl)}{M(NaCl)}\right)+\left(y\times\frac{M(AgBr)}{M(NaBr)}\right)=0.5260\ g$$

$$\left(x\times\frac{143.3}{58.44}\right)+\left(y\times\frac{187.8}{102.9}\right)=0.5260\ g$$

$$2.452x+1.825y=0.5260\ g \tag{1}$$

经氯气流处理后 AgCl 质量为

$$\left(x\times\frac{M(AgCl)}{M(NaCl)}\right)+\left(y\times\frac{M(AgBr)}{M(NaBr)}\times\frac{M(AgCl)}{M(AgBr)}\right)=0.4260\ g$$

$$\left(x\times\frac{143.3}{58.44}\right)+\left(y\times\frac{143.3}{102.9}\right)=0.4260\ g$$

$$2.452x+1.393y=0.4260\ g \tag{2}$$

联立(1)(2)两式可得

$$x=0.04223\ g,\qquad y=0.2315\ g$$

$$w(NaCl)=4.22\%,\qquad w(NaBr)=23.15\%$$

2. 应用示例

重量分析是一种准确精密的分析方法。在此列举一些常用的或我国的国家标准规定的重量分析实例。

1)硫酸根的测定

测定硫酸根时般都用 $BaCl_2$ 将 SO_4^{2-} 沉淀成 $BaSO_4$，再灼烧、称量，但较费时。多年来，对于重量法测定 SO_4^{2-} 曾做过不少改进，力图克服其烦琐费时的缺点。

由于 $BaSO_4$ 沉淀颗粒较细，浓溶液中沉淀时可能形成胶体；$BaSO_4$ 不易被一般溶剂溶解，不能利用二次沉淀方式净化，因此沉淀作用应在稀盐酸溶液中进行。溶液中不允许有酸不溶物和易被吸附的离子(如 Fe^{3+}、NO_3^- 等)存在。对于存在的 Fe^{3+}，常采用 EDTA 配位掩蔽。

为缩短分析操作时间，现有时使用玻璃砂芯坩埚抽滤 $BaSO_4$ 沉淀，经烘干后称量，但测定的准确度比灼烧法稍差。

硫酸钡重量法测定 SO_4^{2-} 的方法应用很广。工业上铁矿中的硫和钡的含量，磷肥、萃取磷酸、水泥中的硫酸根和许多其他可溶硫酸盐的含量都可用此法测定。

2)硅酸盐中二氧化硅的测定

硅酸盐在自然界分布很广，绝大多数硅酸盐不溶于酸，因此试样一般需用碱性熔剂熔融

后，再用酸处理。此时金属元素成为离子溶于酸中，而 SiO_3^{2-} 则大部分成胶状硅酸 $SiO_2 \cdot xH_2O$ 析出，少部分仍分散在溶液中，需经脱水才能沉淀。经典方法是用盐酸反复蒸干脱水，准确度虽高，但手续麻烦、费时；后来多采用动物胶凝聚法，即利用动物胶吸附 H^+ 而带正电荷（蛋白质中氨基酸的氨基吸附 H^+），与带负电荷的硅酸胶粒发生胶凝而析出，但必须蒸干，才能完全沉淀。近年来，有的用长碳链季铵盐，如十六烷基三甲基溴化铵（简称 CTMAB）作沉淀剂，它在溶液中成带正电荷胶粒，可以不再加盐酸蒸干，而将硅酸定量沉淀，所得沉淀疏松而易洗涤。这种方法比动物胶法优越，且可缩短分析时间。

得到的硅酸沉淀，需经高温灼烧才能完全脱水并除去带入的沉淀剂。但即使经过灼烧，一般还可能带有不挥发的杂质（如铁、铝等的化合物）。在要求较高的分析中，于灼烧、称量后，还需加 HF 及 H_2SO_4，再加热灼烧，使 SiO_2 成 SiF_4 挥发逸出，最后称量，由两次质量之差即可求得纯 SiO_2 的质量。

3）*其他物质的测定*

如丁二酮肟试剂与 Ni^{2+} 生成鲜红色沉淀，该沉淀组成恒定，经烘干后称量，可得满意的测定结果。工业上钢铁及合金中的镍的测定即采用此法。

7.2.3.7　沉淀滴定法概述

沉淀滴定法是以沉淀反应为基础的一种滴定分析方法。虽然能形成沉淀的反应很多，但并不是所有的沉淀反应都能用于滴定分析。用于沉淀滴定法的沉淀反应必须符合下列几个条件：

①生成的沉淀应具有恒定的组成，而且溶解度必须很小；

②沉淀反应必须迅速、定量地进行；

③能够用适当的指示剂或其他方法确定滴定的终点。

由于上述条件的限制，能用于沉淀滴定法的反应不是很多。现主要使用生成难溶银盐的沉淀反应，例如：

$$Ag^+ + Cl^- = AgCl \downarrow$$

$$Ag^+ + SCN^- = AgSCN \downarrow$$

这类利用生成难溶银盐反应的测定方法称为银量法，用银量法可以测定 Cl^{-1}、Br^-、I^-、Ag^+、CN^-、SCN^- 等离子的含量。

在沉淀滴定法中，除了银量法外，还有利用其他沉淀反应的方法，如 $K_4[Fe(CN)_6]$ 与 Zn^{2+}、四苯硼酸钠 $[NaB(C_6H_5)_4]$ 与 K^+ 形成沉淀的反应分别为

$$2K_4[Fe(CN)_6] + 3Zn^{2+} = K_2Zn_3[Fe(CN)_6]_2 + 6K^+$$

$$[NaB(C_6H_5)_4] + K^+ = KB(C_6H_5)_4 + Na^+$$

这两种方法都可用于滴定分析法。

本章着重讨论银量法。银量法可分为直接法和间接法：直接法是用 $AgNO_3$ 标准溶液直接滴定被沉淀的物质；间接法是于待测定试液中先加入一定量且过量的 $AgNO_3$ 标准溶液，再用 NH_4SCN 标准溶液来滴定剩余的 $AgNO_3$ 溶液。

7.2.3.8　银量法滴定终点的确定

沉淀滴定法中可以用指示剂确定终点，也可以用电位滴定确定终点。现以银量法为例，将几种确定滴定终点的方法介绍如下。

1. 莫尔法——用铬酸钾作指示剂

水是人们在生产、生活中接触最多、需求量最大的物质，在天然水中几乎都含有不等数量

的Cl^-,而来自城镇自来水厂的生活饮用水中更带有消毒处理后的余氯,当饮用水中的Cl^-含量超过4.0 g·L^{-1}时,将有害于人的健康,因此对水中Cl^-含量的监测就显得相当重要。多数情况下采用莫尔法(Mohr method)测定水中的Cl^-含量,即在含有Cl^-的中性溶液中,加入K_2CrO_4指示剂,用$AgNO_3$标准溶液滴定。由于AgCl的溶解度比$AgNO_3$小,在用$AgNO_3$溶液滴定的过程中,首先生成AgCl沉淀,待AgCl定量沉淀后,过量的一滴$AgNO_3$溶液才与K_2CrO_4反应,并立即形成砖红色的Ag_2CrO_4沉淀,指示终点的到达。显然,指示剂K_2CrO_4的用量对于指示终点有较大影响。CrO_4^{2-}浓度过高或过低,沉淀的析出就会提前或推迟,因而将产生一定的终点误差。因此,要求Ag_2CrO_4沉淀应该恰好在滴定反应化学计量点时产生,根据溶度积原理可以求出化学计量点时$[Ag^+]=1.33\times10^{-5}$ mol·L^{-1},而此时产生Ag_2CrO_4沉淀所需的CrO_4^{2-}浓度为6.33×10^{-3} mol·L^{-1}。在滴定时,由于K_2CrO_4呈黄色,当其浓度较高时颜色较深,不易判断砖红色的Ag_2CrO_4沉淀的出现,因此指示剂的浓度以略低些为好。一般滴定溶液中CrO_4^{2-}浓度宜控制在5×10^{-3} mol·L^{-1}。

K_2CrO_4浓度降低后,要使Ag_2CrO_4析出沉淀,必须多加一些$AgNO_3$溶液。这样,滴定剂就过量了。滴定终点将在化学计量点后出现,但由此产生的终点误差一般都小于0.1%,可以认为不影响分析结果的准确度。如果溶液较稀,如用0.01000 mol·L^{-1}的$AgNO_3$溶液滴定0.01000 mol·L^{-1} KCl溶液,则终点误差可达0.6%左右,就会影响分析结果的准确度。在这种情况下,通常需要以指示剂的空白值对测定结果进行校正。

CrO_4^{2-}与H^+有如下的平衡关系:

$$2H^+ + CrO_4{}^{2-} \rightleftharpoons 2HCrO_4^- \rightleftharpoons Cr_2O_7^{2-} + H_2O$$

所以在酸性溶液中,平衡将向右移动,使CrO_4^{2-}浓度降低,影响Ag_2CrO_4沉淀的生成,当然也就影响终点的判断。

$AgNO_3$在强碱性溶液中沉淀为Ag_2O,因此莫尔法只能在中性或弱碱性(pH=6.5~10.5)溶液中进行。如果试液为酸性或强碱性,可用酚酞作指示剂,以稀NaOH溶液或稀H_2SO_4溶液调节至酚酞的红色刚好褪去;也可用$NaHCO_3$、$CaCO_3$或$Na_2B_4O_7$等预先中和,然后再滴定。

由于生成的AgCl沉淀容易吸附溶液中过量的Cl^-,使溶液中Cl^-浓度降低,与之平衡的Ag^+浓度增加,以致Ag_2CrO_4沉淀过早产生,引入误差,故滴定时必须剧烈摇动,使被吸附的Cl^-释出。AgBr吸附Br^-比AgCl吸附Cl^-严重,滴定时更要注意剧烈摇动,否则会引入较大误差。

AgI和AgSCN的沉淀相应吸附I^-和SCN^-的情况更为严重,所以莫尔法不适用于测定I^-和SCN^-。能与Ag^+生成沉淀的PO_4^{3-}、CO_3^{2-}、S^{2-}、CrO_4^{2-}等阴离子,能与CrO_4^{2-}生成沉淀的Ba^{2+}、Pb^{2+}等阳离子,以及在中性或弱碱性溶液中发生水解的Fe^{3+}、Al^{3+}、Bi^{3+}、Sn^{4+}等离子,对测定都有干扰,应预先将其分离。

由于以上原因,莫尔法的应用受到一定限制。此外,它只能用来测定卤素,却不能用NaCl标准溶液直接滴定Ag^+。这是因为,在Ag^+试液中加入K_2CrO_4指示剂,将立即生成大量的Ag_2CrO_4沉淀,而且Ag_2CrO_4沉淀转变为AgCl沉淀的速度甚慢,使测定无法进行。如采用莫尔法测定Ag^+,需用返滴定的方式,即在含Ag^+试液中先加入一定量且过量的NaCl标准溶液,再加入K_2CrO_4指示剂,然后用$AgNO_3$标准溶液回滴过量的Cl^-。

利用Cl^-与Ag^+生成AgCl沉淀反应来测定Cl^-,以K_2CrO_4作指示剂指示终点,此法看似很简单,但该反应过程在酸性、中性、弱碱性和强碱性的溶液中,却会有不同的结果。可见,要达到预期的效果，必须选择适合的反应条件。在莫尔法中就要抓住指示剂 K_2CrO_4 的用量和溶液的 pH 值两个重点，请读者在接下来的佛尔哈德法和法扬司法的学习中找一下应该注意什么问题。

2. 佛尔哈德法——用铁铵矾作指示剂

佛尔哈德法(Volhard method)是在含 Ag^+ 的酸性溶液中，加入铁铵矾[$NH_4Fe(SO_4)_2 \cdot 12H_2O$]指示剂，用 NH_4SCN 标准溶液直接进行滴定。滴定过程中首先生成白色的 AgSCN 沉淀。滴定到达化学计量点附近，Ag^+ 浓度迅速降低 SCN^- 浓度迅速增加，待过量的 SCN^- 与铁铵矾中的 Fe^{3+} 反应生成红色 $Fe(SCN)^{2+}$ 配离子，即指示终点的到达。

在上述滴定过程中生成的 AgSCN 沉淀要吸附溶液中的 Ag^+，使 Ag^+ 浓度降低，SCN^- 浓度增加，以致红色的最初出现会略早于化学计量点，因此滴定过程中也需剧烈摇动，以释出被吸附的 Ag^+。此法的优点在于可以在酸性溶液中直接测定 Ag^+。

用佛尔哈德法测定卤素时采用间接法，即先加入一定量且过量的 $AgNO_3$ 标准溶液，再以铁铵矾作指示剂，用 NH_4SCN 标准溶液回滴剩余的 Ag^+。

由于 AgSCN 的溶解度小于 AgCl 的溶解度，所以用 NH_4SCN 溶液回滴剩余的 Ag^+ 达化学计量点后，稍微过量的 SCN^- 可能与 AgCl 作用，使 AgCl 转化为 AgSCN：

$$AgCl + SCN^- = AgSCN + Cl^-$$

如果剧烈摇动溶液，反应将不断向右进行，直至达到平衡。可见，到达终点时，已经多消耗了一部分 NH_4SCN 标准溶液。为了避免上述误差，通常可采用以下两种措施：

(1)试液中加入已知过量 $AgNO_3$ 标准溶液之后，将溶液煮沸，使 AgCl 凝聚，以减少 AgCl 沉淀对 Ag^+ 的吸附。滤去沉淀，并用稀 HNO_3 充分洗涤沉淀，然后用 NH_4SCN 准溶液返滴滤液中过量的 Ag^+。显然，这一措施要用到沉淀、过滤等操作，手续烦琐、耗时。

(2)在滴加 NH_4SCN 标准溶液前加入硝基苯 1～2 mL，在摇动后，AgCl 沉淀进入硝基苯层中，使它不再与滴定溶液接触，即可避免发生上述 AgCl 沉淀与 SCN^- 的沉淀转化反应。

比较溶度积的数值可知，用本法测定 Br^- 和 I^- 时，不会发生上述沉淀转化反应。但在测定 I^- 时，应先加 $AgNO_3$，再加指示剂，以避免 I^- 对 Fe^{3+} 的还原作用。

由于指示剂中的 Fe^{3+} 在中性或碱性溶液中将水解，因此佛尔哈德法应该在 $[H^+] > 0.3\ mol \cdot L^{-1}$ 的溶液中进行。

3. 法扬司法——用吸附指示剂

法扬司法(Fajans method)使用的吸附指示剂是一类有色的有机化合物，它被吸附在胶体微粒表面后，发生分子结构的变化，从而引起颜色的变化。

例如，用 $AgNO_3$ 作标准溶液测定 Cl^- 时，可用荧光黄作指示剂。荧光黄是种有机弱酸，可用 HFI 表示。在溶液中它可解离为荧光黄阴离子 FI^-，呈黄绿色。在化学计量点之前，溶液中存在过量 Cl^-，AgCl 沉淀胶体微粒因吸附 Cl^- 而带有负电荷，不会吸附指示剂阴离子 FI^-，溶液仍呈 FI^- 的黄绿色；而在化学计量点后，稍过量的 $AgNO_3$ 标准溶液即可使 AgCl 沉淀胶体微粒吸附 Ag^+ 而带正电荷，形成 $AgCl \cdot Ag^+$。这时，带正电荷的胶体微粒将吸附 FI^-，并发生分子结构的变化，出现由黄绿变成淡红的颜色变化，指示终点的到达。

$$\underset{\text{黄绿色}}{AgCl \cdot Ag^+ + FI^-} \xrightarrow{\text{吸附}} \underset{\text{淡红色}}{AgCl \cdot Ag^+ | FI^-}$$

为了使终点变色敏锐,使用吸附指示剂时需要注意以下几个问题:

①由于吸附指示剂的颜色变化发生在沉淀微粒表面,因此,应尽可能使卤化银沉淀呈胶体状态,从而具有较大的表面积。为此,在滴定前应将溶液稀释,并加入糊精、淀粉等高分子化合物作为保护胶体,以防止 AgCl 沉淀凝聚。

②常用的吸附指示剂大多是有机弱酸,而起指示作用的是它们的阴离子。如荧光黄,其 $pK_a \approx 7$。当溶液 pH 值低时,荧光黄大部分以 HFI 形式存在,不会被卤化银沉淀吸附,不能指示终点。所以用荧光黄作指示剂时,溶液的 pH 值应为 7~10。若选用 pK_a 较小的指示剂,则可以在 pH 值较低的溶液中指示终点。

③卤化银沉淀对光敏感,遇光易分解析出金属银,使沉淀很快转变为灰黑色,影响终点观察,因此在滴定过程中应避免强光照射。

④胶体微粒对指示剂离子的吸附能力,应略小于对待测离子的吸附能力,否则指示剂将在化学计量点前变色。但如果其吸附能力太差,终点时变色也不敏锐。卤化银对卤素离子、SCN^- 和几种吸附指示剂的吸附能力大小顺序为

$$I^- > SCN^- > Br^- > \text{曙红} > Cl^- > \text{荧光黄}$$

⑤溶液中被滴定离子的浓度不能太低。因为浓度太低时,沉淀很少,观察终点比较困难。如用荧光黄作指示剂,用 $AgNO_3$ 溶液滴定 Cl^- 时,Cl^- 浓度要求在 0.005 $mol \cdot L^{-1}$ 以上。但 Br^-、I^-、SCN^- 等的测定灵敏度稍高,浓度低至 0.001 $mol \cdot L^{-1}$ 时仍可准确滴定。

吸附指示剂除用于银量法外,还可用于测定 Ba^{2+} 及 SO_4^{2-} 等的含量。吸附指示剂种类很多,现将常用的列于表 7-1 中。

表 7-1 常用的吸附指示剂

指示剂名称	待测离子	滴定剂	适用的 pH 值范围
荧光黄	Cl^-、Br^-、I^-、SCN^-	Ag^+	7~10
二氯荧光黄	Cl^-、Br^-、I^-、SCN^-	Ag^+	4~6
溴甲酚绿	SCN^-	Ag^+	4~5
曙红	Br^-、I^-、SCN^-	Ag^+	2~10
溴酚蓝	Cl^-、SCN^-	Ag^+	2~3
甲基紫	SO_4^{2-}、Ag^+	Ba^{2+}、Ag^+	酸性溶液
罗丹明 6G	Ag^+	Br^-	稀 HNO_3

7.2.4 重点难点

1. 本章的重点

(1)利用沉淀反应进行的沉淀滴定,莫尔法、佛尔哈德法及法扬司法。

(2)重点掌握各种方法的滴定基本原理、滴定条件的选择、指示剂及其应用。

2. 本章的难点

沉淀滴定法条件的选择。

7.3　例题解析

1. 填空题

(1)在法扬司法中,用 $AgNO_3$ 标准溶液测定 NaCl 时,荧光黄做指示剂,计量点后,溶液中有过量的________,沉淀表面层吸附________而带正电荷,并立即吸附________,使其结构变形而发生颜色变化,指示终点到达。

(2)用佛尔哈德法测定 Ag^+ 需要用________法,测定卤素离子需要用________法。

(3)佛尔哈德法是在________溶液中,以________为指示剂,用________标准溶液来测定 Ag^+ 的方法。

2. 单项选择题

(1)用沉淀滴定法测定 Ag^+ 的含量,最合适的方法是(　　)。

A. 莫尔法直接滴定　　B. 佛尔哈德法直接滴定

C. 佛尔哈德法剩余回滴　　D. 法扬司法直接滴定

(2)若使用莫尔法测定 Cl^- 含量,应选用的指示剂为(　　)。

A. $NH_4Fe(SO_4)_2$　　B. $K_2Cr_2O_7$　　C. 荧光黄　　D. K_2CrO_4

(3)下面试样中可以用莫尔法直接滴定其中 Cl^- 的是(　　)。

A. $BaCl_2$　　B. $FeCl_3$　　C. $NaCl+Na_2S$　　D. $NaCl+Na_2SO_4$

(4)在莫尔法中,滴定反应只能在(　　)溶液中进行。

A. 强酸性　　B. 中性或弱酸性　　C. 中性或弱碱性　　D. 强碱性

(5)佛尔哈德法必须在(　　)溶液中进行。

A. 碱性　　B. 中性　　C. 酸性　　D. 中性或弱碱性

3. 名词解释

(1)吸附指示剂。

(2)沉淀滴定法。

答案解析:

(1)吸附指示剂是一类有色的有机化合物,其阴离子在溶液中能被带正电荷的胶状沉淀吸附者称阴离子吸附剂,而阳离子在溶液中能被带负电荷胶状沉淀吸附者称为阳离子吸附剂。吸附指示剂被吸附后,由于结构发生改变引起颜色的变化。

(2)以沉淀反应为基础的滴定分析方法。

4. 简答题

(1)莫尔法滴定时为什么要充分振摇?

(2)在法扬司法中,为什么必须保持胶体状态?

答案解析:

(1)因为 AgCl 沉淀能吸附 Cl^-,AgBr 沉淀能吸附 Br^-,而且吸附能力很强,从而降低了溶液中 Cl^- 和 Br^- 的浓度,这样将使滴定终点提前出现,使结果偏低。因此在滴定过程中必须充分振摇,使被吸附的 Cl^- 或 Br^- 释放出来达到反应完全,以获得准确的滴定终点。

(2)由于吸附指示剂是被吸附在沉淀表面上而变色的,为了使终点的颜色变化更明显,就必须使沉淀有较大的表面积和较强的吸附能力,因此,必须使沉淀保持胶体状态。

5. 计算题

(1)称取 NaCl 基准试剂 0.1173 g,溶解后加入 30.00 mL 的 $AgNO_3$ 标准溶液,过量的 Ag^+ 需要 3.20 mL 的 NH_4SCN 标准溶液滴定至终点。已知 20.00 mL 的 $AgNO_3$ 标准溶液与 21.00 mL 的 NH_4SCN 标准溶液能完全作用,计算 $AgNO_3$ 和 NH_4SCN 溶液的浓度。

答案解析:

设 $AgNO_3$ 和 NH_4SCN 溶液的浓度分别为 $c(AgNO_3)$ 和 $c(NH_4SCN)$。由题意可知:

$$\frac{c(AgNO_3)}{c(NH_4SCN)}=\frac{21}{20}$$

则过量的 Ag^+ 体积为

$$V(Ag^+)=(3.20\times 20)/21=3.0476\ mL$$

则与 NaCl 反应的 $AgNO_3$ 的体积为

$$V(AgNO_3)=30-3.0476=26.9524\ mL$$

因为

$$n(Cl^-)=n(Ag^+)=\frac{0.1173}{58.44}=0.002\ mol$$

故

$$c(AgNO_3)=n(Cl^-)/V(AgNO_3)=\frac{0.002}{26.9524}\times\frac{1}{1000}=0.07447\ mol\cdot L^{-1}$$

$$c(NH_4SCN)=\frac{20}{21}\times c(AgNO_3)=0.07092\ mol\cdot L^{-1}$$

(2)称取银合金试样 0.3000 g,溶解后加入铁铵矾指示剂,用 0.1000 $mol\cdot L^{-1}$ 的 NH_4SCN 标准溶液滴定,用去 23.80 mL,计算银的质量分数。

答案解析:

由题意可知

$$n(Ag)=n(NH_4SCN)=0.1000\times 0.0238=0.00238\ mol$$

$$AgNO_3\%=\frac{n(Ag)\times M(Ag)}{m_s}\times 100\%=\frac{0.00238\times 107.8682}{0.3000}\times 100\%=85.56\%$$

7.4 习题详解

1. 填空题

(1)中药大青盐中 Cl^- 的含量可以用______、______、______中任意一种方法进行测定。

(2)在吸附指示剂法中,为使 AgCl 沉淀保持胶体状态,在滴定前,一般要对溶液进行稀释或在溶液中加入______、______等胶体保护剂。

(3)在沉淀滴定法中,突跃范围的大小主要与______、______有关。

2. 单项选择题

(1)莫尔法最适宜的酸度是(　　)。

A. 0.1～1.0 mol·L^{-1}

B. pH=6.5～10.5

C. pH=6.5～7.2

D. pH=4～6

(2)佛尔哈德法最适宜的酸度是(　　)。

A. 酸度为0.1～1.0 mol·L^{-1}

B. pH=6.5～10.5

C. pH=6.5～7.2

D. pH=4～6

(3)对含有Cl^-的试液(pH=6.5),要测定氯的含量采用的方法是(　　)。

A. 莫尔法

B. 佛尔哈德法

C. 法扬司法(用曙红作指示剂)

D. 法扬司法(用荧光黄作指示剂)

(4)对含有Cl^-的试液(pH=4),要测定氯的含量采用的方法是(　　)。

A. 莫尔法

B. 佛尔哈德法

C. 法扬司法(用曙红作指示剂)

D. 法扬司法(用荧光黄作指示剂)

(5)用莫尔法测定Cl^-含量时,若碱性太强,则会出现(　　)。

A. AgCl沉淀不完全

B. Ag_2CrO_4沉淀不易形成

C. 形成Ag_2O沉淀

D. AgCl沉淀易发生胶溶

3. 名词解释

(1)银量法;

(2)法扬司法。

4. 简答题

(1)能否用莫尔法测定I^-或SCN^-,为什么?

(2)为什么用佛尔哈德法测定Cl^-时,引入误差的几率比测定Br^-或I^-时大?

5. 计算题

(1)称取可溶性氯化物试样 0.2266 g,用水溶解后,加入 0.1121 $mol \cdot L^{-1}$ 的 $AgNO_3$ 标准溶液 30.00 mL。过量的 Ag^+ 用 0.1185 $mol \cdot L^{-1}$ 的 NH_4SCN 标准溶液滴定,用去 6.50 mL。计算试样中氯的质量分数。

(2)称取纯 KIO_x 试样 0.5000 g,将碘还原成碘化物后,用 0.1000 $mol \cdot L^{-1}$ 的 $AgNO_3$ 标准溶液滴定,用去 23.36 mL。计算分子式中的 x。

7.5 讨论专区

用移液管从食盐槽中吸取试液 25.00 mL,采用莫尔法进行测定,滴定用去 0.1013 $mol \cdot L^{-1}$ 的 $AgNO_3$ 标准溶液 25.36 mL。往液槽中加入食盐(含 NaCl 96.61%)4.5000 kg,溶解后混合均匀,再吸取 25.00 mL 试液,滴定用去 $AgNO_3$ 标准溶液 28.42 mL。如吸取试液对液槽中溶液体积的影响可以忽略不计,计算液槽中加入食盐溶液的体积。

7.6 单元测试卷

附　　录

附录 1　弱酸和弱碱的解离常数

弱酸

名称	化学式	温度/ ℃	解离常数 K_a	pK_a
砷酸	H_3AsO_4	25	$K_{a1}=5.5\times10^{-3}$ $K_{a2}=1.7\times10^{-7}$ $K_{a3}=5.1\times10^{-12}$	2.26 6.77 11.29
硼酸	H_3BO_3	25	$K_a=5.7\times10^{-10}$	9.24
氢氰酸	HCN	25	$K_a=6.2\times10^{-10}$	9.21
碳酸	H_2CO_3	25	$K_{a1}=1.8\times10^{-1}$ $K_{a2}=4.7\times10^{-11}$	6.35 10.33
铬酸	H_2CrO_4	25	$K_{a1}=1.8\times10^{-1}$ $K_{a2}=3.2\times10^{-7}$	0.74 6.49
氢氟酸	HF	25	$K_a=6.3\times10^{-4}$	3.20
亚硝酸	HNO_2	25	$K_a=5.6\times10^{-4}$	3.25
磷酸	H_3PO_4	25	$K_{a1}=6.9\times10^{-3}$ $K_{a2}=6.2\times10^{-8}$ $K_{a3}=4.8\times10^{-13}$	2.16 7.21 12.32
硫化氢	H_2S	25	$K_{a1}=1.3\times10^{-7}$ $K_{a2}=7.1\times10^{-15}$	6.89 14.15
亚硫酸	H_2SO_3	25	$K_{a1}=1.4\times10^{-2}$ $K_{a2}=6.3\times10^{-8}$	1.85 7.20
硫酸	H_2SO_4	25	$K_{a2}=1.0\times10^{-2}$	1.99
甲酸	HCOOH	25	$K_a=1.8\times10^{-4}$	3.74
乙酸	CH_3COOH	25	$K_a=1.8\times10^{-5}$	4.74
一氯乙酸	$CH_2ClCOOH$	25	$K_a=1.4\times10^{-3}$	2.86
二氯乙酸	$CHCl_2COOH$	25	$K_a=5.0\times10^{-2}$	1.30

续表

名称	化学式	温度/℃	解离常数 K_a	pK_a
三氯乙酸	CCl_3COOH	25	$K_a=0.23$	0.64
草酸	$H_2C_2O_4$	25	$K_{a1}=5.9\times10^{-2}$ $K_{a2}=6.4\times10^{-5}$	1.23 4.19
琥珀酸	$(CH_2COOH)_2$	25	$K_{a1}=6.4\times10^{-5}$ $K_{a2}=2.7\times10^{-6}$	4.19 5.57
酒石酸	CH(OH)COOH | CH(OH)COOH	25	$K_{a1}=9.1\times10^{-4}$ $K_{a2}=4.3\times10^{-5}$	3.04 4.37
柠檬酸	CH_2COOH | C(OH)COOH | CH_2COOH	25	$K_{a1}=7.4\times10^{-4}$ $K_{a2}=1.7\times10^{-5}$ $K_{a3}=4.0\times10^{-7}$	3.13 4.76 6.40
苯酚	C_6H_5OH	25	$K_a=1.1\times10^{-10}$	9.95
苯甲酸	C_6H_5COOH	25	$K_a=6.2\times10^{-5}$	4.21
水杨酸	$C_6H_4(OH)COOH$	18	$K_{a1}=1.07\times10^{-3}$ $K_{a2}=4\times10^{-14}$	2.97 13.40
邻苯二甲酸	$C_6H_4(COOH)_2$	25	$K_{a1}=1.3\times10^{-3}$ $K_{a2}=2.9\times10^{-6}$	2.89 5.54

弱碱

名称	化学式	温度/℃	解离常数 K_b	pK_b
氨水	$NH_3\cdot H_2O$	25	$K_b=1.8\times10^{-5}$	4.74
羟胺	NH_2OH	25	$K_b=9.1\times10^{-9}$	8.04
苯胺	NH_2OH	25	$K_b=4.6\times10^{-10}$	9.34
乙二胺	$H_2NCH_2CH_2NH_2$	25	$K_{a1}=8.5\times10^{-5}$ $K_{a2}=7.1\times10^{-8}$	4.07 7.15
六亚甲基四胺	$(CH_2)_6N_4$	25	$K_b=1.4\times10^{-9}$	8.85
吡啶	N	25	$K_b=1.7\times10^{-9}$	8.77

附录 2　金属配合物的稳定常数

金属离子		$I/(mol \cdot L^{-1})$	n	$\lg\beta_n$
氨配合物	Ag^{+}	0.1	1,2	3.40,7.40
	Cd^{2+}	0.1	1,…,6	2.60,4.65,6.04,6.92,6.6,4.9
	Co^{2+}	0.1	1,…,6	2.05,3.62,4.61,5.31,5.43,4.75
	Cu^{2+}	2	1,…,4	4.13,7.61,10.48,12.59
	Ni^{2+}	0.1	1,…,6	2.75,4.95,6.64,7.79,8.50,8.49
	Zn^{2+}	0.1	1,…,4	2.27,4.61,7.01,9.06
氟配合物	Al^{3+}	0.53	1,…,6	6.1,11.15,15.0,17.7,19.4,19.7
	Fe^{3+}	0.5	1,2,3	5.2,9.2,11.9
	Th^{4+}	0.5	1,2,3	7.7,13.5,18.0
	TiO^{2+}	3	1,…,4	5.4,9.8,13.7,17.4
	Sn^{2+}	*	6	25
	Zr^{4+}	2	1,2,3	8.8,16.1,21.9
氯配合物	Ag^{+}	0.2	1,…,4	2.9,4.7,5.0,5.9
	Hg^{2+}	0.5	1,…,4	6.7,13.2,14.1,15.1
碘配合物	Cd^{2+}	*	1,…,4	2.4,3.4,5.0,6.15
	Hg^{2+}	0.5	1,…,4	12.9,23.8,27.6,29.8
氰配合物	Ag^{+}	0～0.3	1,…,4	—,21.1,21.8,20.7
	Cd^{2+}	3	1,…,4	5.5,10.6,15.3,18.9
	Cu^{2+}	0	1,…,4	—,24.0,28.6,30.3
	Fe^{2+}	0	6	35.4
	Fe^{3+}	0	6	43.6
	Hg^{2+}	0.1	1,…,4	18.0,34.7,38.5,41.5
	Ni^{2+}	0.1	4	31.3
	Zn^{2+}	0.1	4	16.7
硫氰酸配合物	Fe^{3+}	*	1,…,5	2.3,4.2,5.6,6.4,6.4
	Hg^{2+}	1	1,…,4	—,16.1,19.0,20.9
硫代硫酸配合物	Ag^{+}	0	1,2	8.82,13.5
	Hg^{2+}	0	1,2	29.86,32.26

续表

金属离子		$I/(mol \cdot L^{-1})$	n	$\lg\beta_n$
柠檬酸配合物	Al^{3+}	0.5	1	20.0
	Cu^{2+}	0.5	1	18
	Fe^{3+}	0.5	1	25
	Ni^{2+}	0.5	1	14.3
	Pb^{2+}	0.5	1	12.3
	Zn^{2+}	0.5	1	11.4
磺基水杨酸配合物	Al^{3+}	0.1	1,2,3	12.9,22.9,29.0
	Fe^{3+}	3	1,2,3	14.4,25.2,32.2
乙酰丙酮配合物	Al^{3+}	0.1	1,2,3	8.1,15.7,21.2
	Cu^{2+}	0.1	1,2	7.8,14.3
	Fe^{3+}	0.1	1,2,3	9.3,17.9,25.1
邻二氮菲配合物	Ag^{+}	0.1	1,2	5.02,12.07
	Cd^{2+}	0.1	1,2,3	6.4,11.6,15.8
	Co^{2+}	0.1	1,2,3	7.0,13.7,20.1
	Cu^{2+}	0.1	1,2,3	9.1,15.8,21.0
	Fe^{2+}	0.1	1,2,3	5.9,11.1,21.3
	Hg^{2+}	0.1	1,2,3	—,19.65,23.35
	Ni^{2+}	0.1	1,2,3	8.8,17.1,24.8
	Zn^{2+}	0.1	1,2,3	6.4,12.15,17.0
乙二胺配合物	Ag^{+}	0.1	1,2	4.7,7.7
	Cd^{2+}	0.1	1,2	5.47,10.02
	Cu^{2+}	0.1	1,2	10.55,19.60
	Co^{2+}	0.1	1,2,3	5.89,10.72,13.82
	Hg^{2+}	0.1	2	23.42
	Ni^{2+}	0.1	1,2,3	7.66,14.06,18.59
	Zn^{2+}	0.1	1,2,3	5.71,10.37,12.08

注：* 表示离子强度不定。

附录 3　金属离子与氨羟配位剂形成的配合物的稳定常数(lg*K*(MY))

$I=0.1\ mol \cdot L^{-1}$　$t=20\sim25\ ℃$

金属离子	EDTA	EGTA	DCTA
Ag^{+}	7.32	6.88	9.03
Al^{3+}	16.3	13.90	19.5
Ba^{2+}	7.86	8.4	8.69
Be^{2+}	9.20		11.51
Bi^{3+}	27.94		32.3
Ca^{2+}	10.69	11.0	13.2
Ce^{4+}	15.98	16.06	
Cd^{2+}	16.46	16.7	19.93
Co^{2+}	16.31	12.3	19.2
Co^{3+}	36.0		
Cr^{3+}	23.4		
Cu^{2+}	18.80	17.71	22.0
Fe^{2+}	14.33	11.87	19.0
Fe^{3+}	25.1	20.5	30.1
Hg^{2+}	21.8	23.2	25.0
La^{3+}	15.50	15.84	16.96
Mg^{2+}	8.69	5.2	11.02
Mn^{2+}	13.87	10.08	17.48
Na^{+}	1.66		
Ni^{2+}	18.60	13.55	20.3
Pb^{2+}	18.04	14.71	20.38
Sn^{2+}	22.1	18.7	17.8
Sr^{2+}	8.73	8.5	10.59
Th^{4+}	23.2	7.3	25.6
Ti^{3+}	21.3		
TiO^{2+}	17.3		
U^{4+}	25.8		
VO_2^{+}	18.1		
VO^{2+}	18.8		20.10
Y^{3+}	18.09	17.16	19.85
Zn^{2+}	16.50	12.7	19.37

附录4 一些金属离子的 $\lg\alpha(M(OH))$ 值

金属离子	离子强度	pH值													
		1	2	3	4	5	6	7	8	9	10	11	12	13	14
Al^{3+}	2					0.4	1.3	5.3	9.3	13.3	17.3	21.3	25.3	29.3	33.3
Bi^{3+}	3	0.1	0.5	1.4	2.4	3.4	4.4	5.4							
Ca^{2+}	0.1													0.3	1.0
Cd^{2+}	3									0.1	0.5	2.0	4.5	8.1	12.0
Co^{2+}	0.1								0.1	0.4	1.1	2.2	4.2	7.2	10.2
Cu^{2+}	0.1								0.2	0.8	1.7	2.7	3.7	4.7	5.7
Fe^{2+}	1									0.1	0.6	1.5	2.5	3.5	4.5
Fe^{3+}	3			0.4	1.8	3.7	5.7	7.7	9.7	11.7	13.7	15.7	17.7	19.7	21.7
Hg^{2+}	0.1			0.5	1.9	3.9	5.9	7.9	9.9	11.9	13.9	15.9	17.9	19.9	21.9
La^{3+}	3										0.3	1.0	1.9	2.9	3.9
Mg^{2+}	0.1												0.5	1.3	2.3
Mn^{2+}	0.1										0.1		1.4	2.4	3.4
Ni^{2+}	0.1									0.1	0.7				
Pb^{2+}	0.1							0.1	0.5	1.4	2.7		7.4	10.4	13.4
Th^{4+}	1				0.2	0.8	1.7	2.7	3.7	4.7	5.7		7.7	8.7	9.7
Zn^{2+}	0.1									0.2	2.4		8.5	11.8	15.5

附录 5　标准电极电位(18～25 ℃)

半反应	$\varphi^{\theta\prime}$/V
$Li^+ + e^- \rightleftharpoons Li$	−3.045
$K^+ + e^- \rightleftharpoons K$	−2.924
$Ba^{2+} + 2e^- \rightleftharpoons Ba$	−2.90
$Sr^{2+} + 2e^- \rightleftharpoons Sr$	−2.89
$Ca^{2+} + 2e^- \rightleftharpoons Ca$	−2.87
$Na^+ + e^- \rightleftharpoons Na$	−2.711
$Mg^{2+} + 2e^- \rightleftharpoons Mg$	−2.375
$Al^{3+} + 3e^- \rightleftharpoons Al$	−1.662
$ZnO_2^{2-} + 2H_2O + 2e^- \rightleftharpoons Zn + 4OH^-$	−1.216
$Mn^{2+} + 2e^- \rightleftharpoons Mn$	−1.18
$Sn(OH)_6^{2-} + 2e^- \rightleftharpoons HSnO_2^- + 3OH^- + H_2O$	−0.96
$SO_4^{2-} + H_2O + 2e^- \rightleftharpoons SO_3^{2-} + 2OH^-$	−0.92
$TiO_2 + 4H^+ + 4e^- \rightleftharpoons Ti + 2H_2O$	−0.89
$2H_2O + 2e^- \rightleftharpoons H_2 + 2OH^-$	−0.828
$HSnO_2^- + H_2O + 2e^- \rightleftharpoons Sn + 3OH^-$	−0.79
$Zn^{2+} + 2e^- \rightleftharpoons Zn$	−0.763
$Cr^{3+} + 3e^- \rightleftharpoons Cr$	−0.74
$AsO_4^{3-} + 2H_2O + 2e^- \rightleftharpoons AsO_2^- + 4OH^-$	−0.71
$S + 2e^- \rightleftharpoons S^{2-}$	−0.508
$2CO_2 + 2H^+ + 2e^- \rightleftharpoons H_2C_2O_4$	−0.49
$Cr^{3+} + e^- \rightleftharpoons Cr^{2+}$	−0.41
$Fe^{2+} 2e^- \rightleftharpoons Fe$	−0.441
$Cd^{2+} + 2e^- \rightleftharpoons Cd$	−0.403
$Cu_2O + H_2O + 2e^- \rightleftharpoons 2Cu + 2OH^-$	−0.361
$Co^{2+} + 2e^- \rightleftharpoons Co$	−0.28
$Ni^{2+} + 2e^- \rightleftharpoons Ni$	−0.246
$AgI + e^- \rightleftharpoons Ag + I^-$	−0.152
$Sn^{2+} + 2e^- \rightleftharpoons Sn$	−0.136

续表

半反应	$\varphi^{\theta'}/V$
$Pb^{2+}+2e^- \rightleftharpoons Pb$	−0.126
$CrO_4^{2-}+4H_2O+3e^- \rightleftharpoons Cr(OH)_3+5OH^-$	−0.12
$Ag_2S+2H^++2e^- \rightleftharpoons 2Ag+H_2S$	−0.036
$Fe^{3+}+3e^- \rightleftharpoons Fe$	−0.036
$2H^++2e^- \rightleftharpoons H_2$	0.000
$NO_3^-+H_2O+2e^- \rightleftharpoons NO_2^-+2OH^-$	0.01
$TiO^{2+}+2H^++e^- \rightleftharpoons Ti^{3+}+H_2O$	0.10
$S_4O_6^{2-}+2e^- \rightleftharpoons 2S_2O_3^{2-}$	0.09
$AgBr+e^- \rightleftharpoons Ag+Br^-$	0.071
$S+2H^++2e^- \rightleftharpoons H_2S$(水溶液)	0.141
$Sn^{4+}+2e^- \rightleftharpoons Sn^{2+}$	0.154
$Cu^{2+}+e^- \rightleftharpoons Cu^+$	0.158
$BiOCl+2H^++3e^- \rightleftharpoons Bi+Cl^-+H_2O$	0.158
$SO_4^{2-}+4H^++2e^- \rightleftharpoons H_2SO_3+H_2O$	0.17
$AgCl+e^- \rightleftharpoons Ag+Cl^-$	0.22
$IO_3^-+3H_2O+6e^- \rightleftharpoons I^-+6OH^-$	0.26
$Hg_2Cl_2+2e^- \rightleftharpoons 2Hg+2Cl^-$ (0.1 mol·L^{-1} NaOH)	0.268
$Cu^{2+}+2e^- \rightleftharpoons Cu$	0.34
$VO^{2+}+2H^++e^- \rightleftharpoons V^{3+}+H_2O$	0.36
$Fe(CN)_6^{3-}+e^- \rightleftharpoons Fe(CN)_6^{4-}$	0.36
$2H_2SO_3+2H^++4e^- \rightleftharpoons S_2O_3^{2-}+3H_2O$	0.40
$Cu^++e^- \rightleftharpoons Cu$	0.522
$I_3^-+2e^- \rightleftharpoons 3I^-$	0.534
$I_2+2e^- \rightleftharpoons 2I^-$	0.535
$IO_3^-+2H_2O+4e^- \rightleftharpoons IO^-+4OH^-$	0.56
$MnO_4^-+e^- \rightleftharpoons MnO_4^{2-}$	0.56
$H_3AsO_4+2H^++2e^- \rightleftharpoons HAsO_2+2H_2O$	0.56
$MnO_4^-+2H_2O+3e^- \rightleftharpoons MnO_2+4OH^-$	0.58
$O_2+2H^++2e^- \rightleftharpoons H_2O_2$	0.682
$Fe^{3+}+e^- \rightleftharpoons Fe^{2+}$	0.77

续表

半反应	$\varphi^{\theta'}$/V
$Hg_2^{2+}+2e^- \rightleftharpoons 2Hg$	0.796
$Ag^++e^- \rightleftharpoons Ag$	0.799
$Hg^{2+}+2e^- \rightleftharpoons Hg$	0.851
$2Hg^{2+}+2e^- \rightleftharpoons Hg_2^{2+}$	0.907
$NO_3^-+3H^++2e^- \rightleftharpoons HNO_2+H_2O$	0.94
$NO_3^-+4H^++3e^- \rightleftharpoons NO+2H_2O$	0.96
$HNO_2+H^++e^- \rightleftharpoons NO+H_2O$	0.99
$VO_2^++2H^++e^- \rightleftharpoons VO^{2+}+H_2O$	1.00
$N_2O_4+4H^++4e^- \rightleftharpoons 2NO+2H_2O$	1.03
$Br_2+2e^- \rightleftharpoons 2Br^-$	1.08
$IO_3^-+6H^++6e^- \rightleftharpoons I^-+3H_2O$	1.085
$IO_3^-+6H^++5e^- \rightleftharpoons 1/2I_2+3H_2O$	1.195
$MnO_2+4H^++2e^- \rightleftharpoons Mn^{2+}+2H_2O$	1.23
$O_2+4H^++4e^- \rightleftharpoons 2H_2O$	1.23
$Au^{2+}+2e^- \rightleftharpoons Au$	1.29
$Cr_2O_7^{2-}+14H^++6e^- \rightleftharpoons 2Cr^{3+}+7H_2O$	1.33
$Cl_2+2e^- \rightleftharpoons 2Cl^-$	1.358
$BrO_3^-+6H^++6e^- \rightleftharpoons Br^-+3H_2O$	1.44
$Ce^{4+}+e^- \rightleftharpoons Ce^{3+}$	1.443
$ClO_3^-+6H^++6e^- \rightleftharpoons Cl^-+3H_2O$	1.45
$PbO_2+4H^++2e^- \rightleftharpoons Pb^{2+}+2H_2O$	1.46
$MnO_4^-+8H^++5e^- \rightleftharpoons Mn^{2+}+4H_2O$	1.51
$Mn^{3+}+e^- \rightleftharpoons Mn^{2+}$	1.51
$BrO_3^-+6H^++5e^- \rightleftharpoons 1/2Br_2+3H_2O$	1.52
$HClO+H^++e^- \rightleftharpoons 1/2Cl_2+H_2O$	1.63
$MnO_4^-+4H^++3e^- \rightleftharpoons MnO_2+2H_2O$	1.695
$H_2O_2+2H^++2e^- \rightleftharpoons 2H_2O$	1.776
$Co^{3+}+e^- \rightleftharpoons Co^{2+}$	1.842
$S_2O_8^{2-}+2e^- \rightleftharpoons 2SO_4^{2-}$	2.00
$O_3+2H^++2e^- \rightleftharpoons O_2+H_2O$	2.07
$F_2+2e^- \rightleftharpoons 2F^-$	2.87

附录 6　条件电极电位 $\varphi^{\theta'}$

半反应	$\varphi^{\theta'}$/V	介质
$Ag^{II}+e^- \rightleftharpoons Ag^+$	1.927	4 mol·L^{-1}的 HNO_3
$Ce^{IV}+e^- \rightleftharpoons Ce^{III}$	1.70	1 mol·L^{-1}的 $HClO_4$
	1.61	1 mol·L^{-1}的 HNO_3
	1.44	0.5 mol·L^{-1}的 H_2SO_4
	1.28	1 mol·L^{-1}的 HCl
$Co^{3+}+e^- \rightleftharpoons Co^{2+}$	1.85	4 mol·L^{-1}的 HNO_3
Co(乙二胺)$_3^{3+}+e^- \rightleftharpoons$ Co(乙二胺)$_3^{2+}$	−0.2	0.1 mol·L^{-1}的 KNO_3^+
		0.1 mol·L^{-1}的乙二胺
$Cr^{III}+e^- \rightleftharpoons Cr^{II}$	−0.40	5 mol·L^{-1}的 HCl
$Cr_2O_7^{2-}+14H^++6e^- \rightleftharpoons 2Cr^{3+}+7H_2O$	1.00	1 mol·L^{-1}的 HCl
	1.025	1 mol·L^{-1}的 $HClO_4$
	1.08	3 mol·L^{-1}的 HCl
	1.05	2 mol·L^{-1}的 HCl
	1.15	4 mol·L^{-1}的 H_2SO_4
$CrO_4^{2-}+2H_2O+2e^- \rightleftharpoons CrO_2+4OH^-$	−0.12	1 mol·L^{-1}的 NaOH
$Fe^{III}+e^- \rightleftharpoons Fe^{II}$	0.73	1 mol·L^{-1}的 $HClO_4$
	0.71	0.5 mol·L^{-1}的 HCl
	0.68	1 mol·L^{-1}的 H_2SO_4
	0.68	1 mol·L^{-1}的 HCl
	0.46	2 mol·L^{-1}的 H_3PO_4
	0.51	1 mol·L^{-1}的 HCl+ 0.25 mol·L^{-1}的 H_3PO_4
$H_3AsO_4+2H^++2e^- \rightleftharpoons H_3AsO_3+H_2$	0.557	1 mol·L^{-1}的 HCl
	0.557	1 mol·L^{-1}的 $HClO_4$
$Fe(EDTA)^-+e^- \rightleftharpoons Fe(EDTA)^{2-}$	0.12	0.1 mol·L^{-1}的 EDTA
		pH=4～6 的溶液
$Fe(CN)_6^{3-}+e^- \rightleftharpoons Fe(CN)_6^{4-}$	0.48	0.01 mol·L^{-1}的 HCl
	0.56	0.1 mol·L^{-1}的 HCl
	0.71	1 mol·L^{-1}的 HCl
	0.72	1 mol·L^{-1}的 $HClO_4$

续表

半反应	$\varphi^{\theta\prime}$/V	介质
I_2(水)$+2e^- \rightleftharpoons 2I^-$	0.628	1 mol·L^{-1}的 H^+
$I_3^- + 2e^- \rightleftharpoons 3I^-$	0.545	1 mol·L^{-1}的 H^+
$MnO_4^- + 8H^+ + 5e^- \rightleftharpoons Mn^{2+} + 4H_2O$	1.45	1 mol·L^{-1}的 $HClO_4$
	1.27	8 mol·L^{-1}的 H_3PO_4
$Os^{VIII} + 4e^- \rightleftharpoons Os^{IV}$	0.79	5 mol·L^{-1}的 HCl
$SnCl_6^{2-} + 2e^- \rightleftharpoons SnCl_4^{2-} + 2Cl^-$	0.14	1 mol·L^{-1}的 HCl
$Sn + 2e^- \rightleftharpoons Sn$	−0.16	1 mol·L^{-1}的 $HClO_4$
$Sb^V + 2e^- \rightleftharpoons Sb^{III}$	0.75	3.5 mol·L^{-1}的 HCl
$Sb(OH)_6^- + 2e^- \rightleftharpoons SbO_2^- + 2OH^- + 2H_2O$	−0.428	3 mol·L^{-1}的 NaOH
$SbO_2^- + 2H_2O + 3e^- \rightleftharpoons Sb + 4OH^-$	−0.675	10 mol·L^{-1}的 KOH
$Ti^{IV} + e^- \rightleftharpoons Ti^{III}$	−0.01	0.2 mol·L^{-1}的 H_2SO_4
	0.12	2 mol·L^{-1}的 H_2SO_4
	−0.04	1 mol·L^{-1}的 HCl
	−0.05	1 mol·L^{-1}的 H_3PO_4
$Pb^{II} + 2e^- \rightleftharpoons Pb$	−0.32	1 mol·L^{-1}的 NaOAc
	−0.14	1 mol·L^{-1}的 $HClO_4$
$UO_2^{2+} + 4H^+ + 2e^- \rightleftharpoons U^{IV} + 2H_2O$	0.41	0.5 mol·L^{-1}的 H_2SO_4

附录7　难溶化合物的浓度积常数

难溶化合物	化学式	溶度积 K_{sp}	温度
氢氧化铝	$Al(OH)_3$	2×10^{-32}	
溴酸银	$AgBrO_3$	5.77×10^{-5}	25 ℃
溴化银	$AgBr$	5.35×10^{-13}	
碳酸银	Ag_2CO_3	8.46×10^{-12}	25 ℃
氯化银	$AgCl$	1.77×10^{-10}	25 ℃
铬酸银	Ag_2CrO_4	1.12×10^{-12}	25 ℃
氢氧化银	$AgOH$	1.52×10^{-8}	20 ℃
碘化银	AgI	8.52×10^{-17}	25 ℃
硫化银	Ag_2S	1.6×10^{-49}	
硫氰酸银	$AgSCN$	1.1×10^{-12}	
碳酸钡	$BaCO_3$	2.58×10^{-9}	25 ℃
铬酸钡	$BaCrO_4$	1.2×10^{-10}	
草酸钡	$BaC_2O_4\cdot3\frac{1}{2}H_2O$	1.62×10^{-7}	
硫酸钡	$BaSO_4$	1.08×10^{-10}	
氢氧化铋	$Bi(OH)_3$	4.0×10^{-31}	
氢氧化铬	$Cr(OH)_3$	5.4×10^{-31}	
硫化镉	CdS	8.0×10^{-27}	
碳酸钙	$CaCO_3$	3.36×10^{-9}	25 ℃
氟化钙	CaF_2	3.4×10^{-11}	
草酸钙	$CaC_2O_4\cdot H_2O$	1.78×10^{-9}	
硫酸钙	$CaSO_4$	2.45×10^{-5}	25 ℃
硫化钴(α型)	$CoS(\alpha)$	4×10^{-21}	
硫化钴(β型)	$CoS(\beta)$	2×10^{-25}	
碘酸铜	$Cu(IO_3)_2$	6.94×10^{-8}	25 ℃
草酸铜	CuC_2O_4	4.43×10^{-10}	25 ℃
硫化铜	CuS	6.3×10^{-36}	
溴化亚铜	$CuBr$	6.27×10^{-9}	
氯化亚铜	$CuCl$	1.72×10^{-7}	
碘化亚铜	CuI	1.27×10^{-12}	(18～20 ℃)
硫化亚铜	Cu_2S	2.5×10^{-48}	(16～18 ℃)
硫氰酸亚铜	$CuSCN$	1.77×10^{-13}	

续表

难溶化合物	化学式	溶度积 K_{sp}	温度
氢氧化铁	$Fe(OH)_3$	2.79×10^{-39}	
氢氧化亚铁	$Fe(OH)_2$	4.87×10^{-17}	
草酸亚铁	FeC_2O_4	2.1×10^{-7}	25 ℃
硫化亚铁	FeS	6.3×10^{-18}	
硫化汞	HgS	$4\times10^{-53}\sim2\times10^{-49}$	
溴化亚汞	Hg_2Br_2	5.8×10^{-23}	25 ℃
氯化亚汞	Hg_2Cl_2	1.3×10^{-18}	25 ℃
碘化亚汞	Hg_2I_2	4.5×10^{-29}	
磷酸铵镁	$MgNH_4PO_4$	2.5×10^{-13}	25 ℃
碳酸镁	$MgCO_3$	6.28×10^{-6}	25 ℃
氟化镁	MgF_2	7.1×10^{-9}	
氢氧化镁	$Mg(OH)_2$	1.8×10^{-11}	
草酸镁	MgC_2O_4	8.57×10^{-5}	
氢氧化锰	$Mn(OH)_2$	1.9×10^{-13}	
硫化锰	MnS	2.5×10^{-13}	
氢氧化镍	$Ni(OH)_2$	6.5×10^{-18}	
碳酸铅	$PbCO_3$	3.3×10^{-14}	
铬酸铅	$PbCrO_4$	1.77×10^{-14}	
氟化铅	PbF_2	3.2×10^{-8}	
草酸铅	PbC_2O_4	2.74×10^{-11}	
氢氧化铅	$Pb(OH)_2$	1.2×10^{-15}	
硫酸铅	$PbSO_4$	1.6×10^{-8}	
硫化铅	PbS	3.4×10^{-28}	
碳酸锶	$SrCO_3$	5.60×10^{-10}	25 ℃
氟化锶	SrF_2	2.8×10^{-9}	
草酸锶	$SrC_2O_4\cdot H_2O$	1.6×10^{-7}	
硫酸锶	$SrSO_4$	3.44×10^{-7}	
氢氧化锡	$Sn(OH)_4$	1×10^{-56}	
氢氧化亚锡	$Sn(OH)_2$	5.45×10^{-27}	
氢氧化钛	$TiO(OH)_2$	1×10^{-29}	
氢氧化锌	$Zn(OH)_2$	1.2×10^{-17}	18～20 ℃
草酸锌	ZnC_2O_4	1.35×10^{-9}	
硫化锌	ZnS(β)	2.5×10^{-22}	

例题解析、习题详解、讨论专区、单元测试汇总